Grasshopper
形式解析案例与模式

付汉东　著

东南大学出版社 · 南京

前　言

参数化设计在建筑设计行业已经越来越受到广大建筑师的关注。越来越多的重要的、标志性的建筑都或多或少地在使用参数化设计。人们对于流畅的形式、有趣的变化、谜一样的组合的设计充满了好奇，自然很想了解参数化设计到底是什么，设计师是怎么设计出来的，又是怎么控制的。

很遗憾，参数化设计目前还在发展中，还没有看到有各方都能接受的定义。人们描述它是未来建筑设计的发展方向之一，它可以智能地解决很多设计问题，是当下人类社会发展综合成果的必然体现，以至于人们要转变思维，跟上时代的脚步。随着参数化设计的发展，目前已经逐渐形成了所谓"参数化主义"的建筑风格等等。

但人们能确定的是参数化设计至少是指通过计算机程序命令来构成算法，通过算法内的参数来控制输出的形式。不同的参数或参数组合就决定在算法框架内，可以产生不同的形式，表现为参数对形式的驱动。对于形式设计而言，它是通过计算机编程中的参数来实现的。

对于大部分建筑师来说，程序编程是一件让人望而却步的事情，但好在有些编程的设计师已经为我们准备好了一些简便的、可视化的工具。不了解编程的设计师，也可以很容易组织起自己的程序，避开那些复杂的计算机语言的规则和符号。

在这些软件中，较突出的是 Rhino 平台下的 Grasshopper 软件。本书就是展示 Grasshopper 可视化编程命令，解析一些形式设计范例及软件相关使用的探索。

尽管 Grasshopper 也可以使用编程语言来实现更简洁的算法表述、更复杂的形式，但本书只以软件给定的命令电池块来完成，从而打消那些对计算机语言不熟悉的设计者的顾虑。

目前国内关于 Grasshopper 的教程虽然还不多，但是已经有一些很有质量的书籍，它们深入浅出地讲解了命令的使用方法。可是使用 Grasshopper 完成的案例图书却十分少见，这妨碍了对这一陌生领域的深入学习、巩固和提高。现将部分笔者学习中遇到的比较好的、与建筑设计相关的案例和感悟整理出来，供读者学习参考。

本书使用部分图片来自互联网，并尽可能地做出标注，但由于条件所限，不能逐一标明，同时部分算法参照了国外专家的一些做法，在此一并表示衷心感谢！

由于作者水平有限，错漏之处在所难免，恳请国内外专家学者多多指教。

最后对青岛市建筑设计院集团股份有限公司对本书出版的大力支持和赞助，表示衷心感谢。

目　录

一、形式解析案例

在传统建筑设计中，人们依赖于当时的设计手段，常常固守在"规则的几何形体"方面。尽管建筑史上也有不少应用曲线、曲面的成功案例，但是设计师更多地在二维空间中使用曲线。复杂的三维曲线、曲面则是设计师尽量回避的，因为它们难以绘制、定位、控制和施工。在此意识基础之上，人们习惯性地形成了对规整曲线、曲面应用的建筑形象的期待，这些心照不宣地成为影响人们形成过往理想建筑的重要因素。

参数化使人们对曲线、曲面的控制以及对随机性的描述变为可能，参数化的特点符合人们新时代在造型领域的创意、竞争需求。一方面人们开发出来的应用程序更加简洁高效；另一方面社会的多方面进步，使这个过去只能依靠使用计算机语言的少数人员才能完成的专业领域，现在已扩大到更大范围。

参数化设计软件已从大型工作站逐步向普通计算机应用转移，并越来越平民化，更容易被掌握。设计师经过简单的学习和较短时间的训练，就可以初步掌握其基本的命令与逻辑。即便对于非专业人员而言，参数化设计软件也非常易上手。其技术门槛越来越低，参与的非编程类的各专业人员也越来越多。

互联网的广泛普及发展，使人们更容易接触到这类软件，计算机硬件性能的不断提升，使顺畅运行这类软件不再是奢望。

3D 打印技术、数控机床、卫星定位等技术的发展，为大、小异形材料加工和建设定位创造了条件，推动了设计实施的研究，提高了复杂形体的建造能力。

在一些重大、标志性建筑中，使用这些技术产生的作品越来越多，这提升了人们研究参数化设计技术的热情。计算机软、硬件的发展、互联网传播和先锋作品的引导，综合推动参数化设计技术的散播、探索和应用。

Rhino[1]，特别是 Grasshopper[2] 等参数化软件平台推出后，迅速受到广大设计师追捧，在各个领域呈现出欣欣向荣的使用景象，建筑设计行业的历史发展车轮，也来到了参数化设计的时代。

参数原本是一个数学概念。它首先意味着自身是一个变量。在一系列变量间，存在着自变量和因变量。如果引入一个或一些变量来描述自变量和因变量的变化，引入的变量本身并不是当前问题必须研究的变量，我们把这样的变量叫作参变量或参数。在解析几何中，图形几何性质与代数关系保持着联系，人们用含有字母的代数式来表示变量，这个代数式叫作参数式，其中的字母叫作参数。进一步而言，如果曲线上任意一点的坐标 x，y 都是某个变数 t 的函数 $x=f(t)$，$y=\phi(t)$，那么其方程组称为这条曲线的参数方程。联系 x、y 之间关系的变数称为参变数，简称参数。例如圆的参数方程 $x=a+r\cos\theta$，$y=b+r\sin\theta$，$(a，b)$ 为圆心坐标，r 为圆半径，θ 为参数。

显然，目前的参数化设计，已经扩展了上述数学参数的概念，人们把控制几何图形的各种变量均称为参数。

算法是参数化设计中的另一个重要术语。它既是指解题方案的准确而完整的描

---

[1]Rhino 软件文件远没有同类型软件大，主程序才几百兆。对显卡要求不高，甚至 486 主机都可运行。1999 年发布 V1.1 测试版，2001 年 9 月正式发售 V2.0 版。
[2]Grasshopper 是一款在 Rhino 环境下运行的采用程序算法生成模型的软件，不需要任何的程序语言的知识，就可以通过一些简单的流程方法完成想要的模型。

述，也是一系列解决问题的清晰指令。算法代表着用系统的方法描述解决问题的策略机制，算法中的指令描述的是一种计算。当其运行时，能从一个初始状态和（可能为空的）初始输入开始，经过一系列有限而清晰定义的状态，最终产生输出并停止于一个终态[1]。

算法一般有如下五个重要特征：

（1）有穷性。算法必须能在执行有限个步骤之后终止。

（2）确切性。每一步骤必须有确切的定义。

（3）输入项。一个算法有 0 个或多个输入，以刻画运算对象的初始情况，所谓 0 个输入是指算法本身定出了初始条件。

（4）输出项：一个算法有一个或多个输出，以反映对输入数据加工后的结果。没有输出的算法是毫无意义的。

（5）可行性：算法中执行的任何计算步骤都是可以被分解为基本的可执行的操作步，即每个计算步都可以在有限时间内完成。

在参数化设计中，参数和算法控制着几何图形的产生和变化，将其相结合的是基本的运算和操作，一般参数化设计软件都提供了这些数学命令。主要包括：

（1）算数运算。加、减、乘、除。

（2）逻辑运算。真、假、或、且、非。

（3）关系运算。大于、小于、等于、不等于。

（4）数据传输。输入、输出、赋值。

在建筑的参数化设计的方法中，使用的命令组常常与获得某种形式的解析方法相关，和一般意义上的纯计算机领域的算法还是有着一定的区别，并不总是固定在一种模式和具备迭代的复杂性，但是其基本思路和策略是相同的。

一个算法的功能结构不仅取决于所选用的操作，而且还与各操作之间的执行顺序有关。在这些软件中，命令次序的先后，就决定着计算的执行顺序。

人们普遍认为，算法的核心是创建抽象问题的模型以及明确求解目标之后，可以根据具体的问题选择不同的模式和方法完成算法的设计。

为保持算法的完整性、命令之间的关联性，本书提供的形式解析案例都是以连续的、明确的图示化命令组合为主，辅助以步骤的简要介绍，使人们更好地理解命令的使用情景，更好地关注于算法的逻辑建构过程。

本书使用的 Grasshopper 相关插件，可在 https://www.food4rhino.com 网站下载。为行文方便，后文 Grasshopper 简写为 GH。

---

[1] 参照百度百科。

案例 01　笑脸图案

这个整体笑脸图案中还包含着一小部分生气脸（哭脸）图案，笑脸的嘴的开合是不同的，每张脸的颜色不同、方块单元背景灰度也各不相同。哭脸基本相同。

1. 制作方形单元矩阵和分流哭笑脸，并制作笑脸单元。

首先针对正方形网格，将其每个单元格中心，打乱顺序后分为两部分，一部分作为哭脸中心，其他作为笑脸中心。

笑脸需要做出双外圆。其中心 45° 上扬，选一个合适位置作为圆心画两个圆，其外侧圆单向缩放形成椭圆，并旋转，形成眼睛部分。

以笑脸中心为圆心画起点不同的圆弧，结束点均位于圆脸中心线上，以便对称处理。

圆弧起点角度为一组随机数映射的结果，同时也确定了嘴的上沿线。

通过镜像实现了另一半制作。

2. 哭脸也采用类似办法。只是眼睛不再变成椭圆，只画圆。上弯的嘴下沿线，使用 3 点圆弧。这个哭脸保持一种图案即可。

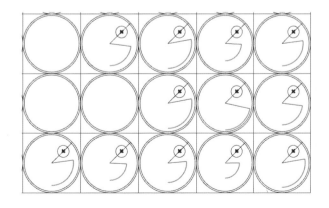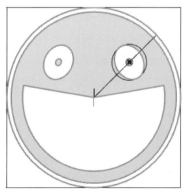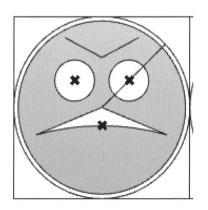

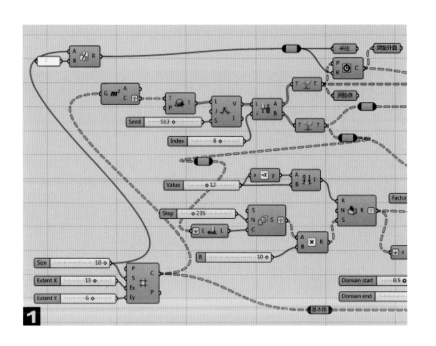

3. 将笑脸和哭脸各自的组件打包成组，进行混合乱序，根据随机排位数获得色彩。将基本格也打乱排序，按照排位序数赋予灰度值。

这是一种先分离种类单元，然后赋予不同类似单元的处理方法。有时事先划分种类远超 2 种，而后组合成看似没有规律的，但又有相似性的变化图案集合。通常这种图案具有较强的装饰性。

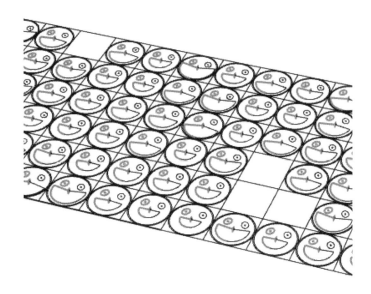

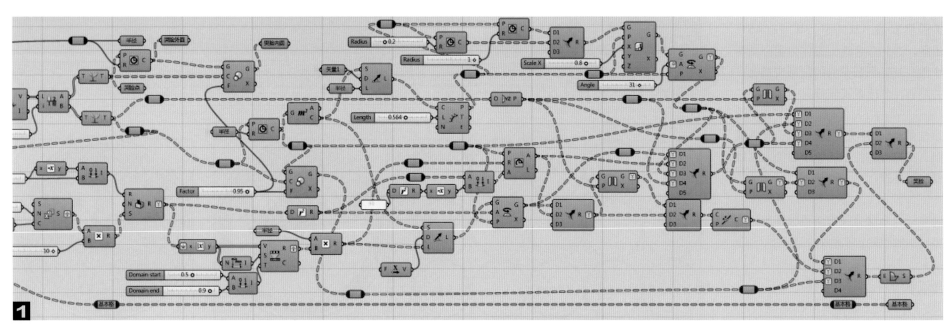

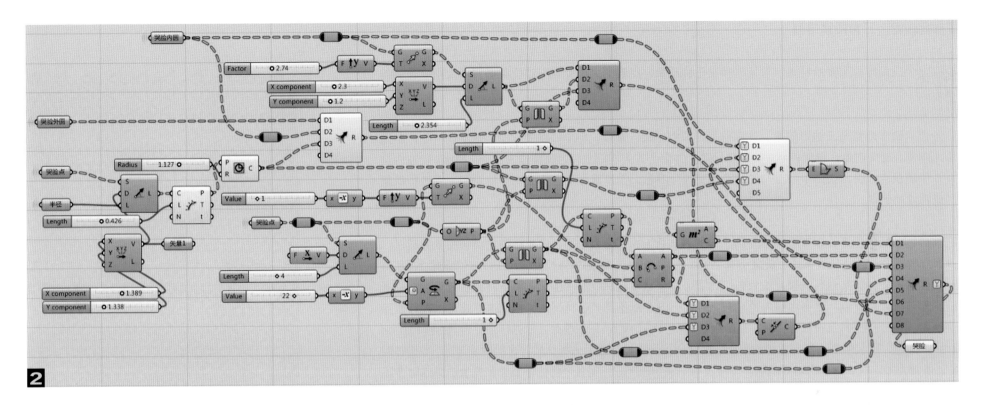

2

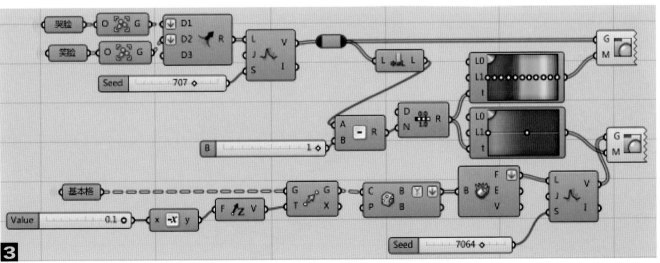

3

本例中，是通过对单列数据打乱截断数据序列的方法来实现随机数据获得。有时也可以采取制作随机序号来抽取的方式获得。总的来说，就是在有序状态下，进行无序选择，或在无序的基础上，进行有序的选择，都会产生有一定随机性的数据和排序。

当然也可以在无序的众数中，进行已知数量的无序序号选择方式，选择出更为随机的数据，但这有时需要一种到底随机到什么程度的判断。

案例 02　三角图案排列

观察这个三角排列图案的特点，可见其存在干扰现象，点圆的大小变化与边位类椭圆的大小变化是相反的。

1. 通过六边形来塑造三边形效果。炸碎网格，取相邻边、连接，与中心点生成面，并取其中心，制造两点向量。旋转向量，形成各面对应新坐标系，并进行 X 方向缩放。将整体作为盒子（Box），在内选择 3 个随机点，将六边形中心点与随机点距离作为参数，控制最大值，将 3 点影响混加，并进行映射形成缩放的倍率。

2. 炸碎缩放后的图形，以期顶点为控制点做曲线，并设为闭合、成面，这样边位的类椭圆就完成了。选择炸碎后 0 位顶点，观察其已覆盖所有点，由于其大小与缩放倍率是相反的，所以将倍率减 1，获得反向数值组，并将其适当调整，作为各点为圆心的半径，然后成面。由于选顶点时存在重复点，树形结构无法去除重复点，但当小组内统一于位后，就可不需要保持树形结构，这样就可以进行删除重复面。由于现在 GH 及袋鼠插件只有删除重复点和直线的设置，所以要想其他办法来处理。拍平(Flatten Tree) 面后，取其中心，然后去掉重复点。对圆心点坐标与删重后坐标比较，当同时满足 X、Y 相等时（Z 值都为零）时，筛选出对应的面。与边位面一起给厚度。根据各个物体中心 X 坐标值的顺序赋予不同的颜色。

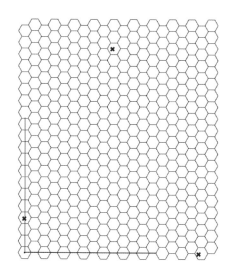

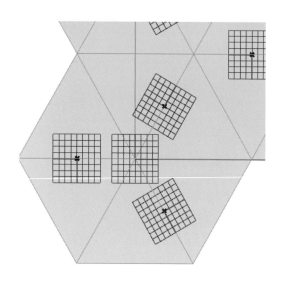

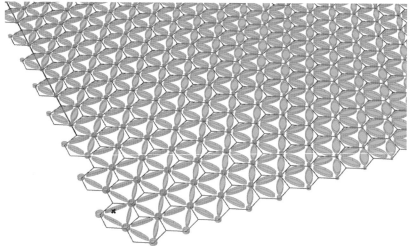

本例要点是向量旋转生成各自坐标系以及如何筛选重复面，删重复面方法也可以扩展到删除其他类物体。

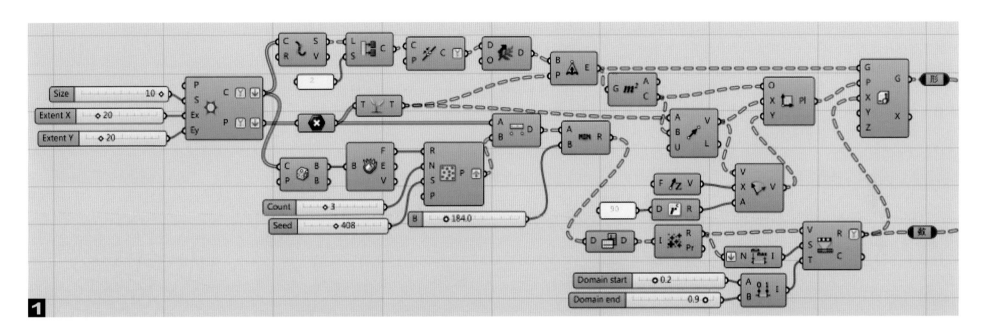

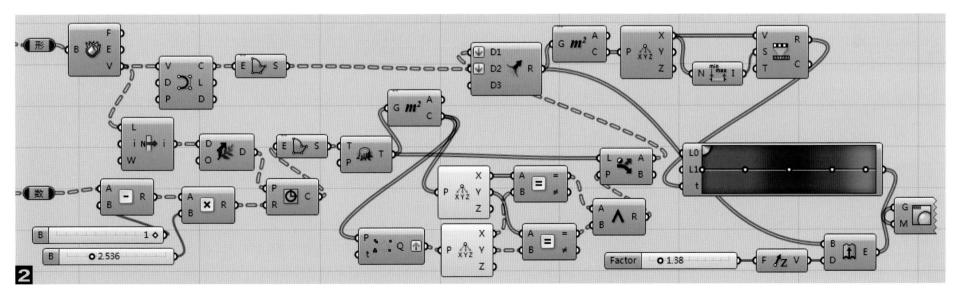

案例 03　点干扰图案

点干扰是 GH 比较拿手的制作方法。即使是很复杂的图形，只要是遵循一定规律，对于 GH 来说，都是很容易做到的。这个例子中，呈现的是圆形蜘蛛网结构中的干扰效果。

1. 首先制作放射性网格，然后确定干扰点，获得网格中心点与干扰点的距离。通过使用 Minimum，控制最大值。对过滤后数据进行数据映射，一组用于筛选近距网格，一组用于移动距离。这里筛选网格的数据区间与判断为零与否，是保

持相互对应的。利用这一筛选布尔值，过滤网格对应 Scale 的数据和移动距离。

2. 对过滤后网格 Scale、Move 并与原有网格成面，形成下凹形态，并与不参与的部分（成面）集合着色。

这里 Minimum 输入的值控制着干扰范围。筛选区间控制着放大倍率，如果倒转区间，会形成虚实反转。移动干扰点，

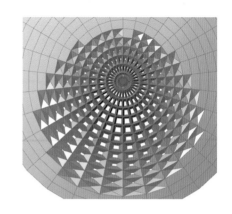

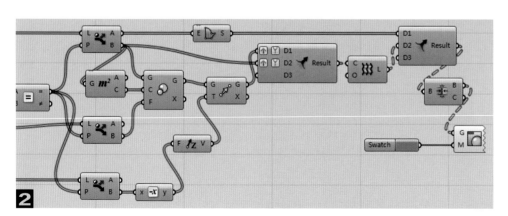

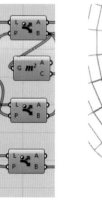

会呈现不断变动的区域及图案效果。

当将筛选区间反转数值大小时，结合干扰点移动，会呈现边框宽度不同的变化。放射性变化，仿佛是穹顶内藻井的模样。

Minimum 和区间数值对图形的控制作用在本案例中表现较为突出。

案例 04　曲面交错穿孔

本案拟在曲面上穿出空洞，包括具有随机方向的相似图案以及相互交错的排列。

1. 先依靠 XY 平面上的点阵，形成空间曲面。

2. 做横竖连线，每向间隔取线，获得交点，将直线分解为线段；每个线段等分，取中间段成曲线；
筛选短线。

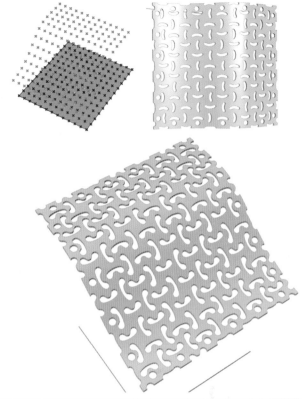

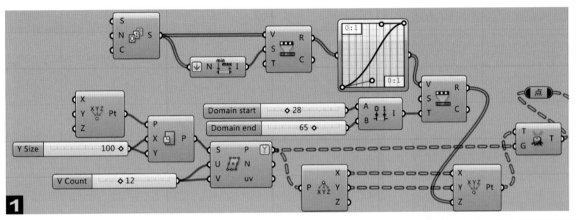

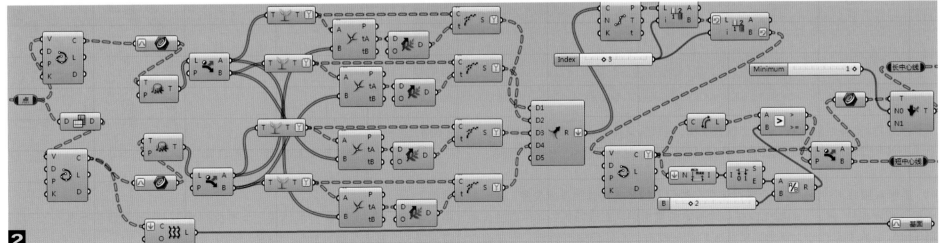

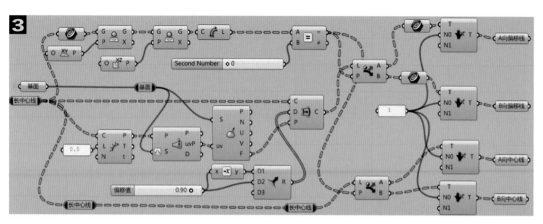

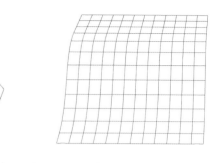

将短线与长线分离开来，分别对其进行不同的处理；对长线进行消除重复线，短线在这里或后面消重都可以。

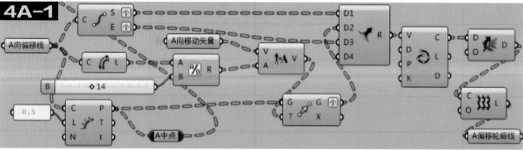

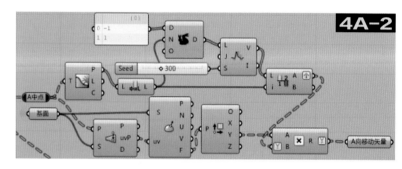

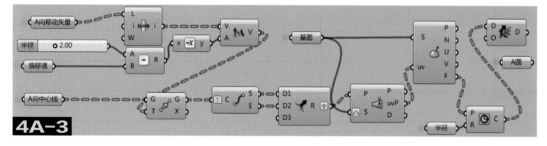

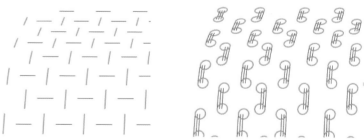

3.长线处理。选择线段中点，求得点所在平面，向两侧偏移中心线；同时根据长线方向的不同，对中心线和偏移的线分别筛选出方向相同的为一组，这样形成 A、B 向不同组。

4A. 得到 A 组线段中点，4A-2 求得该点在基面上的 Y 方向作为基本矢量，同时复制数据，截取形成随机的 -1、1 的数据，并与这基本矢量相乘，形成随机的各中点的矢量，将其应用于 4A-1 的中点移动，其值取线段长度的一部分，与线段端点组合，形成偏移线弯曲时

的曲面，取其轮廓线；4A-3 中，给偏移的中心线端点成圆，这个偏移值是半径与前述偏移值的差。

4B. 得到 B 组的结果；主要区别在于 4B-2 获得的矢量为 X 方向基本矢量，其他过程基本相同。

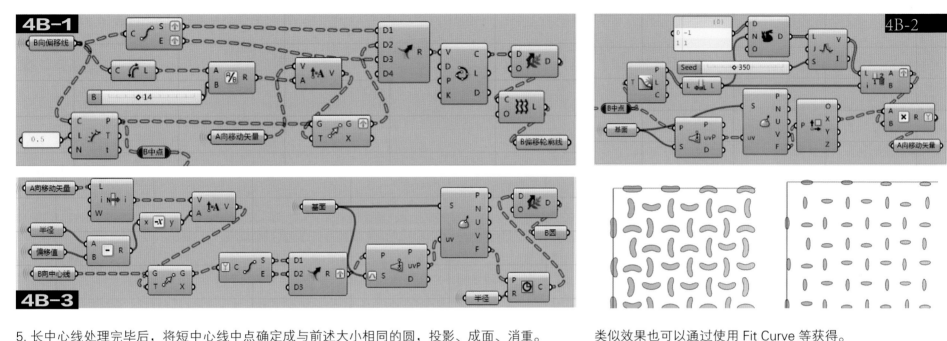

5. 长中心线处理完毕后，将短中心线中点确定成与前述大小相同的圆，投影、成面、消重。

将 4 生成曲线汇集，向 XY 面投影，使用 Solid Union 确保圆与偏移线组合成功，提取外边线，连接。将投影成的面汇集，成体，并与曲面成体，进行 Trim Solid 运算，获得穿孔后体，着色。这里，在长中心线 XY 投影轮廓线处（5-2），进行编辑后，再成面（连接 5-1 中的黄电池）；这种编辑首先在轮廓线上等分点用 PL 线连接，再使用 Smooth Polyline 编辑，这样会形成多种形状穿孔截面。随着 Smooth Polyline 的 T 端数据的变化，在 XY 平面的轮廓线形态也发生较大变化，

类似效果也可以通过使用 Fit Curve 等获得。

通过调整 A、B 组随机种子，可以获得弯曲方向的随机变化；也可以跨过对矢量的编辑，获得 A、B 组各自同向弯曲。在 A、B 组曲线向 XY 面投射成体时，如果采用区域联合，有可能会遗漏部分无法完成。

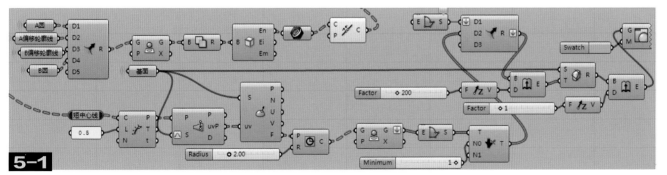

这里先在曲面上做形，投射后再返回曲面的思路，便于形成曲面上规格一致的图形。

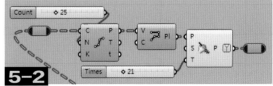

使用 Voronoi 进行图像马赛克化的做法，如右图命令组，并不复杂。这时马赛克都是位于一个平面上的，相互间没有凸凹。这里使用 Surface Closet Point 命令的 uvP 端口，可以不用在 Image Sampler 内设置图片 X、Y 的 Domain 数据，但是需要先使其基面保持与图片一致的比例，并将其设定为参数化状态。要实现凸凹效果，就需要提供对应高度的参数。一般情况下，通过在 Image Sampler 内设置图片为黑白状态（Colour Brightness）来获得灰度单一数值（彩色状态下为三项数值）。

1. 在区域内设基础网格，成面，获得中心点。用边界盒子获得总体组合盒子，因高度为零，其可以作为面使用。参数化该面，获得中心点的参数化数据，输入 Image Sampler。

2. 一个内部 Channel 设为黑白，一个设为 RGBA（双击电池进入设置菜单）。

3. 数据分流，完成凸凹效果。图像灰度值就意味着对应马赛克的提升高度值，为此可以对该值进行数据分类，将灰度值分为两个部分，使深色与浅色部分分开，通过不同的数据处理，获得不同的提升高度。同时也需要将色彩找出对应部分，分别着色。

本例表明，不同来源，数据的意义是不一样的。但仅对数字而言都是可以进行再加工，并能够影响新效果的形成。

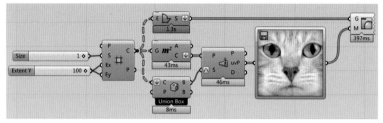

Image Sampler 设置 上：黑白，下：彩色

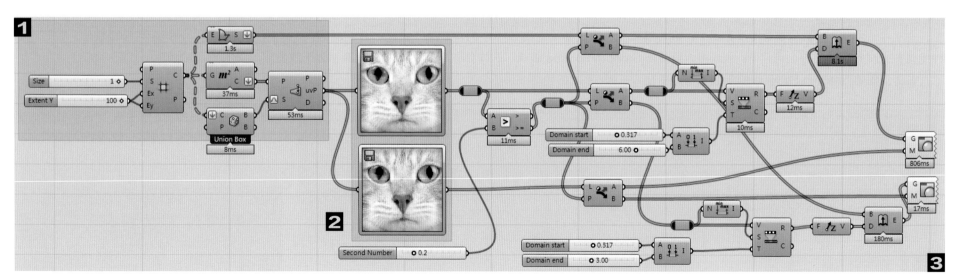

案例 06　来自图片的变宽排列线

使用 Image Sampler 不仅能产生图片基于点状的单元，也可以产生反应图片的线性条纹。如图片中的竖向条纹是通长连续的，同一竖线存在粗细不同，过度段呈现弧形光滑现象。

1. 制造微图形单元。首先建立基本网格，使用中心点作为取值点位（图示为局部）。获得点的二维分布范围。将图片（可自行选择）调入 Image Sampler。根据二维分布范围设定 X、Y 区间，采用黑白通道。对获得数据进行映射，控制输出区间。然后做数据调整，通过 1 减去图像获得数值，将浅色值加大，深色值变小。并将其作为 X 轴缩放比例，对网格单元进行缩放。如果这时对单元格成面，会发现各自独立方格竖向形成有宽度变化的序列，这样就形成了微图形单元群。

2. 完成调整。1 的做法已经成功形成了条带线的粗细，现在需要将其连续和圆滑起来。选择控制宽度的两个顶点，进行降路径连线，集合成面、着色。这样利用曲线连点命令的自有特性，形成了弧段过渡。有的区域，即使单元格缩放率很大，但是形、点还是存在的，通过取点连线，使原本不显示的部分，也较容易显示，形成连续的线。

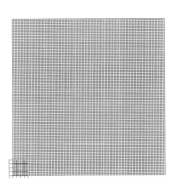
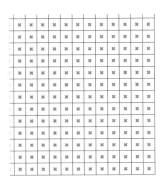

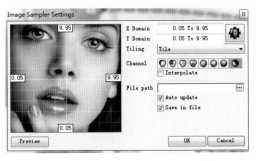

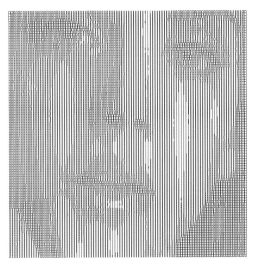

注：Image Sampler 从黑白图片中提取的是一种基于图片灰度的数据，这一数据可以作为不同需要的参数来被使用，从而形成不同的效果。例如，可以作为移动的距离、半径、高度、宽度、长度、缩放比等等。

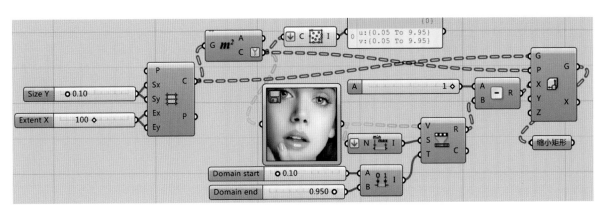

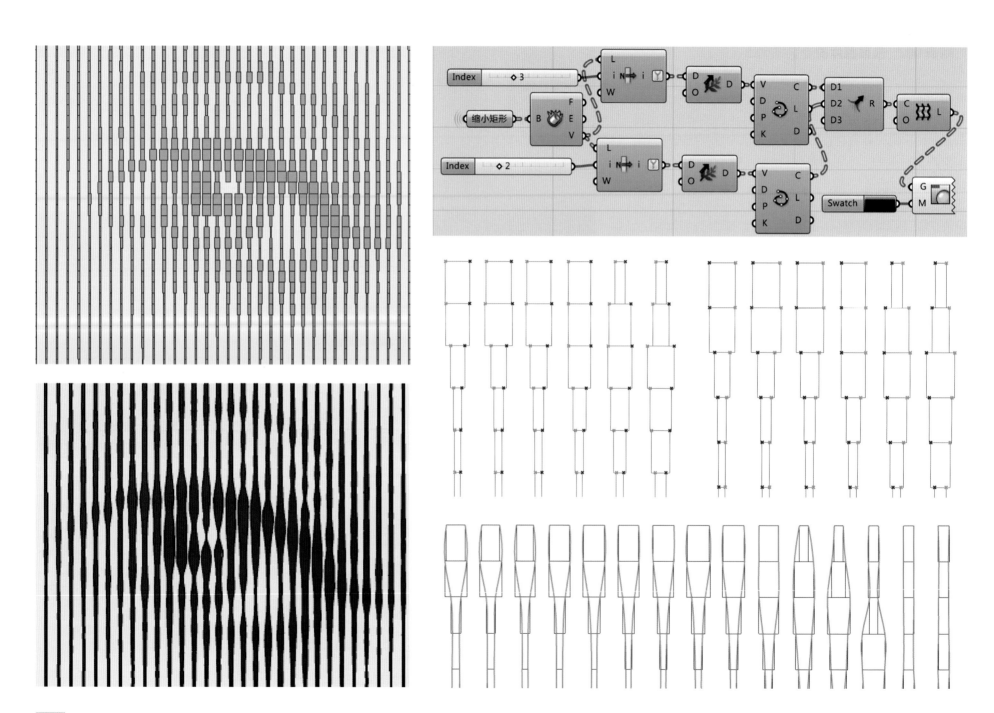

案例 07　曲面瓦屋面

1. 制作曲面。
2. 整体曲面旋转。炸碎曲面，UV分割小面旋转。
3. 利用中点放大左右一对边线和其中线，生成小面。利用中点、切线矢量及两点矢量形成小面坐标系，获得小面加厚的各自法线矢量。
4. 利用 True 和 False 筛选各排，偶数排移动 1/2 单元面宽度，并对自我中心缩放，保持缝隙。

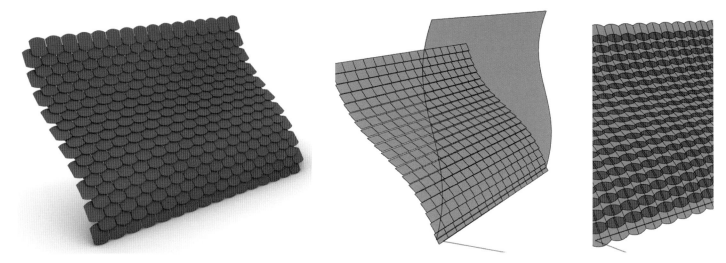

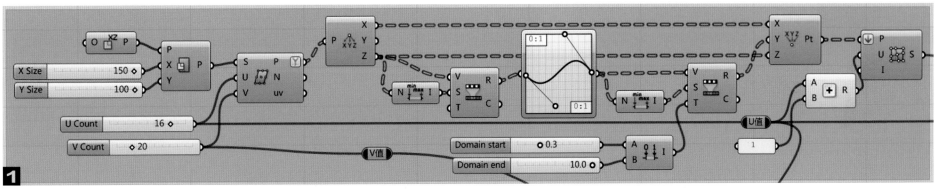

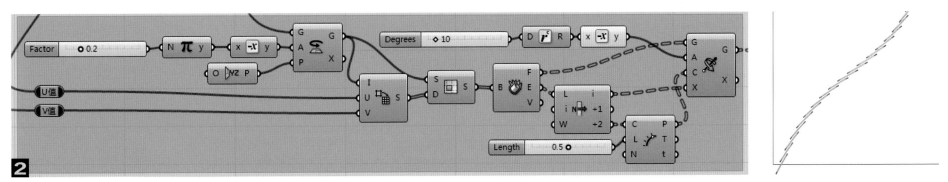

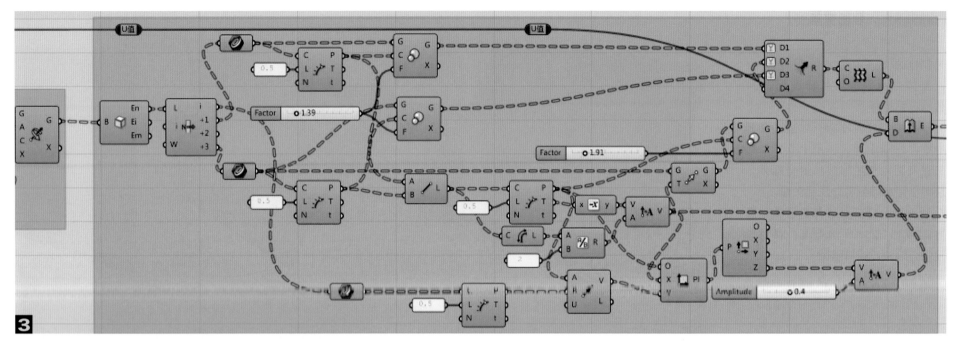

3

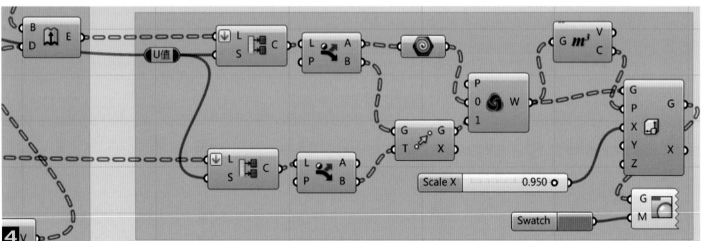

4

Rad(10)

1 中，生成面的点需要拍平。其 U 值应考虑加 1。3 中，增加厚度时，应注意是沿着各自小面的法线方向，每个小面都有一个对应的法线方向。

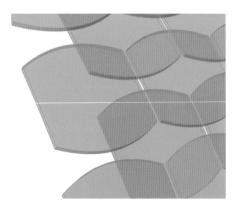

GH 中角度数需要转换成弧度。输入角度的几种方法：直接使用弧度，0.5 接 pi（π）电池块；角度 +Degrees 电池块；Panel 中 Rad(角度)，括号为半角，不应是中文括号；将接受命令输入端改为角度。

案例 08　地面铺装

本案例中将使用到 Perlin Noise 插件。该插件主要用来形成干扰数据,如果没有该插件,也可以模拟近似效果。

1. 形成正方格网,制造与其单元正方形数量相匹配的随机整数,用来给 Mesh 面输入分割规则。在打碎 Mesh 面后,自然形成大小不同的独立边线。

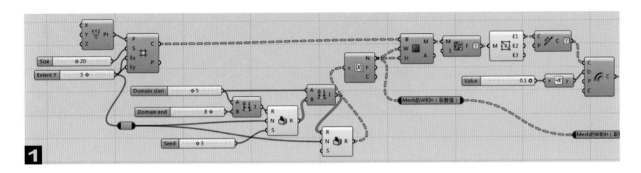

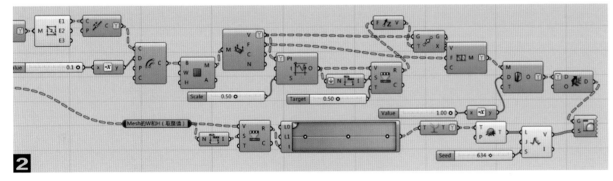

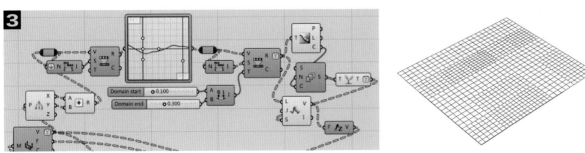

2. 将这些边线向内偏移,形成新的面。取其顶点进行 Perlin Noise 干扰,把干扰值作为 Z 轴移动量,获得干扰后铺装块材的凹凸表面,使用 Weavebird 加厚命令,减一层树形结构数据,使每个大方格为一组。把 Mesh 的 M 和 H 整数值映射为色彩数据,拍平数据结构,增加干扰后,赋值给加厚后铺装块,形成斑驳色块效果。

3. 当不用 Perlin Noise 插件时,可以利用偏移后 Mesh 顶点的 X、Y 值的和进行映射,使用 Perlin 图形映射,控制起伏变化区间,并对结果进行不同随机种子的随机打乱,其结果代替用 Perlin Noise 插件时的 Z 值,获得类似效果。

通过参数调整,可以获得各种组合,模拟实际铺装效果。

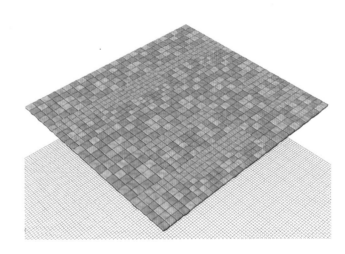

案例 09　旋转斜纹铺装

这种斜纹铺装主要由单元通过随机旋转固定角度倍数来实现。

1. 制作单元。在基本单元方形内沿对角线存在对称关系，故先作一半。

根据这一半单元边长被分割长度为 X/2、Y、X、Y、X、Y、X/2（X 为空沿边长长度，Y 为实沿边长长度），确定了现有单元边长情况下的数据组。使用 Mass Addition 获得累积的数据，确定其在总和值的占比。

从原点出发绘出两个垂直边。通过数据占比确定两段线上的对应点位，矩阵转换后连线。通过 True 和 False 交叉筛选奇偶数排位线，去掉多余线，成面，挤出形体。

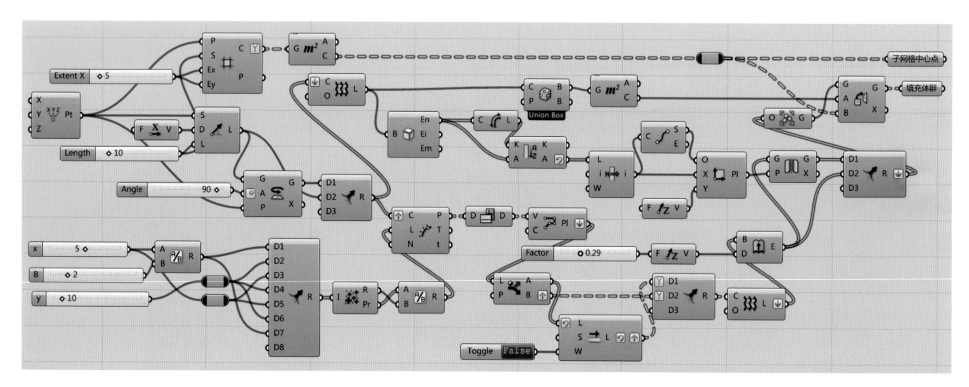

利用两个垂直边成三角面后，按照边长长度筛选出斜边，与 Z 轴及斜边上任意一点，形成对称所需轴面。把完成部分对称过去，并将前后部分编为一组。这样单元部分就完成了。

利用原点出发的垂直线段长度，建立网格组。获得这些单元格的中心。

同时使用包含完整斜边的三角面来作边界盒子（面），获得预分配单元的中心。这里不要使用带有空角的条纹面。

使用 Orient 命令，将完成单元分布到各个单元格网中。这时每个单元格的条带都是一个方向，呈现相同的结果。

2. 旋转并完成。制造 360° 范围内角度 90° 的等差数列。形成与单元网格数量相同的随机整数，该整数用于指定角度数组的序号。在采取一定的随机种子值情况下，可以形成旋转角度的数据组，并对前述完成的各单元格填充体进行旋转。调整随机种子值，可形成不同组合的效果。

过程中需要注意树形数据类型的调整和使用角度的设定。通过线上点对应自起点距离占总长比来定位，有时可

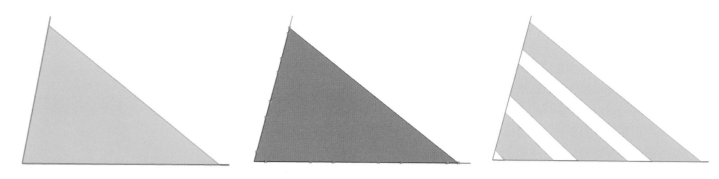

以起到简化点设定的作用，对于批量处理十分有效。

这个案例的基本建构逻辑实际上也可以应用于其他类似的、基于单一图案填充格网的图案制作。

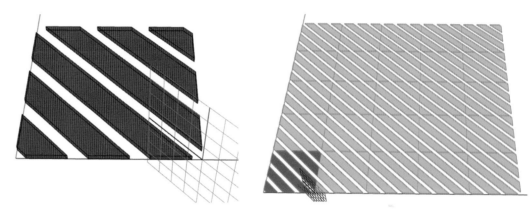

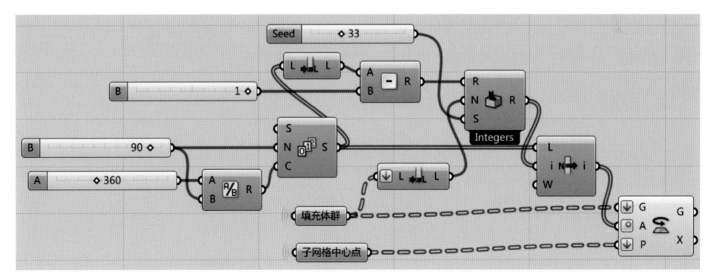

案例 10　飘落雪花

本例主要揭示多元素同步生成，并依照随机数值确定匹配的具体元素，同时对选择的元素进行缩放、旋转编辑，以形成模拟自然组合的效果。

1. 选择个同边数的一组多边形，打碎后，确定边中点，与图形中心连线后取其中间点，并与顶点连线。将中心与顶点连线。可选出一种多边形验看。

2. 生成顶点两侧曲线。以顶点两侧新形成线等分点，进行图形映射形成外移距离数据；利用单位矢量确定移动方向，形成新的曲线，作为雪片鱼刺线边界，并与该顶点和中心连线组合。

3. 在组内对三边分别等分、连线，并截取顶点附近一部分，形成顶点处的鱼刺效果。

同时在三边的过顶点放射直线上，靠近中心取点连线，打碎，取每段中点，并以图形中心为基点，缩放各中点，并与放射线上中点交叉组合、连线，形成每片雪花中心的图案。把各部件按照图形分组组合，成组，以便整体选择使用。这里需要注意树形结构层次。

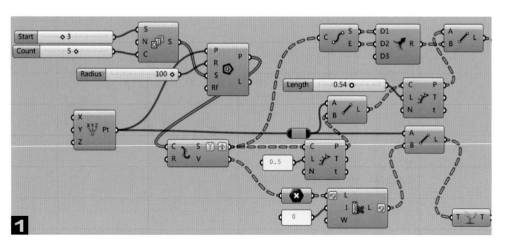

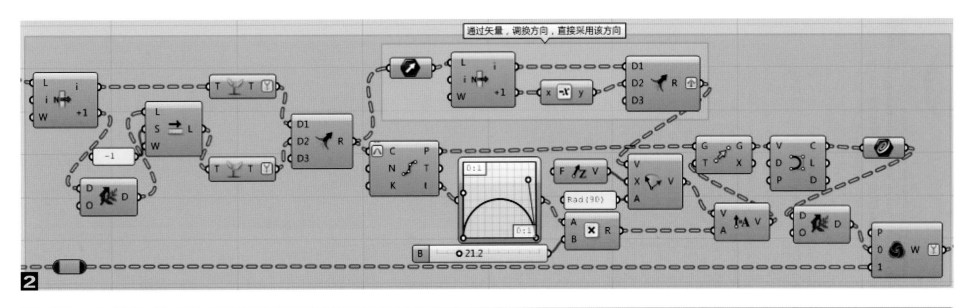

通过矢量，调换方向，直接采用该方向

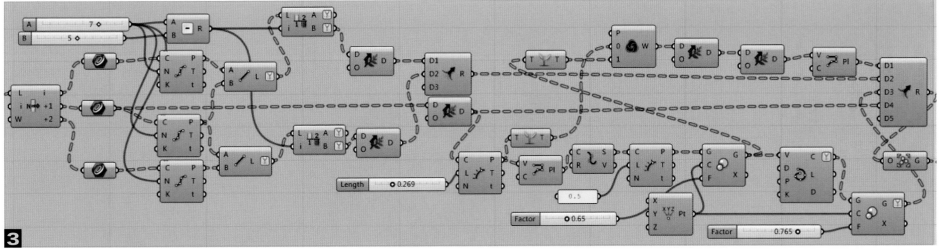

4.确定随机点，完成分布。作方形和其内切圆，在方形内设随机点。依据在圆内外的判断，获得位于圆内的随机点。按照图形数量和随机点数量生成随机的序号排列，并以此来选择（数据结构拍平后）图形，形成新的排列。对排列图形进行随机角度旋转、缩放，将结果按照圆内随机点的单位矢量，将图形移动到各随机点，并以随机缩放的随机种子制造随机数据，给最后结果着色。可以调改参数，增加图形数量，改变比例、色彩等。

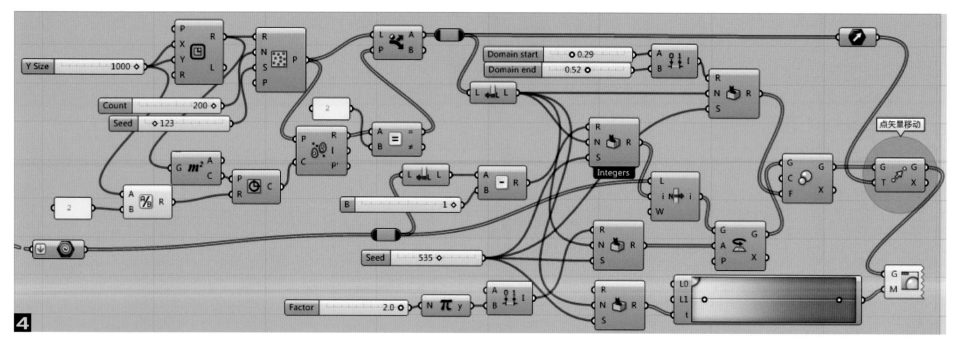

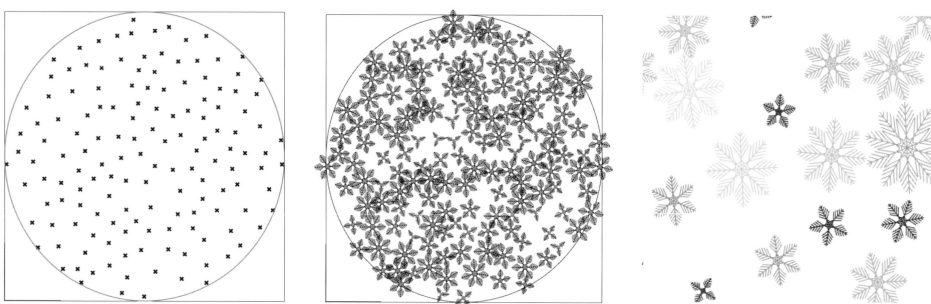

案例 11　圆环装饰画

这种图案由层层叠叠、抠出圆形洞的剩余片体组成，底层为背景。其下2层相对有近似的圆心。最上面4层由紧凑的圆洞组成，与下面层不同的是，圆心距离接近。每个圆似平均与其他圆相切，主要表现网状的剩余体的轻薄。而下部的圆则相互距离较远，以表现洞深为主。

分成两类来分别完成上、下两部分，为避免过于混乱，这里除背景外，下部设置3层，上部也设置3层。

1. 建立第6层（最下层）圆组。设定四边形，在其内设随机点。求每个随机点与所有随机点的距离。并对其排序，选择序号1的距离。序号0的距离是该点到自身的距离为0，序号1的数值为距离该点最近点的距离。将该距离除2，减掉一个人为值作为该点的半径画圆。这样所有点都会按照以上规则产生一个圆，同时确保互相不相交。同时放大四边形，形成制作区。

2. 建立5层圆组。这两层的圆要向周围做一些摄动，需要移动圆心，再如前作圆。为改变点的X、Y值，需要两组数据，设定由随机数构成，通过两个随机种子，在设定区间形成两组随机数，改变原有点的X、Y值。使用前述1的方法制圆。这样便形成5层圆。

3. 建立4层圆组，方法同2。

4. 确定圆组相互外切的方法。上面的方法，可以形成与最近圆的外切圆，但是无法直接形成第3个圆

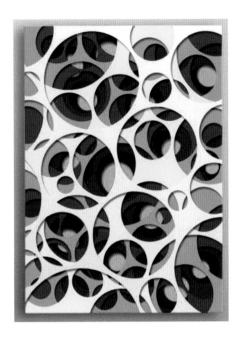

与这两个圆相切，这种相切状态同时受到其半径或圆心的影响，呈现多解。当要求更多圆外切时，要两两选择，设定半径，推导圆心。这种情况下，将不能使用随机点，需要从两个相互

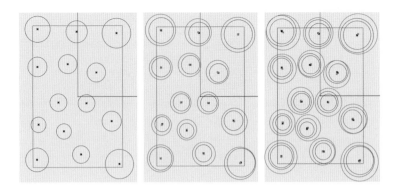

外切的已知圆开始，不断向外增加产生。总之要复杂一些。这里介绍的是使用袋鼠命令来完成圆组外切。

利用前述1形成的制作区，生成随机点，然后制作Mesh面，提取属性，形成序列号，求Mesh上点及其对应的邻居点。将每一个点与其邻居点连线，取其中点。将中点连接该点、邻居点。这样该点、中点和邻居点，三者之间每个点都彼此连出两次，仿佛组成一个三角形，虽然仅表现为一段直线。袋鼠运算器体现一种设定条件的加力的过程，给出满足综合力作用的结果状态，其本身有一种形成综合力状态下的展示物体形态的能力。外切状态下，该点和邻居点都为圆心时，它们要满足一定条件：

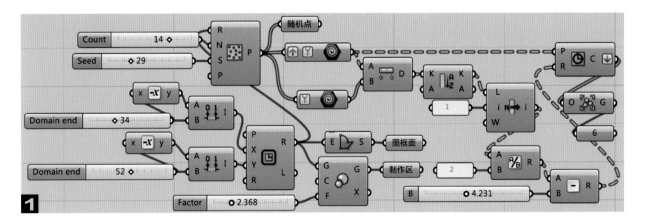

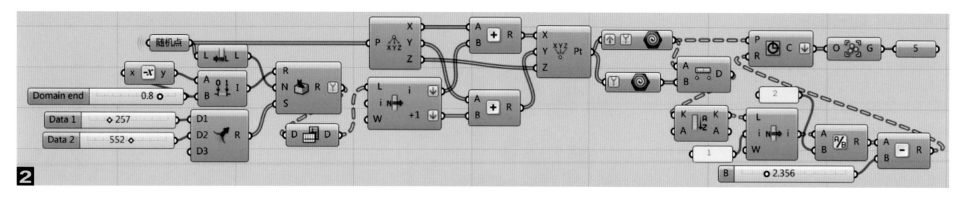

2

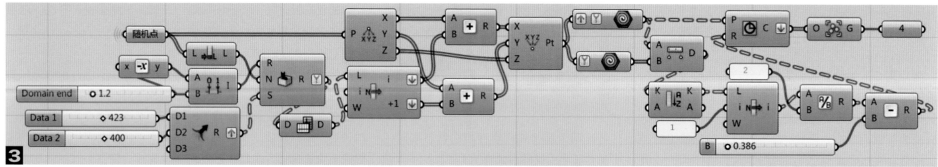

3

首先是该点到其与邻居点距离的一半必须总是相等的。其次是中点到两端的连线总是与两端点连线是重合的。

按照上述规则，组织袋鼠运算器条件，同时选择该点与中点的连线作为显示内容，从运算后内容中选出该线，按原有结构表示。将末端点成圆，就形成了彼此外切的圆组。实际上袋鼠运算器对各点位置做出了一定的改变，以更好地满足设定的条件。

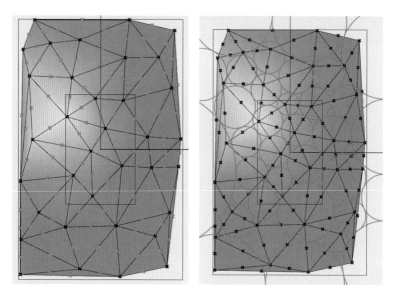

5. 完成1、2、3层图案。通过设定制作区内不同的随机点数量和随机种子，按照4做法，分别形成1、2、3层的外切圆部分。对每层形成的外切圆进行随机（一定范围内）缩小。向图框面投射、切割。由于需要的是剩余体，所以选择面积大的切割面。这样分别形成1、2、3层的面。这里只表示第1层的做法，第2、3层与第1层完全一样，只是随机点数量（2层50，3层60）、随机种子（2层393，3层85）、缩放区间数值（2层0.918~0.98，3层0.968~0.97）不同。

6. 汇总完成图案。将4、5、6圆组线切割画框面，选出最大面积面与1、2、3、画框面合并，分别上移、着色。这样就完成了与前述图片类似的装饰图案画。

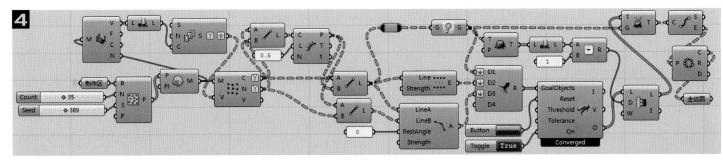

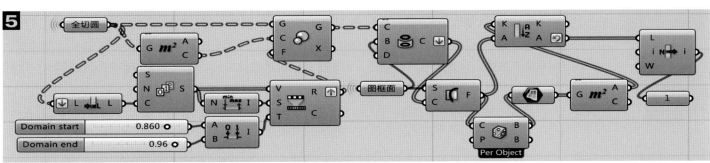

通过改变层数、色彩、随机点数和种子等参数，还可以轻松形成其他基于圆的装饰图案。

本案例中，根据面上抠圆洞的效果使用了两种方法来制作。一种方法基于圆心，做简要随机摄动，形成类同心圆效果。另外一种方法最为重要，利用袋鼠运算器获得外切圆紧凑效果。

后一种外切圆算法，可以作为模式来广泛使用。例如，把每个圆当作某一个单元图形的空巢，可以将很多单元图案进行不相交的排布。如果单元是一系列变体，则可以生成紧凑的、大小不一的、具有丰富变化的组合。也就是说它提供了一种类似于格网的基本结构，格网可以起到结构化的架构作用，它也能产生类似效果。

袋鼠运算器在求解过程中，实际上是不断优化、试错调整的过程，其控制主要是通过 Button 和布尔开关来完成。Button 用来控制整体是否开始或重新开始进行运算。True 和 False 是用来控制运算是否结束，结束以后就停止运算，输出数据就不再变化，图形也就稳定、不做变动了。当前面数据变化时，运算器会变红，重新运算后，就会正常显示了。

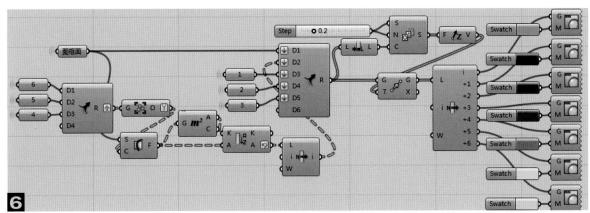

案例 12　Y 形凸起图案

Y 形凸起的棱锥底面为等边三角形，侧面为顶角 90°的等腰直角三角形。对 Y 形单元进行排列，形成首尾相接的矩阵。需要使用 Lunch Box 插件命令。

1. 设定一立方体，连接相关角点及相邻三个面的对角线。Y 形凸起面，可以视为该相邻的三个面。通过对角线边围合面中心及与其连线保持相互垂直关系的顶点，获得向量，建立以中心为原点的平面。使用 Orient 命令，将其转换到缺省坐标系。进行旋转，使之便于下一步操作。

2. 分割和选择面。打碎旋转后立方体，选择对角线所在的三个面，使用 Lunch Box 插件命令，对每个面 UV 向三分。确定各子面中心，根据其坐标 Z 值，筛选出所需要的面，并形成 Brep。同时确定基本元素的排列规律。通过观察可以发现水平方向和垂直方向的移动距离与对角线角点坐标相关轴向值的关系，通过简单提取数值，分别将单元移动到右上方位置。对双单元编组，进行水平和垂直方向的排列，这样就完成了单元制作到排列的过程。

3. 着色。为了获得 X、Y 方向色彩的变化，需要获得与每个单元体位置相关的数据。这里把每个单元边

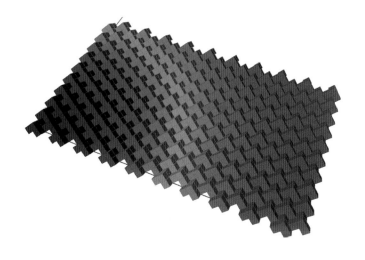

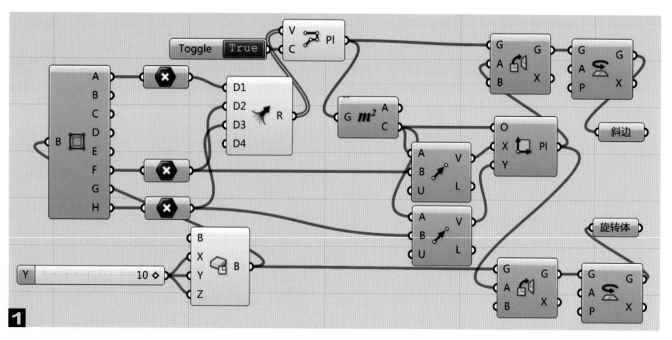

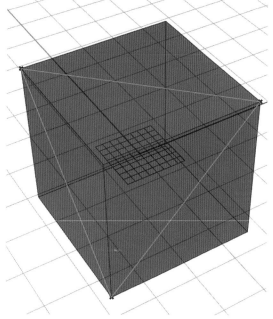

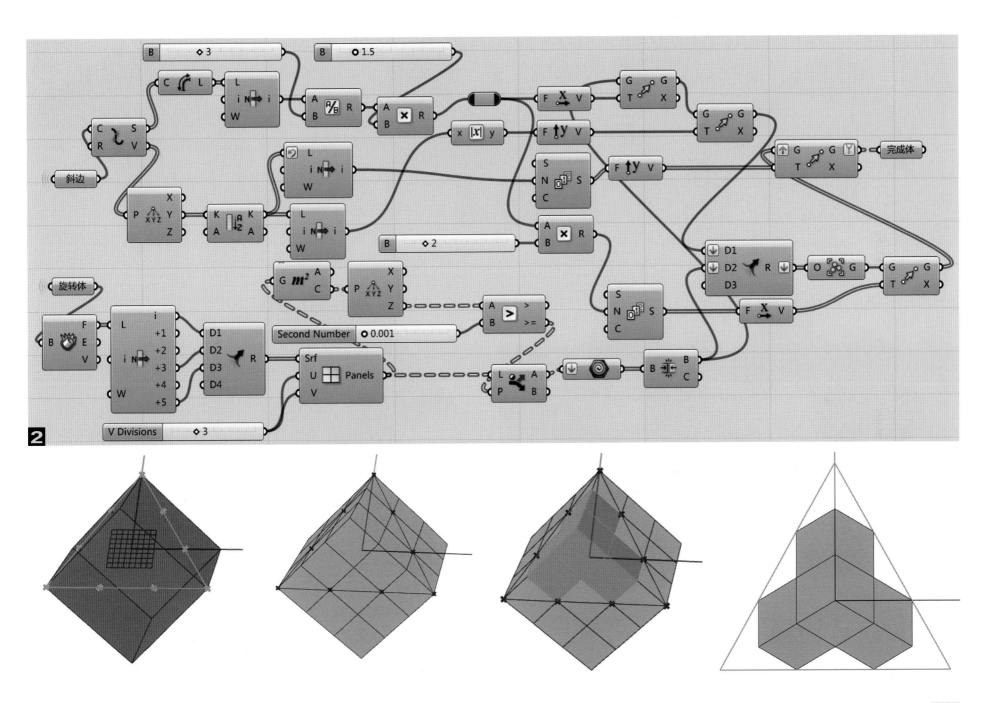

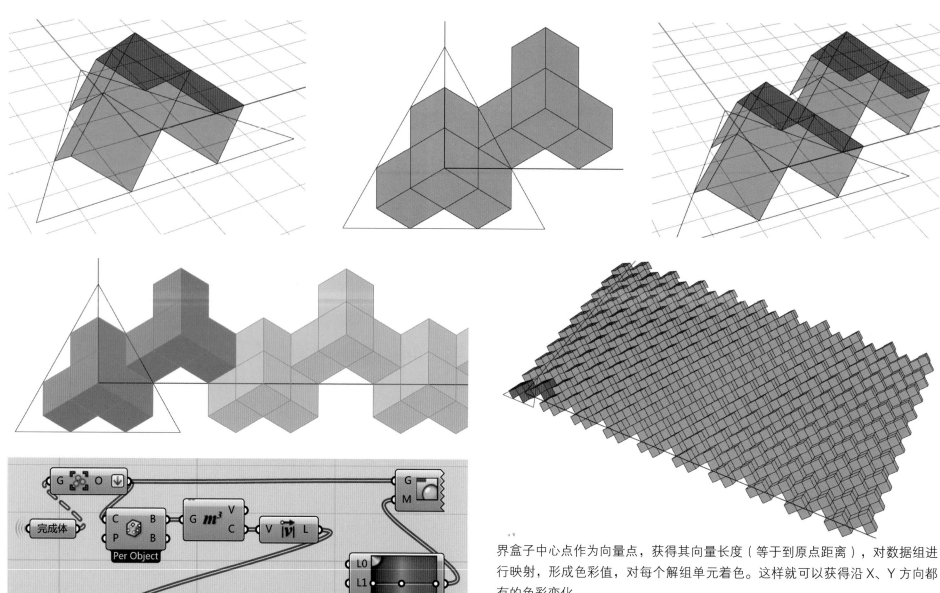

界盒子中心点作为向量点，获得其向量长度（等于到原点距离），对数据组进行映射，形成色彩值，对每个解组单元着色。这样就可以获得沿 X、Y 方向都有的色彩变化。

研究单元形成和排列规律，是破解类似这种排列图形的重要工作内容，其后也要选择简洁、高效的算法来完成。

案例 13　环形鳞片柱帽

本例需要插件 Anemone 来完成上部重复生成环形鳞片，下部则采用复制方式。

1. 塑造基本形。首先设圆，等分周长，将点作为重复动作基础信息。连线（C=F），打碎，以各边中点为中心水平旋转各线段的起终点。与其交错组合，闭合连线（C=T），将该图形沿着各自线段为轴旋转。其角度依据 Anemone 循环次数值，将其与总循环次数值的相对值映射到一定范围的角度内，使得每循环完一次，其角度更大一点。

2. 完成循环。打碎后，获得上顶点，并将它作为循环数据。同时取线段中点，获得其在四边形面上的法线方向，移动各中点，其移动距离为以循环次数值介于 0 至总循环数值的位置，映射到一个确定的范围，以保证随着次数增加，距离越大。将其与四边形顶点组合，以此为顺序控制点连弧线（P=F），形成四边曲线凹面。使用 1 完成曲线打碎后的顶点作为控制点，形成闭合曲线（P=T）。由于该图形首尾点重合，会形成带有圆凸角的图形，将这个图形在各自四边形

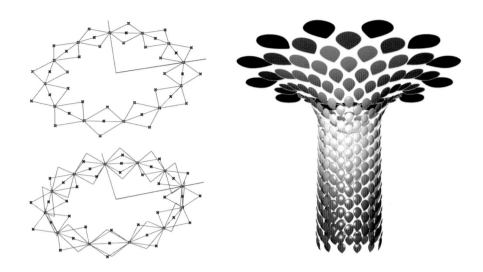

平面内旋转 90°。把获得的图形投射到前面形成的凹面上，这里需要把图形适当缩小，以便其能在参数引起的变形中完整投射到曲面上。利用中心确定的向量，获得投射方向。利用投射出的弧线，切割凹面。利用切割后面积大小，筛选出水滴状切割出来的凹面，将其作为循环输出。

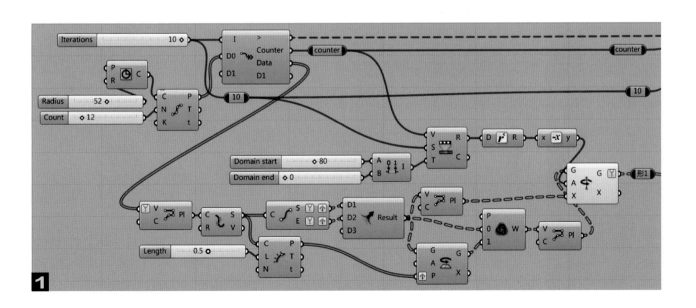

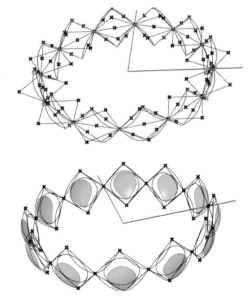

3. 完成下部，并着色。将循环生成的图形汇总为曲面。将其数据结构矩阵转换后取出最下面两排水滴弧面成组，对其向下复制。通过整体包裹方体获得向下排间距离，去掉和上部重复部分，解组后与上部组合，拍平数据结构，利用每个水滴凹面的中心 Z 坐标值排队所有单体，再次按照每横排数量分组，给每一分组分配一个颜色值，进行着色。

Anemone 的左循环 Fast Loop Start 的 D1 虽然没有数据进出，但是由于右循坏 Fast Loop End 存在 D1 位的数据进出，所以左端也需要保持 D1 位。同时注意右侧电池块应开启 Record。

通过调整算法中的向量方向、参数以及调色板，可以产生相当丰富的变化。

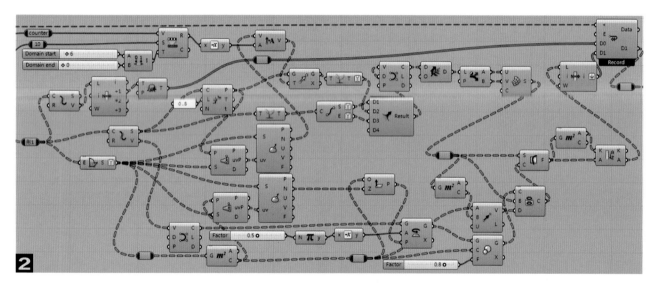

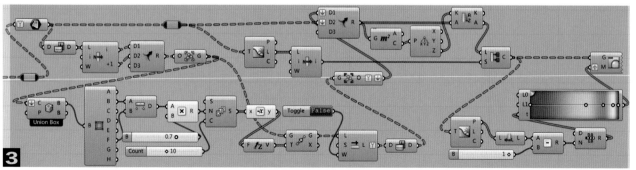

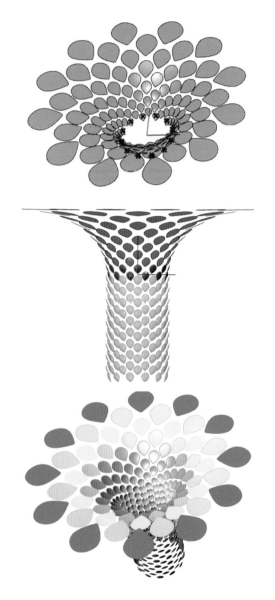

如果把基础四边形图形的下端点（实例为上端点）作为循环参数，也可以得到更为有趣的变化。本例整体上形成类似柱帽的装饰效果。

案例 14　莲花花瓣

完成如右图的三层花瓣，需要注意第二层的环形花瓣的错位问题，为了表现花瓣的形态，采取利用花瓣边、中心线的成型方式，并留出通过参数调整控制的条件。

完成的方法有很多，例如通过制作单一花瓣、环形复制是一种办法，这里采取利用数组对每层花瓣同步制作的方法。

1. 首先做出外层花瓣的准备图形。设原点为中心点，设定大圆，获得其起点半径线，并根据比率确定内部三个大小不同的圆；设定花瓣数为 8，得到每个花瓣下边的角点，这里假设相邻花瓣下边角点是无缝连续的；取出内圆的奇数位点，该相邻位点与花瓣"所在顶点"共同形成一个花瓣；同时将顶点顺序后串一位，形成"相邻顶点"便于后面制作。

2. 制作外层花瓣的左、右边线。为使花瓣有曲线变化，除了起始点外，需要每边中部有两个点，相邻的花瓣并不共用这些点。为此分割外圆与花瓣数同，将相邻

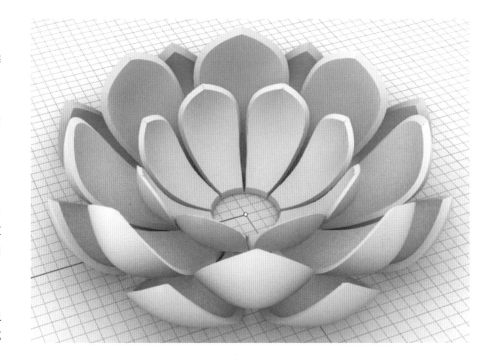

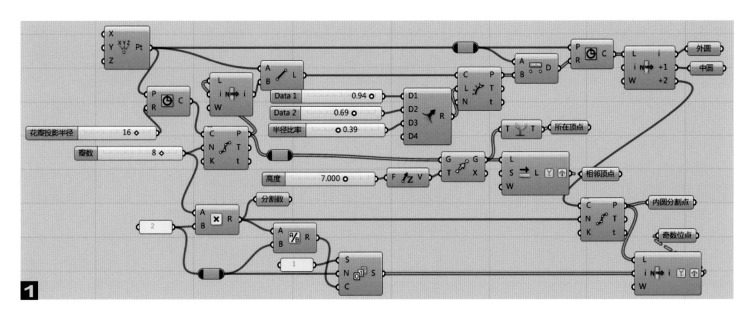

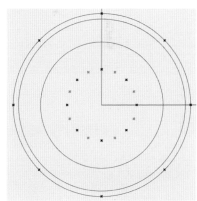

点连线，在该线上获得对称点，并移动到一定高度；中圆进行类似处理，设定高度不同；按照点的高度顺序连接左、右边。

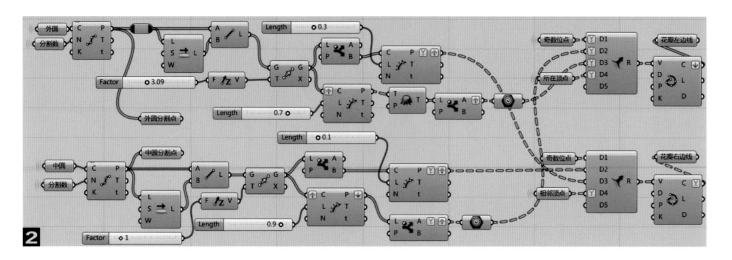

此时注意"所在顶点"与"相邻顶点"的区别；通过调整参数，使之成为花瓣边线。

3. 确定花瓣中心线，完成外层花瓣。为了获得花瓣中央外鼓的效果，需要制作花瓣中心线；通过对内、中、外三个圆的 True、False 选择，选出花瓣中心位置各圆上对应点，分别向上移动一定距离；与"所在顶点"成组，连线；并按照每瓣分组，成面；偏移、缩放、成侧面、集合完成。

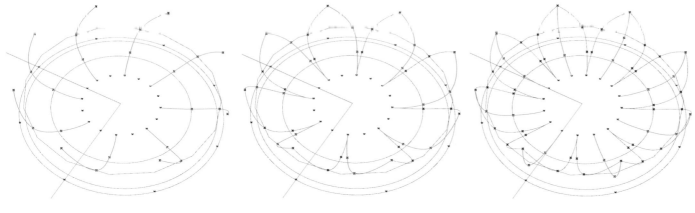
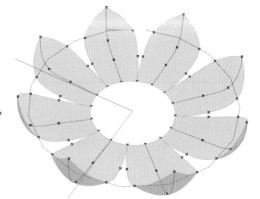

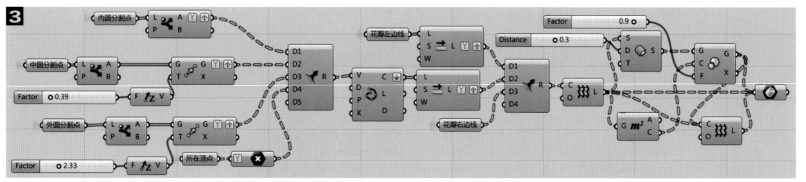

4. 确定第2层花瓣。该层花瓣总体制作应该类似于外层花瓣，主要解决环形错位问题。在初始步骤中，需要将四个圆旋转半个花瓣的弧度，这里主要

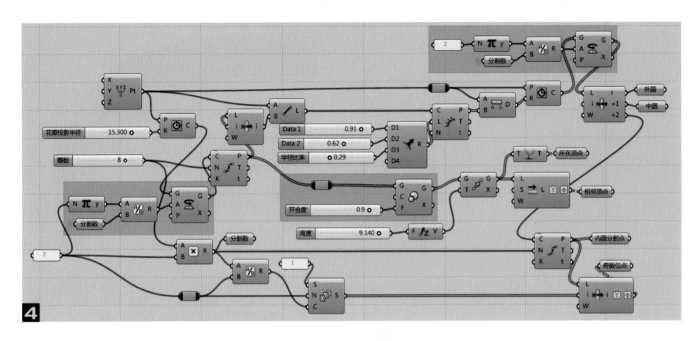

利用了控制圆起点位置，就控制了相关参数点位置的原理；在图示位置增加旋转命令即可；同时为了不影响整体，而控制本层花瓣的开合度，增加缩放点的命令；剩余算法同外层花瓣制作，只是需要改变圆半径等参数，使之成为内侧第2层花瓣。

5.最内层花瓣。这一层花瓣是外层花瓣的缩小版，通过复制算法，改变参数即可实现。

在本例中，由于采用的是分组同步形成图形的方法，因此需要注意数组间的对应关系、包括路径的嵌套、层数的匹配性，连线时保证连接点梯次顺序。

在同组相邻点连线和花瓣左右边形成的过程中，对于点的顺序状态以及必要的调整要有清晰的认知，确保连接成功。

案例 15　切片座椅

本例的算法是作三维复杂形体切片的典型做法之一。利用垂直曲线的平面，绘制不同断面，形成形体，然后利用切割平面，形成片状组合，从而拟合出曲面体形态。

1. 需要依靠 Rhino 中形成座椅走向曲线和三个典型断面。其中三个典型断面，对应设三个点，主要为了获得图形的平面原点。

2. 下图深颜色区域的电池块即为主要算法。获得曲线，确定端部和中心的点位，分别在三个典型断面上各放一个。使用单轨扫描成体，断面使用三个典型断面。同时对曲线等分为诸多平面，切割扫描体。这样就获得了切割线。

3. 生成片体。切割线连接曲面电池，会自动将轮廓线成面。从 Frame 端引出矢量，因为 Frame 的记录方式是以平面和 Z 轴为准，可以获得切割半面的 Z 方向矢量及其大小。通过与数据（正负）进行乘法运算，更改矢量方向和大小。其结果可以不断进行修改，始终保持带有的矢量的特征。通过移动、拉伸成体，并赋色。座椅的趋势曲线和断面可以在 Rhino 进行更改。座椅切面的数量也可以根据断面变化的要求进行增加。断面点的

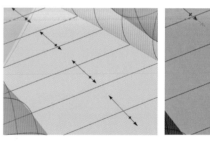

位置控制着断面与曲线的相对关系，改变点与断面的相对位置，会相应改变组合形体的形态。

在实际中，当三维形体整体难以制作，或者对于无法一次制作完成的较大型物体，常采用切片方式，生产切片体，然后加以组装。

可以通过等差数列获得总数匹配的自然序号，使用 Text Tag，将序号标注到三维体某一面的中心。通过坐标置换能将面排列到平面上打印或切割，最后加以组装。

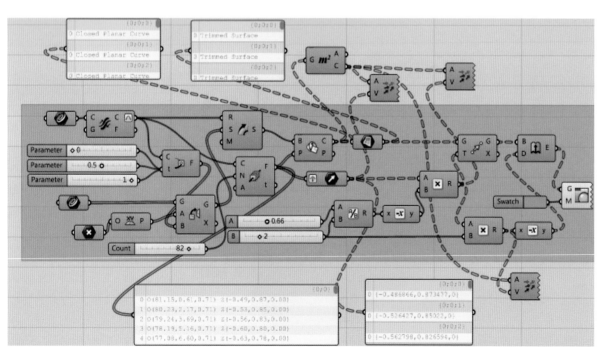

案例 16　图像映射条纹

通过获取的图像灰度数字信息转化为单元旋转角度值，从而形成条纹图的效果。

1. 生成单元块体，进行排列。使用点矢量一次性完成两个方向的移动。

2. 生成单元中心所组成的平面。找到该平面上各中心对应的 uvP 点，以此点为对应图像取值点。

3. 图像调入时，设为黑白通道，自动保存在文件内及相关设置。利用 uvP 的二维范围修改图像 X、Y 数值范围。作为角度时，放大 30 倍，以使得效果更明显。

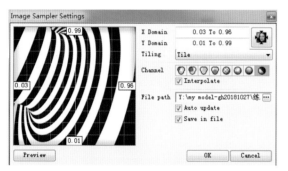

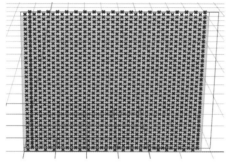

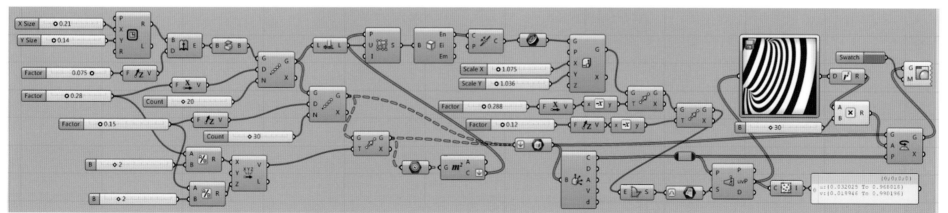

案例 17　纹样筐

筐四面具有完全相似的图案，每个图案曲线呈现出不规则的
变化，看似很复杂，但这是一个较为简单的算法。

1. 建立四边形，复制到另两个高度。编组后打碎四边形，对
边进行等分。等分点的位置数据由随机数生成，按大小排序。
随机数总数量为偶数，并四边均相同，以便一一对应和成对。

2. 将点按照竖向分组，用过点曲线连接。相邻线分为一组，
图中分组也可使用 Partition List，按照 2 组切分。然后成面赋色。

可以调整参数，控制三个四边形的相对高度，使得曲线弯曲度合适，
也可以调整等分点数量和随机种子。

当随机种子均为一个值时，其分割点上下对应，曲线变为直线。当
采用直线 PL 连接等分点时，获得的是直线效果的曲折面。

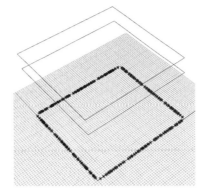

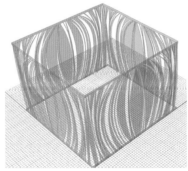

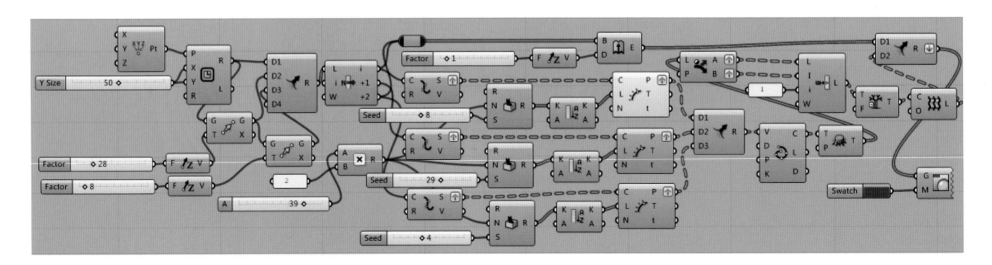

案例 18　螺旋柱亭

这是利用 GH 的 Field 相关命令，生成平面螺旋线，然后利用 Wb 细分顶面。

1. 使用场域命令生成平面螺旋线。将 Point Charge、Spin Force、Merge Field 和 Field Line 等连接并赋值，在原点设 1 单元圆并等分点作为场线起始点。

在形成的场线上等分点，将它们按照不同高度提升。其高度为一组映射数据，通过连线使其看上去呈螺旋上升状态。同时生成水平圆，随高度变化。

对支杆类线套圆断面成管，着色。利用水平圆成面，准备 Wb 细分处理。

2. 打碎面，取外边，偏移获得悬挑部分面。将整体转换成 Mesh，按照三角形细分，取其边线，着色。这样构成面上的纹理。

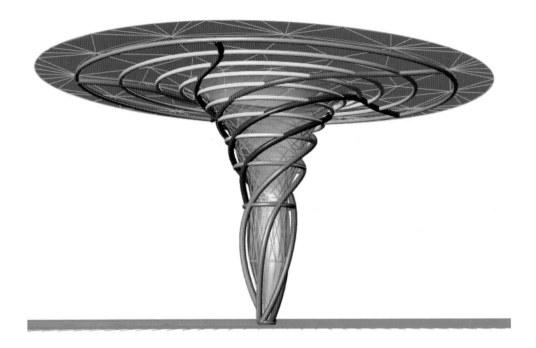

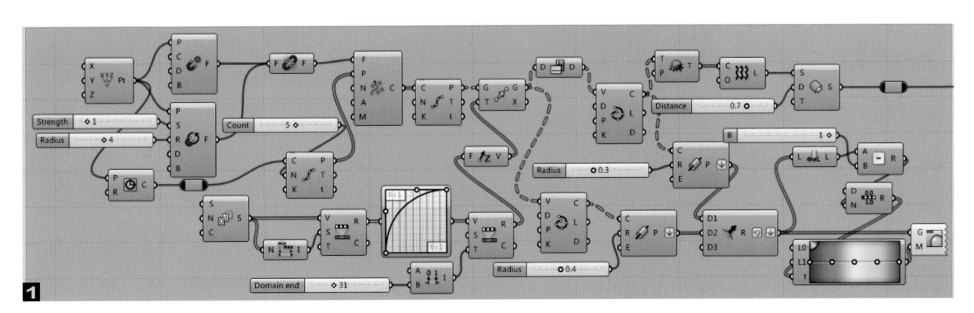

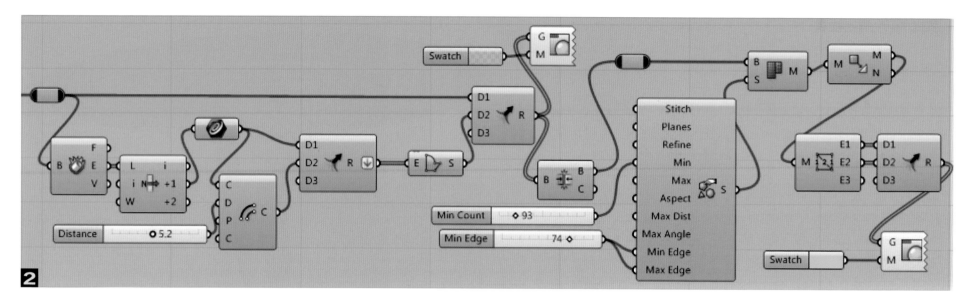

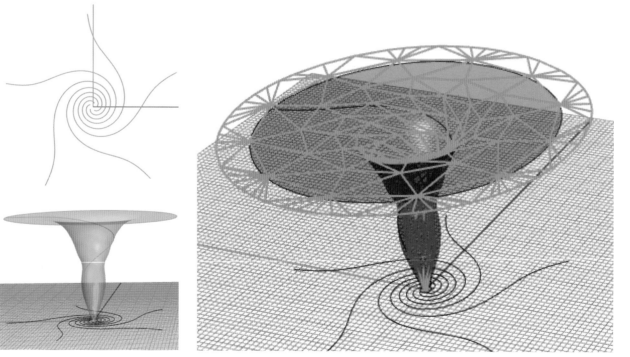

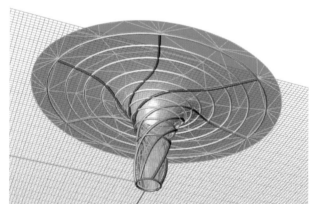

通过更改场线出发点的圆大小，可见螺旋形接地点会不断放大，形成漏斗状形态。

案例 19　弯折层叠砖墙

弯折的砖墙，使用的是砖的尺寸，如果使用更大些尺寸，可以作为各类墙的效果。本案例主要说明密集单元的沿曲面层叠排布的算法。

1. 制作砖块。实际上是制造一个单元盒子。

2. 制造曲面。通过等差数列间隔选择数值作为 X 值，随机产生的数值也间隔拾取形成两个 Y 值，构造两组点，连接形成两条曲线，从而构造曲面。

3. 制造曲面上位置点。将曲面水平等高度切割，形成等高线。用水平平面等分曲线。

4. 单元平面曲面转换。调整各项参数，可以调整出各种规整砖体的沿曲线的层叠排布，也可以直接使用既定的曲线，形成曲面及层叠排布。

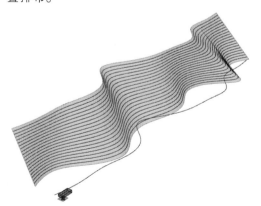

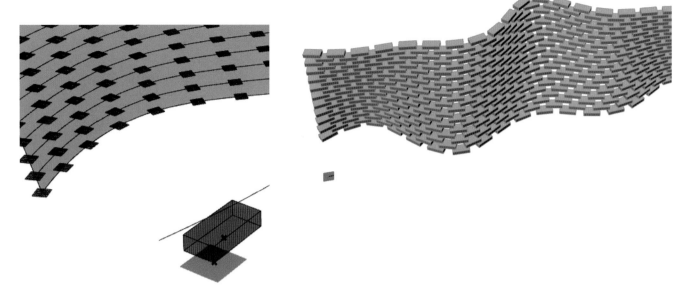

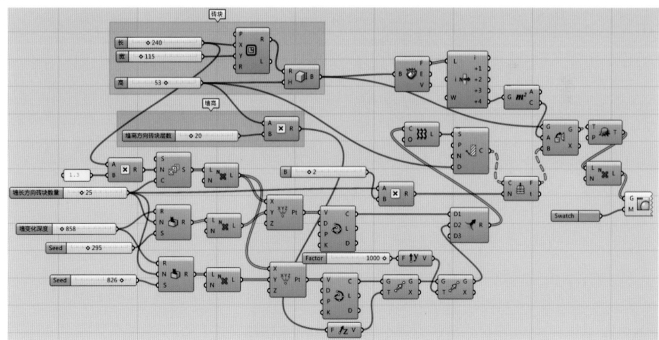

案例 20　场干扰杆群

场干扰可以产生放射和旋转，并具有递减趋势效果。有时也可以实现其他方法不易实现的效果。

步骤：

第一部分：完成场景搭建，获得场线起点。

1. 准备方形和内切圆并成面。圆形面内生成 UV 交点。

2. 连接 UV 交点，去除空项，形成互相垂直的圆内格线。

3. 利用圆内格线分割圆形面，依面积筛选出外围不规则分割面和内部方形面，并获得方形单元格面中心。这些点作为场线起点。

4. 给外分割面、单元格面及分割线添加厚度、色彩，以示区分。

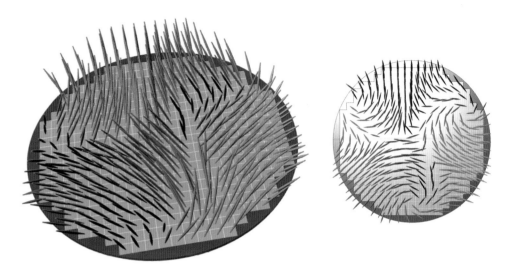

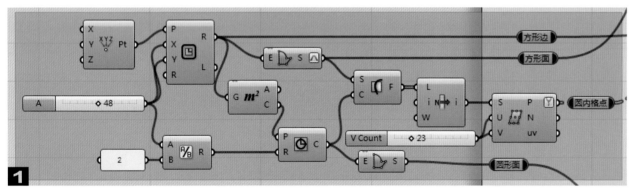

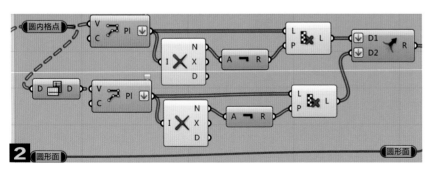

第二部分：完成场的搭建，形成干扰后平面线。

5 为便于调试，使用 MD Slider 在方形区域内，产生 3 个干扰点。

6. 对 3 个干扰点分别实施放射与旋转场力。合并场力，绘出综合场线。场线起点使用单元格中心。

第三部分：将平面场线的一端举高，通过数据处理，使总体形态变化。

7. 将干扰后平面线的一端点的 Z 值加大，在 X、Y 值不变的情况下，其依然保持干扰的效果。X、Y 值数据映射时，利用 Graph Mapper 获得两个方向中间高、两端的低的走势。同时完成连线。

第四部分：进行套管。

8. 把升高后的直线进行变径套管，两端细、中间粗，同时两端封帽。

注：连线电池块出现的报错黄色，主要是由于连线使用的点存在某一列或行只有一个点的情况，从而导致无法完成线。其输出结果会显示空值。此时可以利用布尔运算判断，并剔除空值即可。

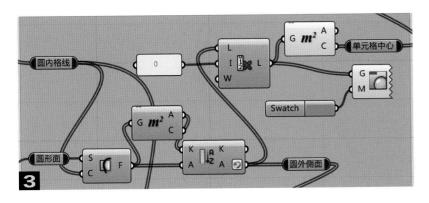

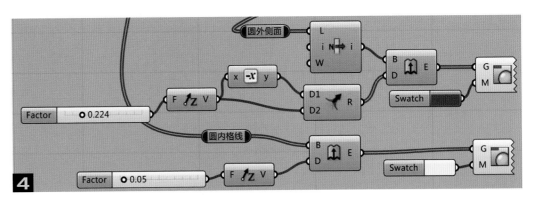

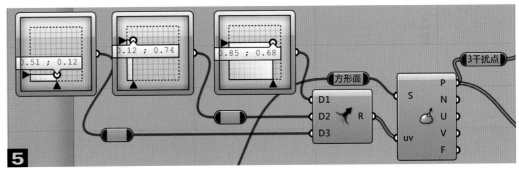

根据方形内切圆的 UV 分割情况，可以判断外侧不规则分割面相互连通且面积最大。通过筛选，可以区分圆外侧面和单元格面。

把圆外侧面加厚，形成外边形态。把圆内格线上移成垂面，方便侧面观看（也可以给一定宽度）。形成单元格面后，捎带着色。这样视觉上可以区分各自部分，便于后面观看。这部分操作也可以在主体脉络搭建完毕后进行。

5 中使用 MD Slider 可以较为方便地进行点位置调整，并同时观察综合场力线的走向，较快地达到所需效果。两种场力模式的参数需要耐心调整，以便获得较为理想的线形的分布。

应注意使用前面生成的单元格中心作为场线的起点。

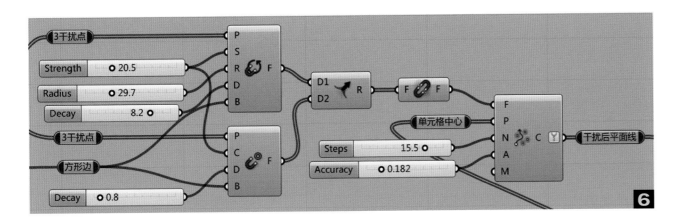

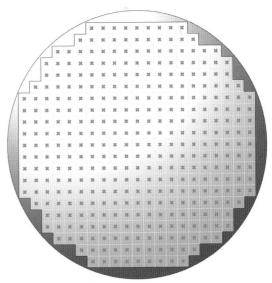

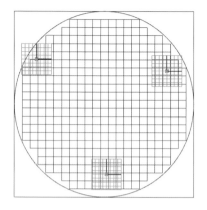

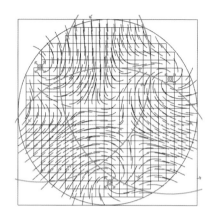

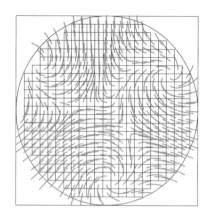

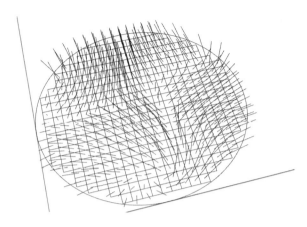

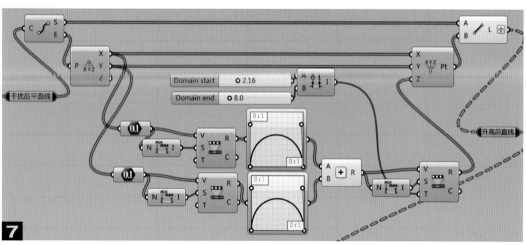

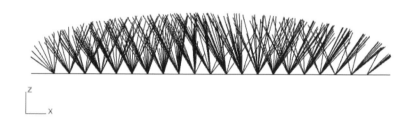

7

干扰后平面线

Domain start ○ 2.16
Domain end ○ 8.0

升高后直线

8

升高后直线

1

Data 1 ○ 0.083
Data 3 ○ 0.2
Data 4 ○ 0.081

Swatch

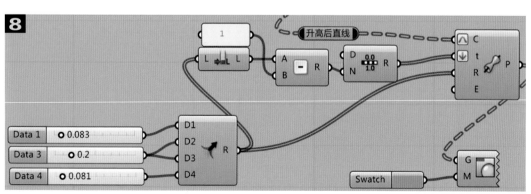

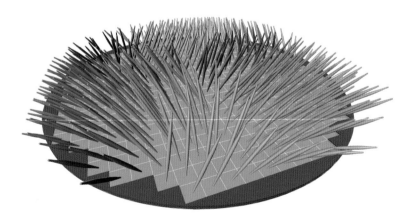

案例 21　泰森多边形凸起面

这不是一个很复杂的实例，但是形成的图案却充满了变化和统一。通过随机点、中心、距离、数据映射倍数和距离、缩放和移动、成面、着色等概念和动作即可完成整个算法。

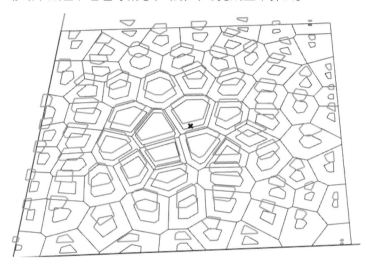

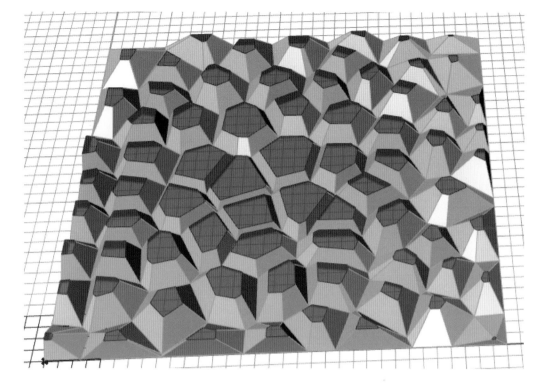

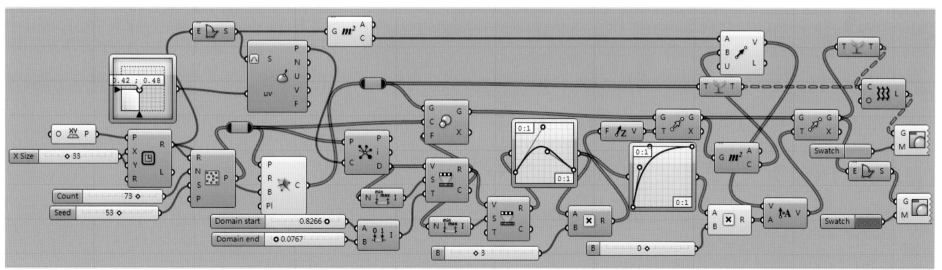

案例 22 六边形图案

右侧两种结果看起来很相似，右左是平面化下凹图案，右右是带有过渡面的下凹图案，其实是不同算法的结果。

1. 建立六边形网格。为了形成右左图案，需要保证旋转图案旋转 30 度后其顶点处于外围六边形一个边的中心。这样预先缩放的距离需要计算求得，即内部的六边形需要外部六边形的偏移距离是 R（过外侧六边形顶点圆的半径）的 cos30 指数的倍数形式，即需要 cos30 零次方、cos30 一次方、cos30 二次方……等比数列。这里使用插件 Anemone 建立等比系列，进行偏移，其后按照 30 度进行旋转，就形成了平面图形。

2. 将平面图形的边分割单元面，得到小块的图形，依据其中心与基本六边形中心的距离进行移动，可

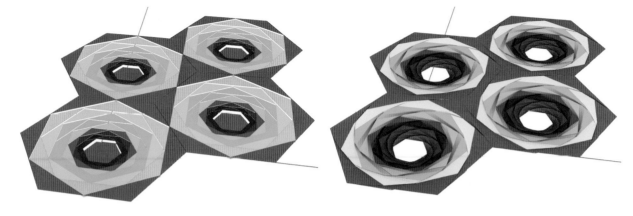

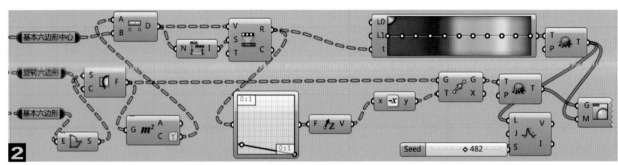

以使距中心相同距离的块面处于同一标高上，并映射数据进行着色，形成单元统一的图案。形成右上左图。

3. 在 1 的基础上，先将各面移动，然后将相邻六边形面，则形成下页右上图。

4. 在 1 中使用 4 代替缩放比例和旋转角度，即不刻意要求旋转后顶点位于一边的中点，那么需要接入 2 进行成面，也可以形成类似下页右上图的效果。

2、3 中，在确定色彩后，打乱顺序，会得到色彩变化丰富的图案。

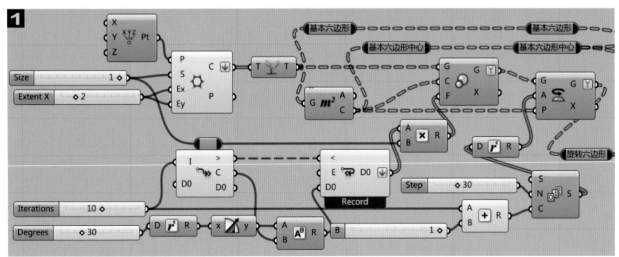

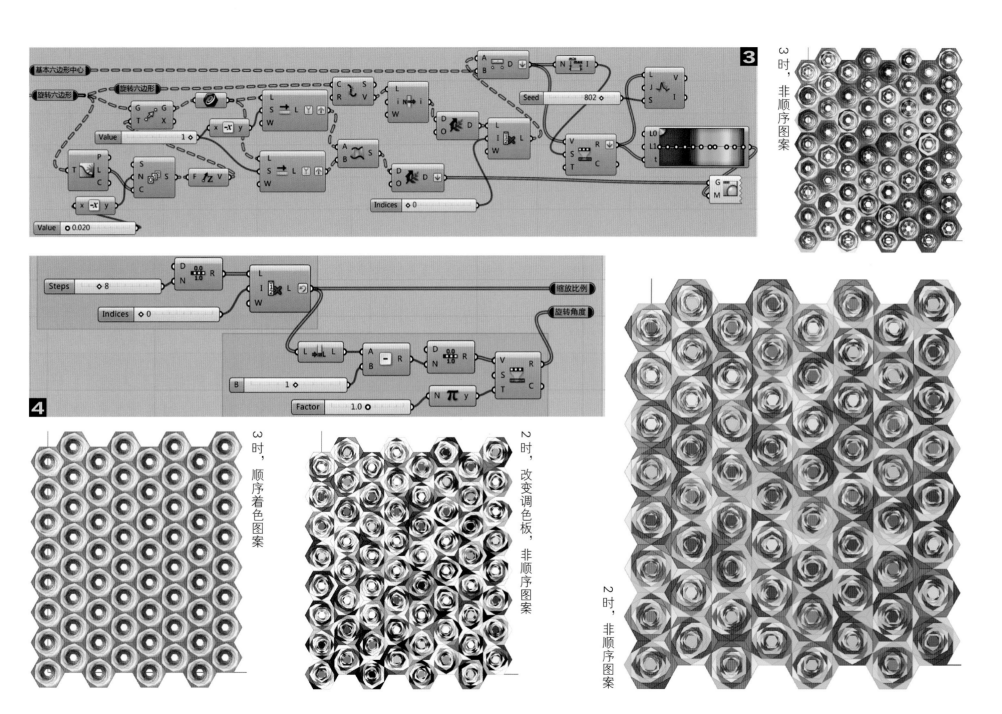

3 时，非顺序图案

2 时，非顺序图案

2 时，改变调色板，非顺序图案

3 时，顺序着色图案

案例 23　自由字体图案

通过文字符号的排列形成装饰性图案，包括规则排列和自由随机排列。指定规则排列的是中间的两个大字，自由随机排列的是中间字的英文单词组成字母。字体分为负相和正相，大字上面为负相，下为正相；英文字母为随机分布的正负相。

1. 首先写出所需要的文字。在 Rhino 中，通过 Text Object 调出文本物件对话框，给定高度、字体、文字内容，分别输出英文字母的曲线、曲面和汉字的曲线、曲面；其中曲线用于加工负相，曲面即为正相。汉字的大小与排列尽可能与最后结果比例接近。

2. 处理负相大字。将负相字（曲线）引入 GH；把其边界盒子适当放大，以使切割后面尽可能连续，同时避免切割不成功；

用字形曲线切割包裹面后选择出所需要的负相（方形），由于存在多个非连接面，为下面编辑中保持字体完整，将其成组。

3. 确定大字范围。将正负相文字的排列好，确定其整体边界盒子，并将字体组合移动到未来完成图案位置，确定外边。

4. 确定格构。建立目标格构，本例采用横向：边各留 2 格，中间占 3 格；竖向：上、下各留 4 格，中间占 6 格。因此建立基本单元格数量如图。求出包含所有格构的边界盒子面及其中心，与 3 步协同，将大字移动到目标位置，使用 3 的筛选框，筛选覆盖该区域的格构单元，将所有格构单元划分出框内和框外两部分。

5. 框外处理。获得框外格构单元边线，各自向内偏移半个分隔格子宽度，与边线形成分隔格面；同时打乱格子（拍平状态

2
负相字体面组
负相字体面廓
Factor　○ 1.01

APTRIOSM
APTRIOSM
爱国

上方：曲线
下方：曲面

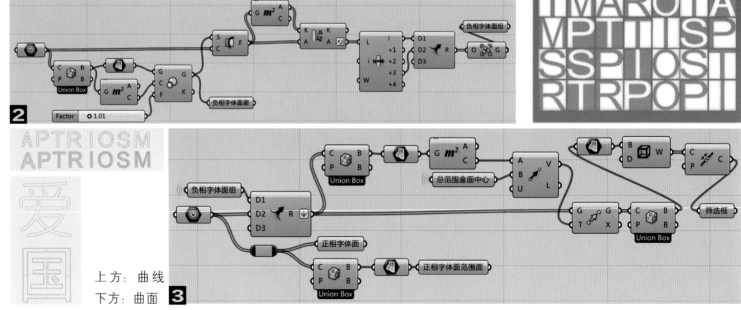

3
负相字体面组
正相字体面
正相字体面范围面
总范围盒面中心
筛选框

高度　100.000
字体　Arial
B　I　½　°
Rhino
输出为：
◉ 曲线
○ 曲面
○ 实体　厚度：50.000
☑ 建立群组
□ 允许单笔画字体
□ 小型大写　80 %
□ 增加间隔　0.000000
□ 使用文本中心定位
确定(K)　取消(A)　说明

1

046

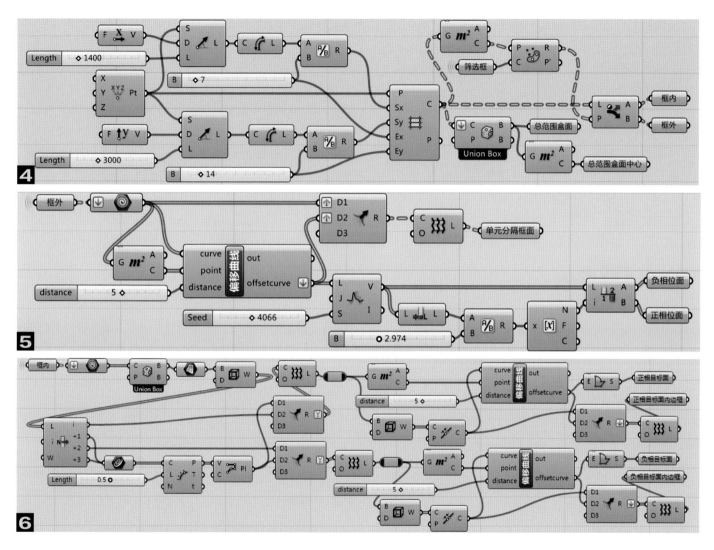

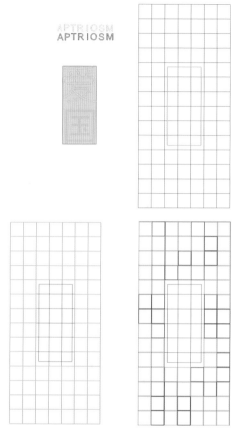

下）排序，通过获得总数量一定比例数量的方式将数列分成两部分，一部分作为负相图案位置，另一部分作为正相位置。这里使用的偏移曲线命令可以在 GH Python Script 内编写（调入该命令，放大、添加修改输入端、输出端名称，双击该命令，将 offsetcurve = rs.Offset Curve (curve, point, distance) 添加到 import 行下，ok 退出）。该命令可以保证偏移后，相互剪切。

6. 框内处理。找出框内所有的格构单元的区域外边框，选择左右对边，中点连线，形成上、下两块面；采用同样的方式分别求出半宽的分隔框面和放字体的内面，便于下一步正式填充字体（同时包括变尺寸充满各自区域）。确定好正相和负相相对应的面和边框。

7-1. 处理小字体。先处理负相字体。将曲线字体分别导入 GH。按照基本相同的方法分别处理。先适当放大边界面积，然后用字形曲线切割面，选出构成负相的面，成组。将基面和负相面组分别形成基面和负相单元。这里注意大写"I"的特殊性，借用相邻的面来切割，形成同类的负相。

7-2. 处理正相字体。对字形需要面编组，分别集中正相单元和正相单元基面。

8. 正负相流动到位。各自过程基本相似。把正负相要填充流动的目标位置的顺序再次打乱，用填充字体的数目来分切该序列，然后进行流动。这里 p0、p1 端可以设为原点。由于分切最后组可能数量不对应，使用 Shortest List 来处理，这样就删除最后格的重复部分。

9. 确定边框外沿。利用总范围的面和中心，向外放大，形成最外边沿以及外边框面。

10. 完成。将大字正负相也流动到中央部位。如负相字体产生了翻转，可以通过对称、旋转恢复正确状态。随后将边框面 + 小字面 + 大字面集合，解组，统一或分别给出厚度。

本例中，主要使用了 Sporph 命令，该命令可以在流动中完成流动对象与目标面的比例适配。此外，通过顺序序列对象与分散位置序列对象的最短数量匹配的计算方式，来完成随机分布。由于大字体形成时，其大小和排列与最后使用范围位置的匹配性，简化了 GH 的筛选过程，提高了效率。小字体也可以先集中，再统一处理。现在这种处理方式简单直接，当遇到类似"I"这类问题时，便于修改，对初学者较为友好。

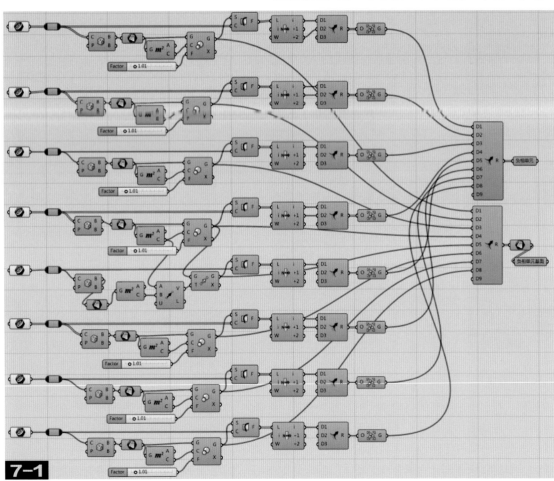

7-1

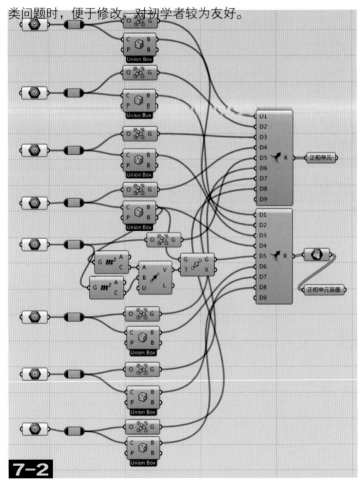

7-2

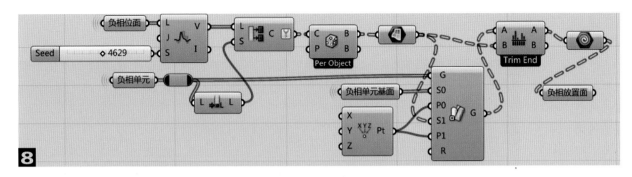

8

负相位面 · 负相单元 · Seed ◇ 4629 · Per Object · Trim End · 负相单元基面 · 负相放置面

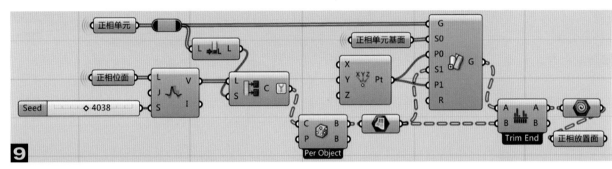

9

正相单元 · 正相位面 · Seed ◇ 4038 · 正相单元基面 · Per Object · Trim End · 正相放置面

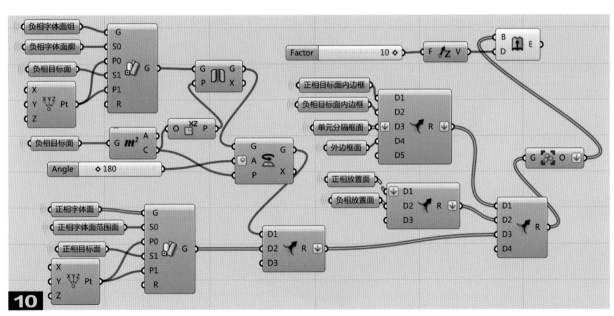

10

负相字体面组 · 负相字体面廓 · 负相目标面 · 负相目标面 · Angle ◇ 180 · Factor 10 ◇ · 正相目标面内边框 · 负相目标面内边框 · 单元分隔框面 · 外边框面 · 正相放置面 · 负相放置面 · 正相字体面 · 正相字体面范围面 · 正相目标面

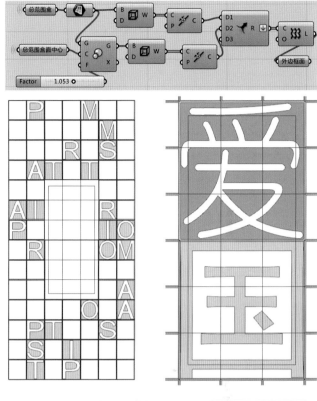

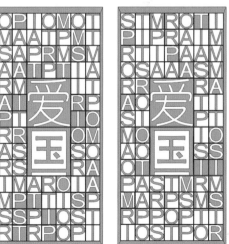

调整小字正负相分配比例、随机种子等参数可以产生变化的排列。

案例 24　屋顶上的叶

本例需要 Lunch Box 插件。

1. 先在 Rhino 中，生成一个平面和上部的曲面。引入 GH 后，将曲面 UV 设为 4，分割曲面。炸碎取面中心，各边取角点、中点。角点、中点上移后，交错组合。面中心下移。然后各点间连线，形成上移角点与下移面中心之间的支杆、上移角点和中点之间连杆、原中心与下移面中心之间的上支杆、下移面中心与地面点连线的柱。对一部分进行套管。

2. 依据上移的角点、线中点和原有面中心连线，可以生成新的单元面。除单元面外边套管外，可以将该面上移，以便使之位于各个套管的上方。

3. 将最上层面合并，着色。再打碎，对面使用菱形分割，将四边面向下拉伸成体，使下部看到时，凸出基面。将菱形分割打碎取其边线，着色。这里也可以尝试使用三边面向下拉伸成体，这样形成的图案与四边面相同，不过一正一负。菱形 UV 数为 3 时，类似植物之叶。

除了菱形，也可以使用 Full Panels，也可以产生另外的图案，如果结合 Lunch Box 的 Panel Frame 还可以内套图案，别有风趣。

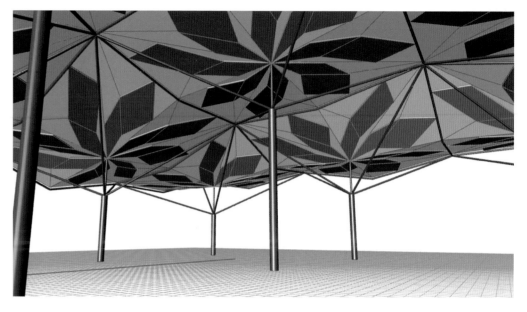

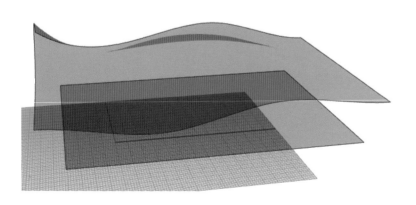

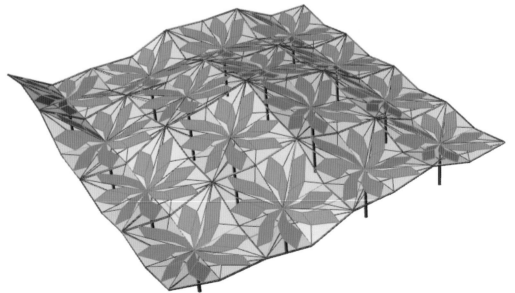

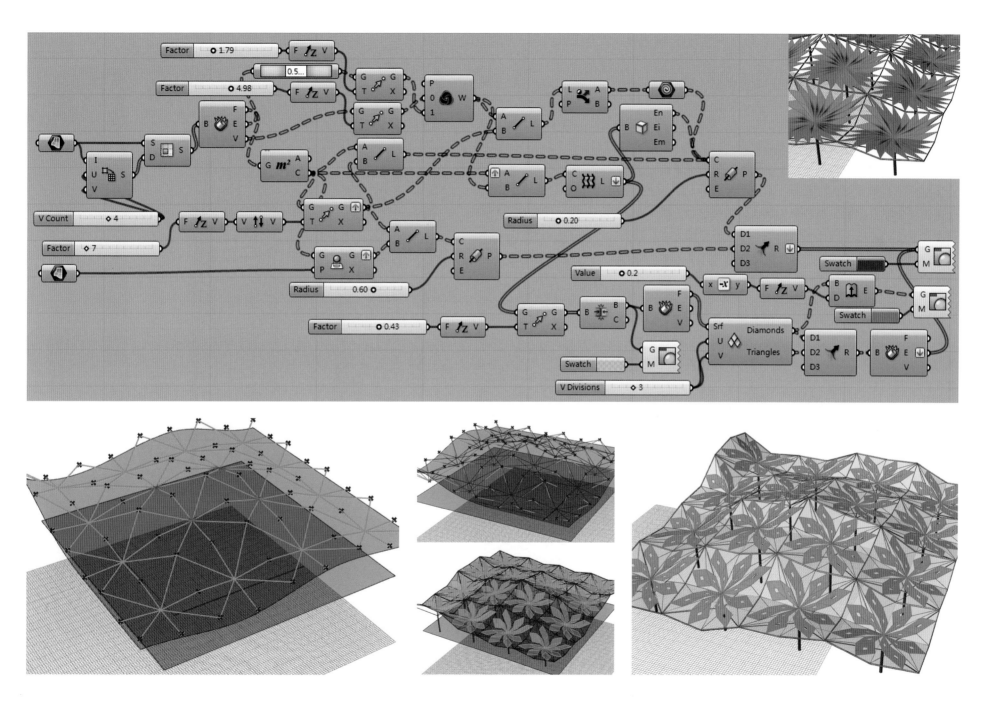

案例 25　四角渐收建筑体

该高层底部有一段等平面段，然后开始向上每层角部向内收缩，直到顶层收缩到每边中点。棱边呈现曲线变化。

1. 先建立平面形状，然后完成各层轮廓线。截断出下层平面轮廓，同时将截断处下部的最上层编入上部的最下层，因为数据截断不包括该层，成面时，不把它放入上部，会出现立面在该层中断。打断上部各层轮廓线，在每个边上取一点，该点距离起始点的距离比将成为构成曲线的影响元素，需要图形数据映射出不同的距离比，并保持曲线状态，最大值为中点的距离比 0.5。把产生的点连线。

2. 利用一层的每边建立串平面，使其之一位于中点，以其为对称平面将曲线在每面对称。将竖向曲线编组和换位编组，两两成面。将各立面整合，按照高度切分出新轮廓线,成楼面,着色。

当然通过其他方法，也可快速实现。如利用倒直线角的方法。

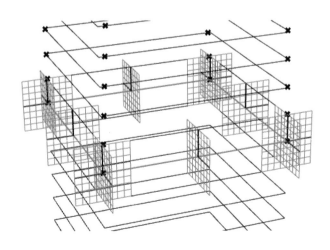

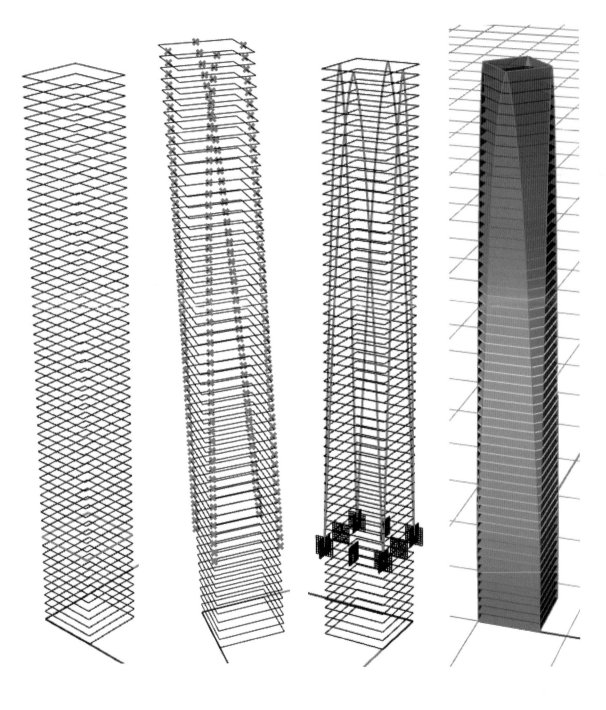

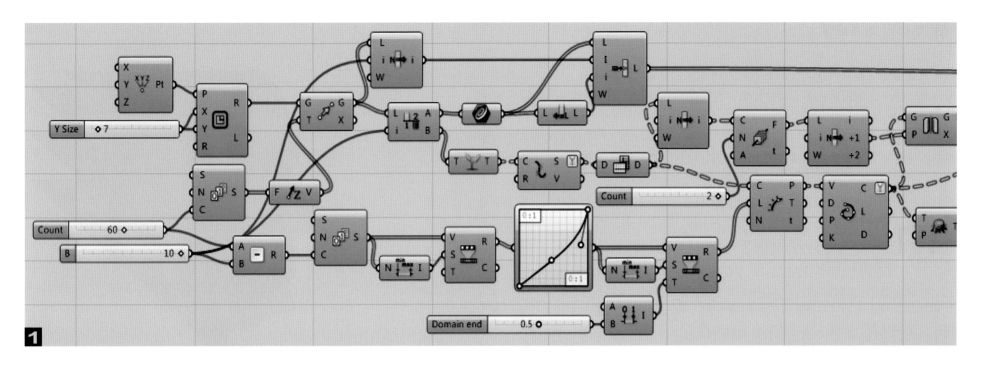

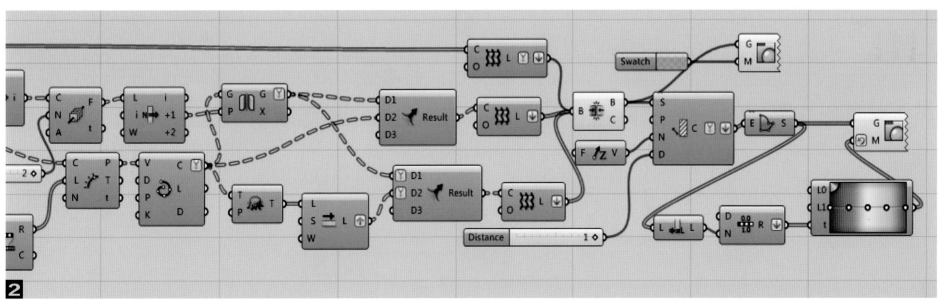

案例 26　投影成像

当在日光中，墙面上出现右图的影子时，特别是这是由一组平行的、某一边略微曲化的面共同形成时，你一定会好奇，怎么样才能做到呢？这到底需要什么样的轮廓面才能实现呢？

本案例试图通过使用 GH 算法，来生成这些轮廓变化的平面，使其投影呈现有意义的图形。如果用在建筑上，某年某月的某一天，当太阳升起到某个时刻时，魔幻之影就会出现。

1. 制作投影所需轮廓线。首先选择一个轮廓图像（可自行设定黑白图像），选择轮廓线对应数值，并取出右侧有特征部分。按照 Y 值对点排序，将组内各点的对应的 X、Y、Z 值平均形成新的平均点，拍平后，用 Nurbs Curve 连线。通过重建曲线，使曲线光滑，并调整曲线两段长度，形成 XY 平面内的轮廓线 1。

2. 制作半行光面。将 XY 平面内的轮廓线移动、旋转至 XZ 平面内原点处。在该曲线上等分点，并建立 Y 轴方向上组线，向左旋转所有辅助线 1。

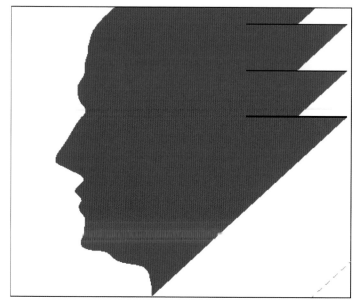

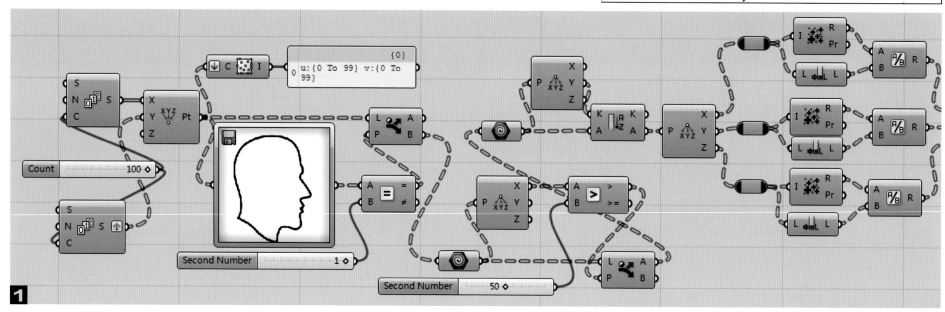

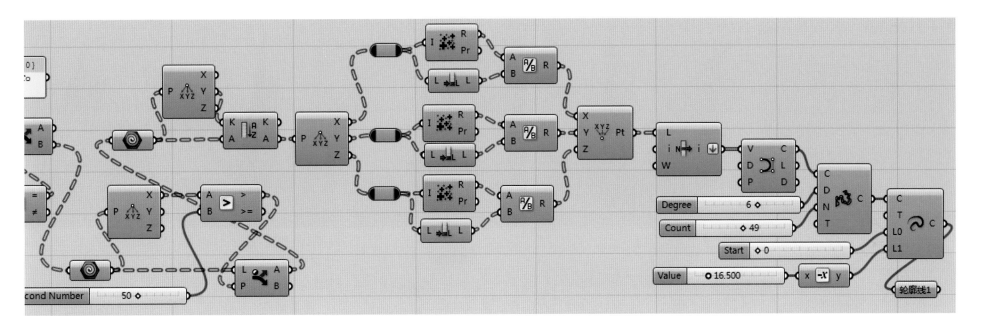

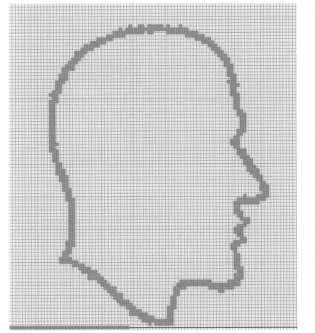

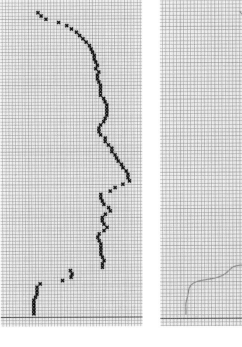

如果 Y 轴为地理南向，该旋转角度值即为太阳方位角绝对值（上午为负值）。将每条直线作为 X 轴，将 Z 轴作为 Y 轴，形成新的对象坐标系，三维旋转上述直线，旋转角度即为高度角。这些直线形成的面，就是平行光形成投影轮廓的关键性面。

3. 求得平行面。将光面向 XZ 轴投影，选出边线。在下边线上选择一点，向右移动，在移动点上作向上直线交于上边线。等分两点连线，每个等分点作向左直线线段，并生成 Y 轴向垂直于 XZ 面的平面，使之交于光面。选择出光面与 XZ 面间的平面。这些裁剪平面就是投影成像所需要的面。

4. 标注。根据中间相关元素，标示出方位角绝对值和高度角。标示出南向位置。

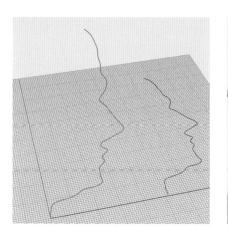
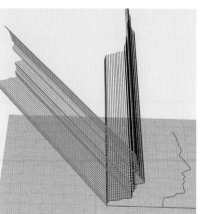
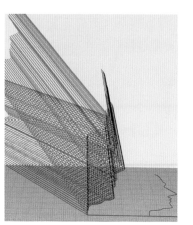

5. Revit 验证。将上述 6 片面，烘焙到 Rhino，以 dwg 格式导出，并在 Revit 中 "标高1" 平面插入。

在 Revit 中，激活底边菜单的 "打开日光路径" 和 "阴影"，并在其 "日光设置" 中，设置为 "照明"。

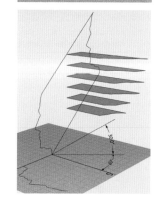

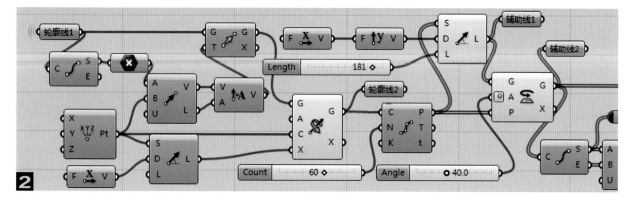

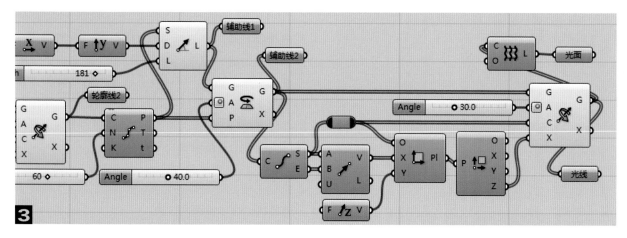

预设栏位选择 < 在任务中，照明 >，方位角设为 140，仰角设为 30。不选择 "相对于视图"。勾选 "地平面的标高"，选框设为标高 1。点击确定。

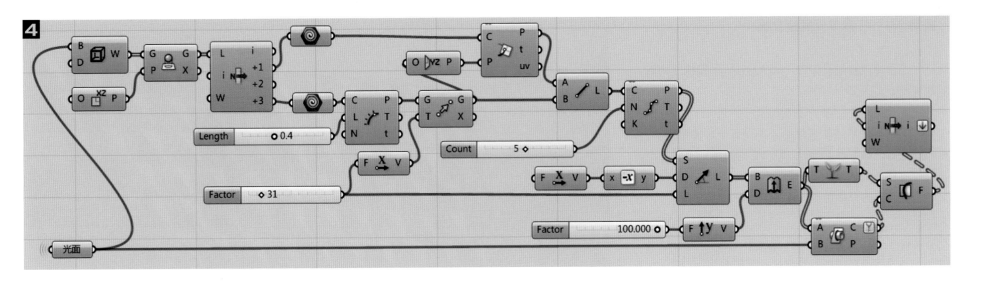

4

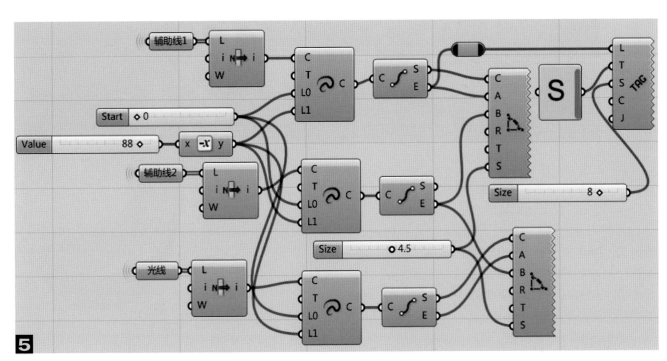

5

注意插入 dwg 文件时，单位可选择"分米"或"米"，目的是适当放大插入图形。由于 Revit 以正北方位角为零，这样南偏东 40°，在这里应输入 140°。在标高 1 中设墙体，使之表面与插入图形对齐（相当于 Rhino 中 XZ 面作用），利用楼板建立命令，按照插入 dwg 文件各层轮廓建立厚度为 10 的楼板，结果如右下图。通过 Revit 验证，证明了投影成像算法的正确性。

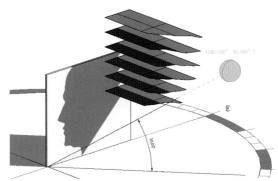

这是一个国外建筑表皮设计，我们先分析下其构成特点。本例需要 Lunch Box 插件。

首先其表皮不是常规的直角面，竖线有一定的倾斜。一方面有可能是曲面形态问题，另一方面是楼层上大下小，等分后自然形成的倾斜。转角部分为圆弧形，表皮肌理自然延续转到另外的面。

其次表皮由单元组成。每个水平条带内有两种单元交错排列，这两种单元形式结构相同，子面颜色不同。

再次条带之间存在错动。上 3 排和相邻下部 2 排有图案错动，再下 2 排又返回上 3 排单元排序，总体上，从上到下表现为上 3 排、上 2 排、下 2 排、下 3 排的错动，隔一组后排列相同。

最后从上到下，每两排有分隔条。

制作时，先要分出单元。通过水平条带和竖向分隔切出小面，对每个小面进行分组，组内划分出两种单元，对单元进行划分，然后着色形成两种单元，同步完成整体，逐行完成水平分隔条。

1. 首先在 Rhino 中 Top 视图内的 XY 平面上画出闭合的曲线，并引入 GH。向上移动一定距离，作为首层高度，再移动一个偶数整数距离。使用偶数整数的目的是在水平条带高为 1 的情况下，便于后面获得中分整数，简化操作。

将最上部线放大一些，将两条移动线成面，然后水平等距 1 分线。

接下来要等分这些环线，然后竖向连线划分单元。但是最上线与其他线方向相反，为确保后面等分点排序，需要将最上面的线调转方向，并编回原序列。

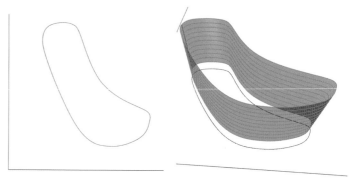

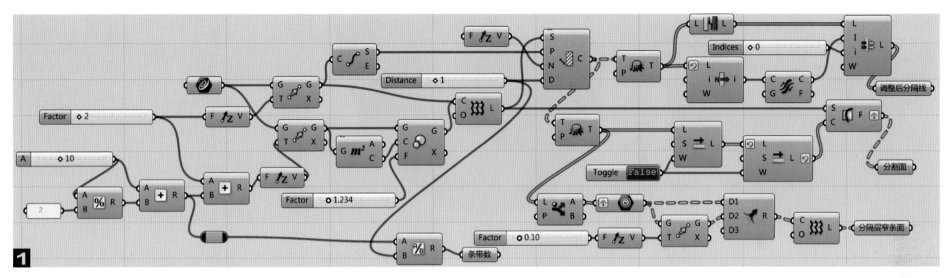

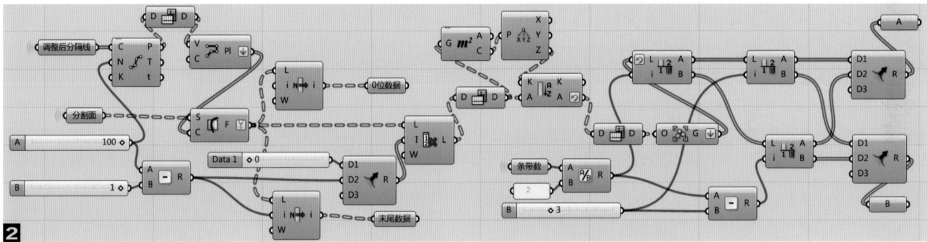

在准备用水平线切面时，需要将最上、最下两条线去除，防止与曲面边缘重合出错。同时利用水平线，将每两层需要设的水平分隔条在这里先行处理完毕，仅生成面即可。

2. 切割面并分组。将调整后的分隔线进行等分点，调转数据，连接竖向线，并对水平分割面进行分割。

通过分割后小面的检查（使用上图命令），发现小面排序存在错位，后面也发现其小面角点顺序不同，为此这里先将数列两端两组数先挑出来，对其他的部分进行统一处理。

对选出的水平条带面进行上下排序，然后进行竖向 3223 切割（本例 10 个条带），将具有相同单元的条带编为一组，即 A、B 组。

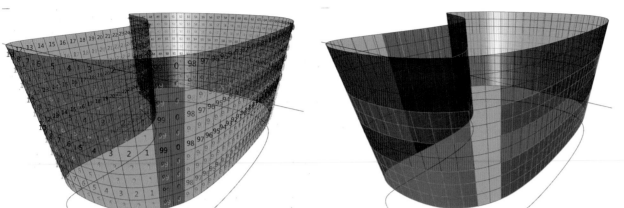

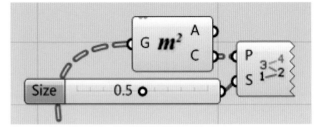

在切割数据时，注意按照排号组织数据并将数据编组。

3~4. 生成各自单元。A组解组后，进行间隔分组。

这里需要注意，着色时要观察左右相邻图案特征，保持肌理一致性。

打碎后获得各角点，按照对应三角面，获得三角边线（闭合），成面，着色。实际上A、B具体算法相同，只是着色不同。

小面排序也可以在水平条带分割完成后，先进行条带竖向排序，再用竖向线切割，这样后面就不需要对每类都进行排序了。

5~6. 完成0位和末尾数据处理。首先对小面按照竖向排序，执行分组、合并同类组、打碎操作。当发现角点顺序不同时，加以调整，并组合，按照上述3~4做法完成单元。

本例中，0位和末尾数据存在相同的排序问题，也可以编组同时进行调整排序。

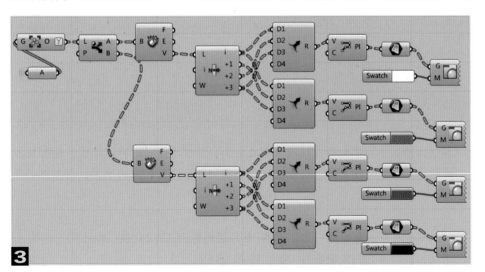

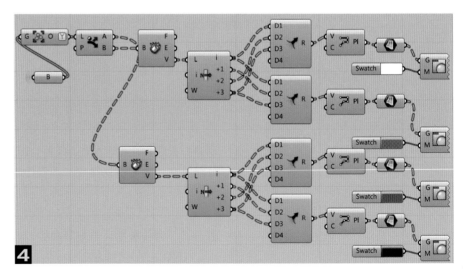

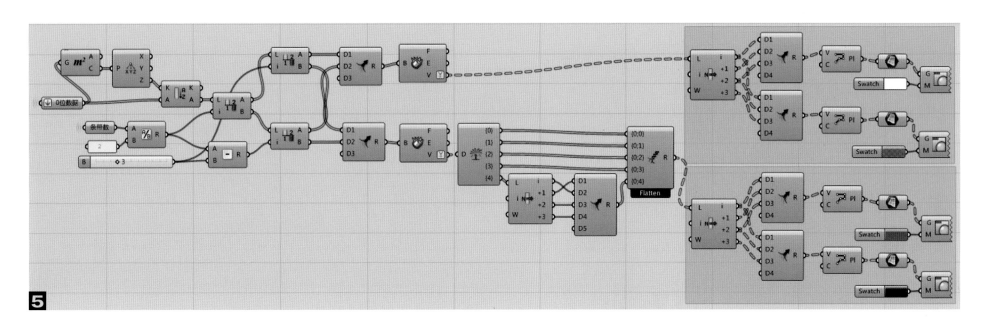

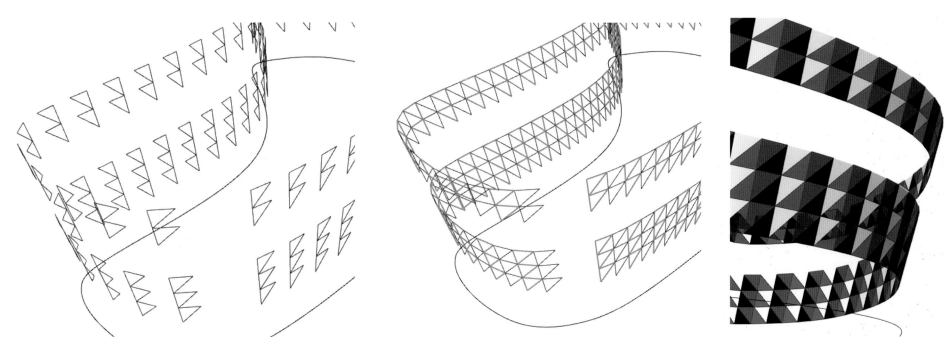

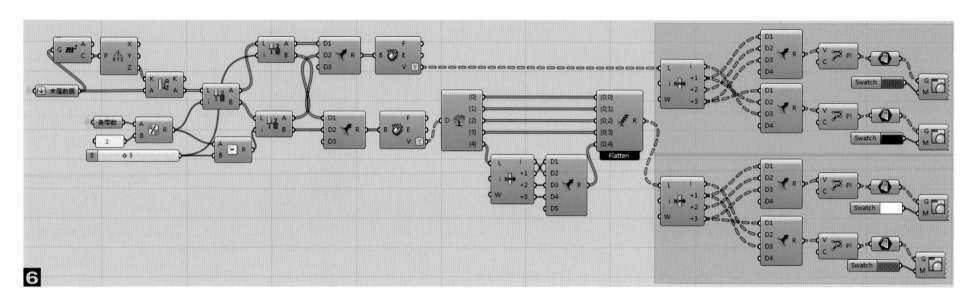

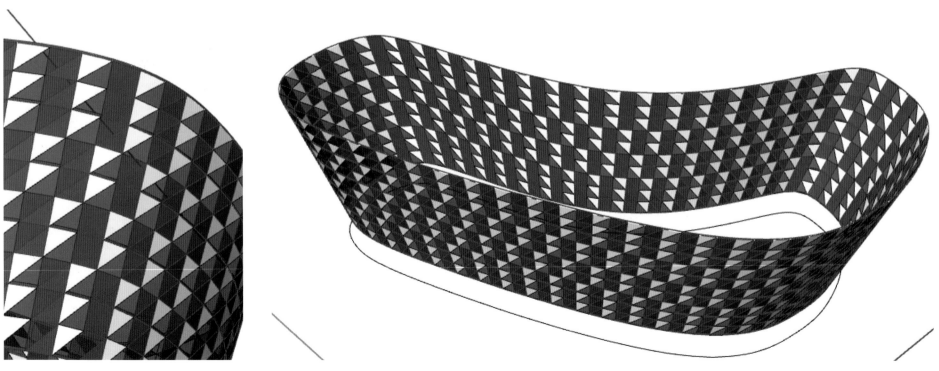

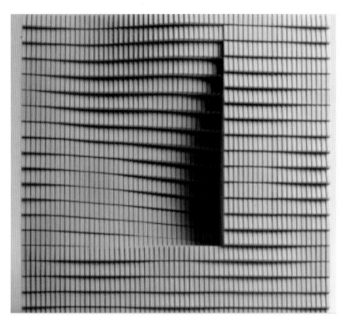

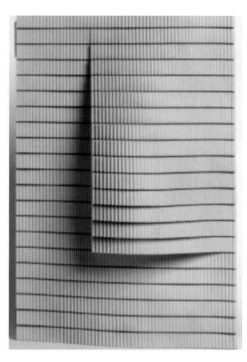

某板式建筑被切割后，其一角被力外推，形成一面内凹、一面外凸的效果。通过观察，该立面除了上述形体特征外，其南立面还存在着交错起伏变化，而北立面起伏交错只反映在凸起部分，本例中，北立面大面按不起伏处理。

首先南立面需要划分单元，制造交错起伏，在此基础上，找出变形区域，对深度进行塑造。其次北立面要保持突起区域与南立面相同，调整进深。

1. 产生单元，制造起伏。在 XZ 面上作长方形单元格。通过 Lunch Box 的 Diamonds 产生交错角点作为干扰点。获得每个单元格中心与各角点的距离，控制该距离最大值为菱形边长的 1/2，以便只要求干扰点周边一定区域

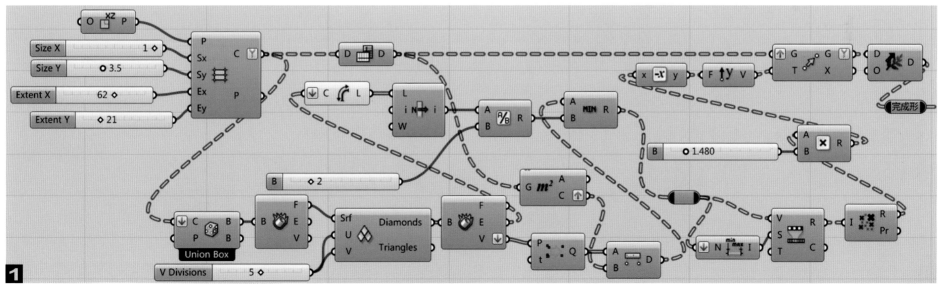

1

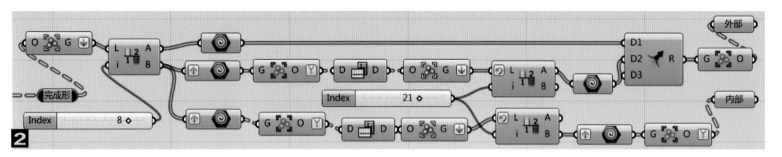

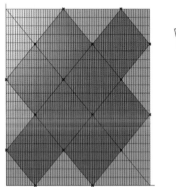

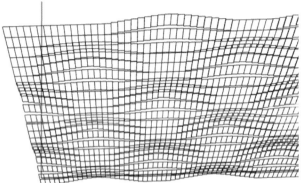

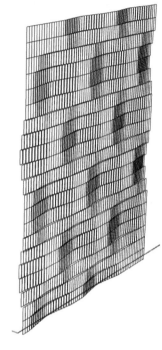

的变化数值，映射后最大值将会转化为 1。对这些多点干扰的数值映射到 0 和 1 之间，然后集乘，再乘以放大系数，这样可以实现周边特定区域的数值集合。把它们作为单元向外移动的距离，移动各单元框。

2. 切割区域。将完成形数据编组，先上下分割，再在上部区域左右切割，形成外部和变形用的内部两个区域。

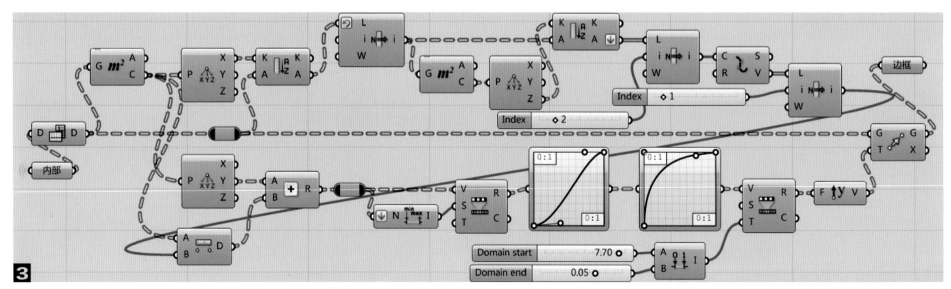

3. 完成南立面偏移。内部单元转换数据结构，按照中心点 X 值大小排序，找出变形较大那一列，再利用 Z 值筛选单元排序，选择角点上部第 3 个单元的右下点作为基点（根据效果需要选择该点，也可以选择其他单元的其他点）。将所有单元中心点距该点距离 + 其 Y 值，作为一组数据，对该组数据进行两次图形映射（Bezier），其输出控制范围可以根据效果确定，将其作为移动值，移动对应单元框。

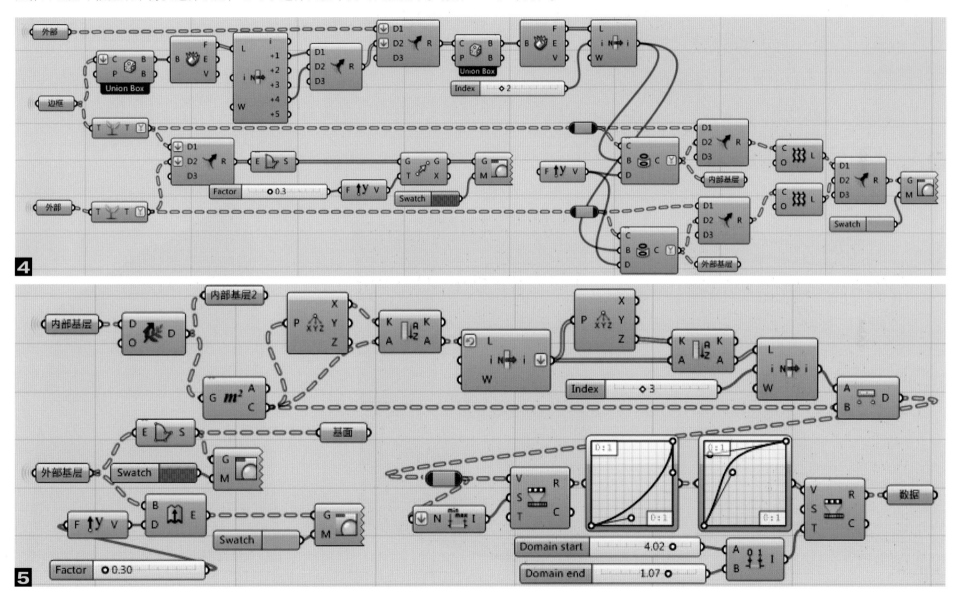

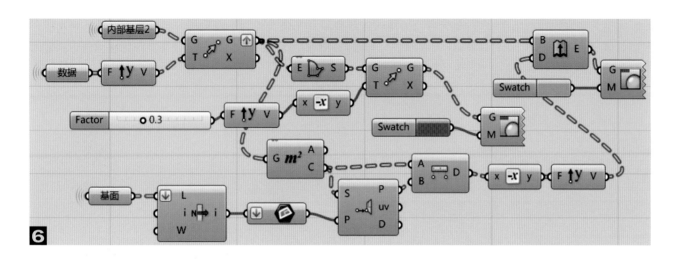

4. 完成南立面及形体。首先获得内凹处下面和右面建筑侧墙面。将内外部单元框投射至确定的后墙面，形成方框四周进深方向侧面。利用内外部单元框封面，向后移动一点儿距离作为玻璃位置，分别着色，就形成了南立面最后效果。

5~6. 北立面思路，与南立面类似，直接使用内部基层单元框，保持南北范围一致。

直接用距离映射出单元框移动量。其他均为补足形体处理。

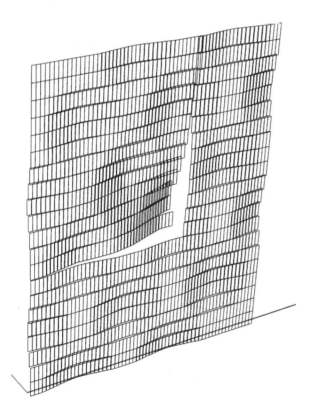

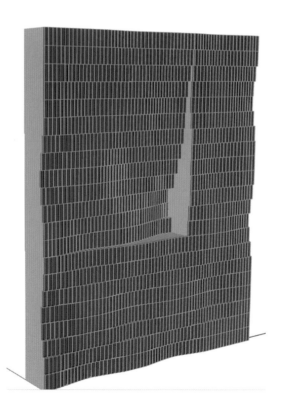

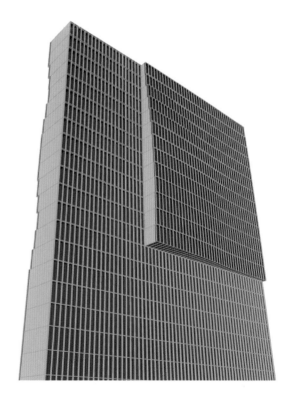

案例 29　六边形干扰立面

某方案立面除了缺口部分，立面上主要通过干扰开设洞口形成变化，同时棱边采用圆抹角处理。首先，需要获得基本形态，然后进行干扰，本例需要 Lunch Box 插件。

1. 塑造基本形态。首先设定盒子，并使其底面置于 XY 面。打碎并选择正面底边靠近角部的线段，通过等分、图形映射，形成正面左下角曲线。同理形成地面弧形点以及左侧面曲线（利用斜的线段）。利用正、侧立面曲线分割各自面。然后在正面分割面上，对应图的位置作一个椭圆，再次分割，形成需要进行分格的各自基面。

2. 处理正面。将分割面 1（正面）轮廓在面内向内偏移，以预留圆角收边距离。切割分割面 1，形成完全用于分格的基面。

使用 Lunch Box 的六边形分格命令，分割该面。由于该命令默认矩形，需要筛选出单元格中心处在基面边界内的格子。在正面上设定几个圆或椭圆（Rhino 中）作为干扰线，以格子中心到最近体距离作为缩放倍率（设定区间），对格子以中心为基点缩放。

筛选掉距离小于 0.5 的格子。对剩下的格子分割基面，选择大面积面（镂空面）加厚。选择正面棱边对外侧边倒圆角。对进行缩放的格子也给出厚度，便于侧面观看。

3. 基于正面同样逻辑，可以完成左侧面的开洞。将各个完成面在这里汇总，着色。

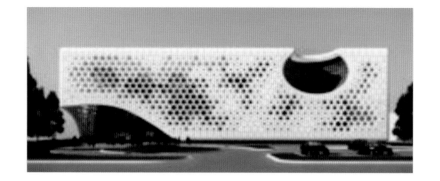

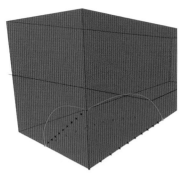

4. 制作顶面。通过正面开孔获得两点，在顶面上选择一点，形成三点圆弧曲线，切割顶面，选择大面，加厚，倒角、形成屋顶。

本例中的初始形态设定，可以在 Rhino 中完成，这样更有利于减少电池，

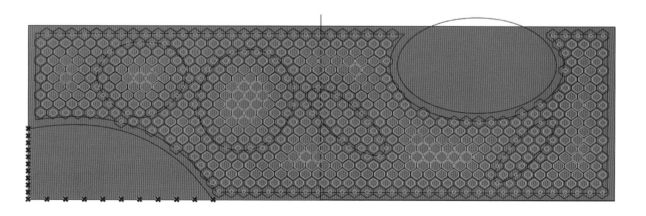

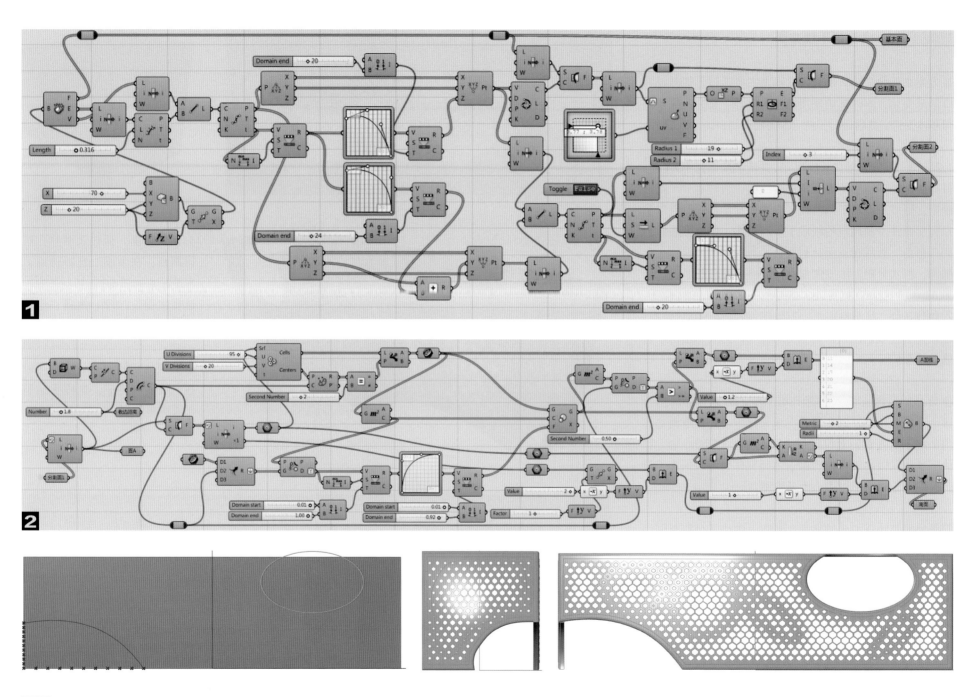

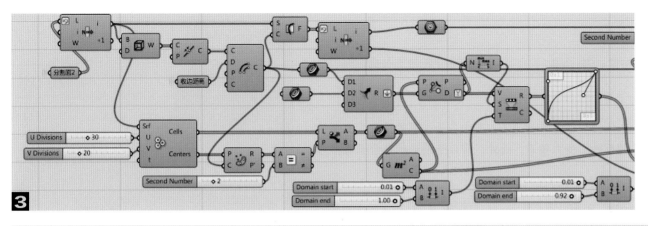

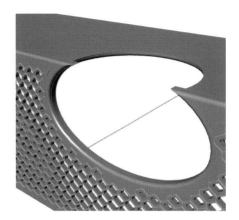

3

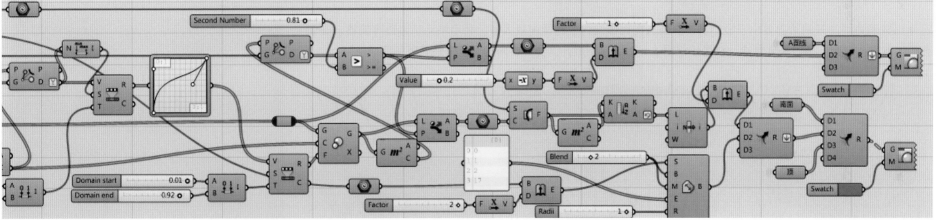

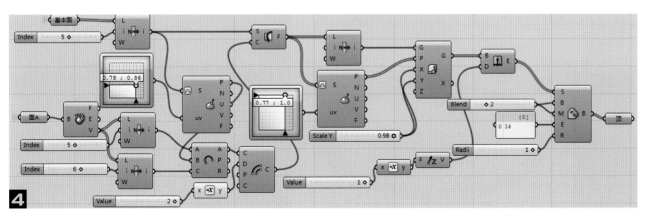

4

然后将形内设于 GH 中,只保留一个文件,就可以保证程序运行,也是很方便的。

在三个面交汇处的倒角,只能保证一个面效果,需要再进行处理。

案例 30 镂空板廊

某建成的镂空板廊，为一个圆环形，钢柱呈现放射交错布置。GH 制作时，应该是选择一个标准等分段，利用参数调整形成几个类型，然后组合。

项目开洞的特点是靠近周边边界洞口最少，且在每块板长端接口部位孔洞总体上变小。板端部的柱子在支撑处不设洞口，靠近其位置孔洞尺寸也逐渐变小。这些趋势都反映了受力要求。此外，洞口开设形状符合泰森多边形特点。

1. 建立基本单元。首先需要建立基本单元板，通过建立圆环，在等分段线处切割面，选择出一个单元。

2. 作出开洞边界。开洞边界要小于板边界，而且长向两端向内收缩距离更大些。利用单元长边边界偏移，在偏移线上取点，打断。通过长度筛选，获得端部内收线。连接形成开洞边界，同时保留相关线以备后面使用。

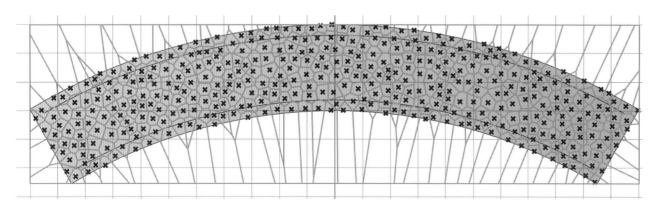

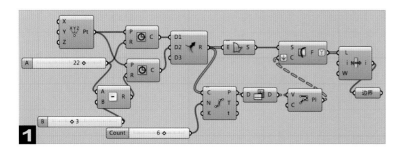

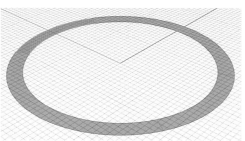

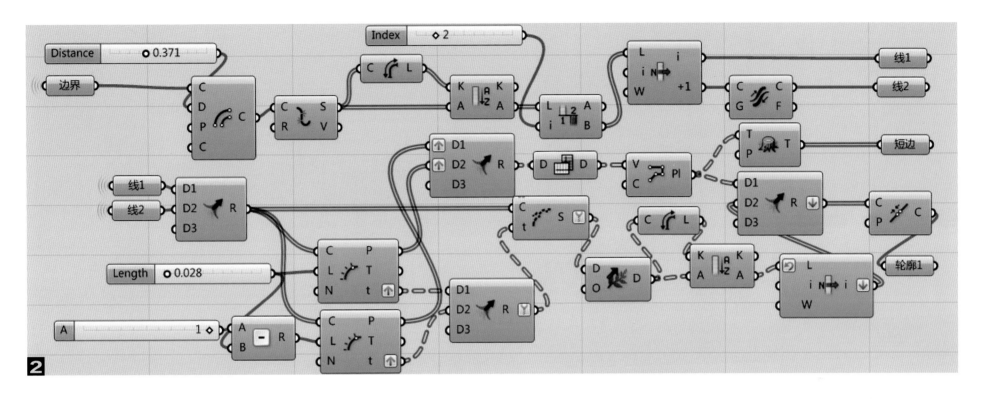

2

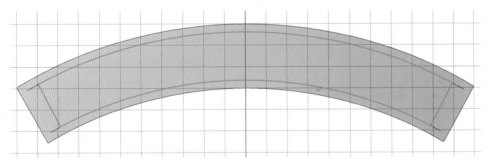

3. 筛选泰森多边形。利用单元边界成面，选择面上随机点，确定图形最大平面范围，作泰森多边形，然后筛选出中心在内收线内的多边形，同时去掉空项。

4. 确定柱位。设定柱子位于内收线上，通过确定长边的起终点，形成错位线段，再选

择每段的起终点和中点，构成柱中心位置，然后拉升形成柱子。利用筛选出的多边形中心与全部柱中心距离大小形成集乘后的综合数据。

5. 利用这个数据作为缩放率，先对多边形围绕各自中心进行一次缩小。利用多边形中心到两端端线的最近点距离的集乘数据，再次进行缩放，这里需要控制缩放率最大值，以使开洞符合预期要求。对形成的最后多边形进行倒角处理。对于面积过小的孔洞，加以剔除。然后和外边成面，拉升厚度，着色。

通过调整随机点生成的随机种子，陆续生成其他类型，实际中可以生成组合圆环。

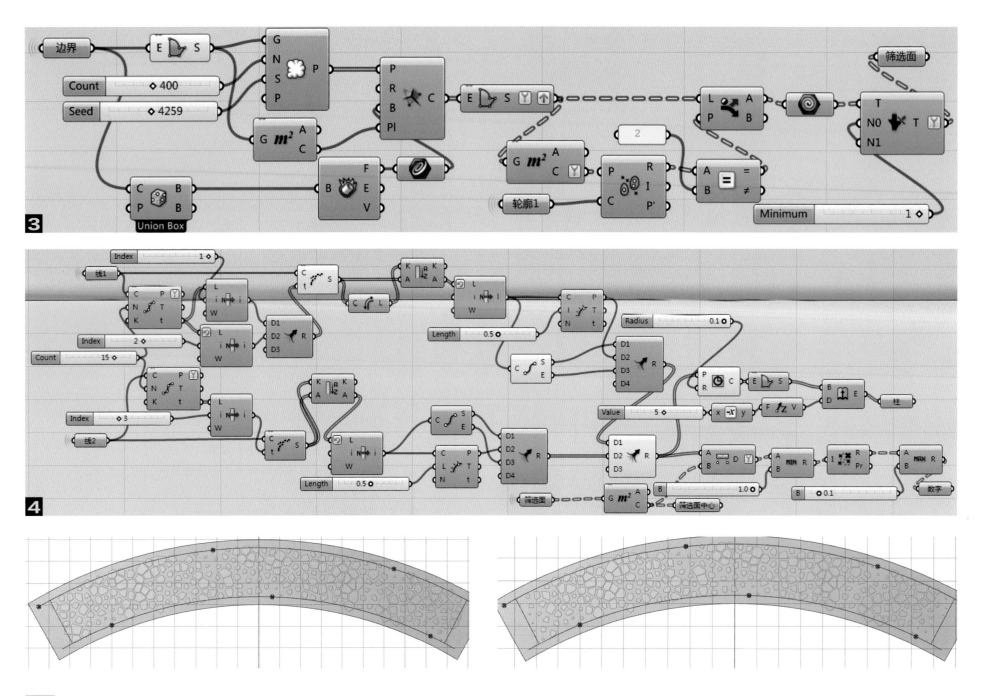

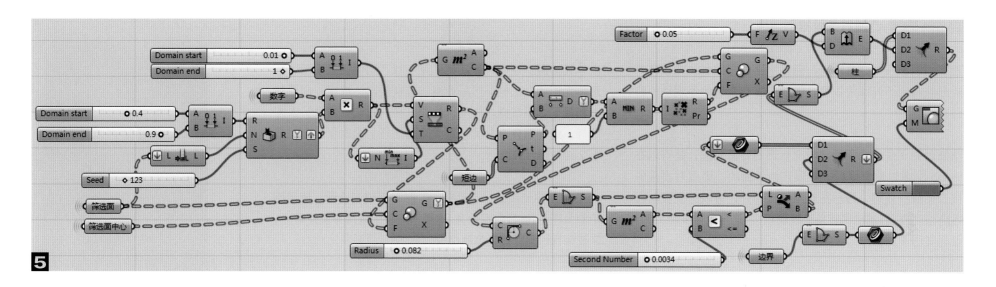

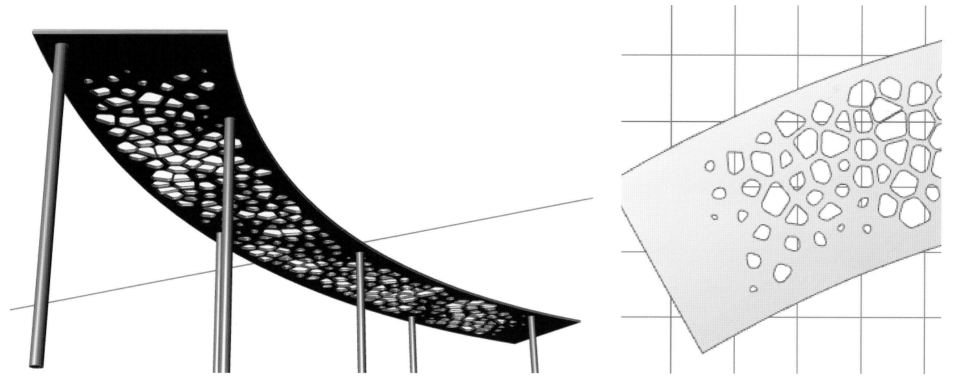

案例 31 凸凹石条纹排列墙面

建筑的侧面石材装饰墙面，通过水平长向的长和宽相同的矩形块材的不同深浅设置，形成了富有变化的不规则的凹凸感。

该侧面并不是一个平面，与同肌理的背面一起，是可以在 Rhino 中通过建立模型一并展开为平面的。通过对拼接的展开面统一处理，最后在转角位置切开，可以分别流动回各自所在立面，能确保转角处纹理相接。这里仅以侧面为例，说明其图案的制作方法。

1. 类别划分。首先在 XY 平面绘制一个类似侧面展开面的四边形，或者就使用读者自己的展开形，将其作为面引入 GH。取其轮廓盒子，转面，使用 Lunch Box 命令，划分

出单元格面。设定时保证其单元形状、比例接近于图片所示单元形状、比例。然后分组、转换矩阵、成组、剔除最上和最下 2 组数据，形成待处理基面。对该基面进行人工选择，这里划分为 3 类，每类间隔 2 行。同时将最上、最下 2 组数据合并。

2~4. 类别内分离数据。对每一类别采用相似处理。使用随机数为序号，进行数据分离。这里借助袋鼠消除重复点命令，来变相操作删除重复的随机数。

5~8. 完成每类别面。按过滤出的面（边线）与斜四边形面分割，求出斜四边形边内图形，挤出到面（不同高度），分类，着不同色。

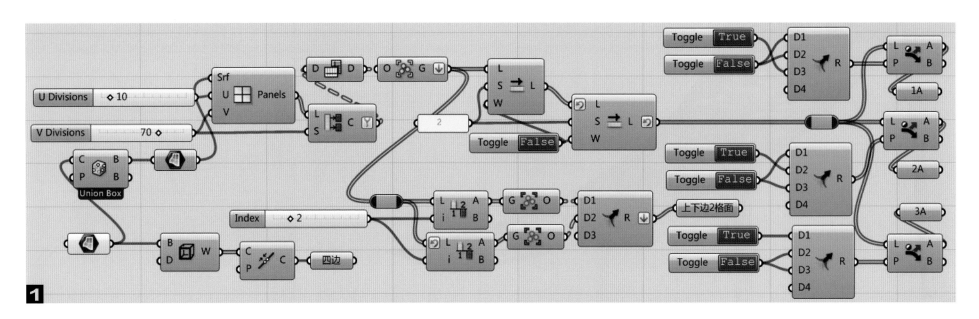

1

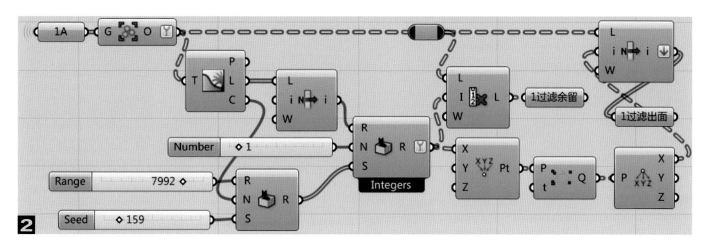

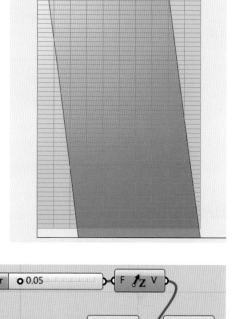

2

分3行分别划分3类，这是一种人为设定。对于想要的结果，也可以有其他设定，如以3行为间隔设4组，或每2行一变化。

为简化，这里采用复制的方法重复反映每类情况，使其易读且便于调整。

通过调整随机种子和确定过滤数量，在4个层面进行组合，直到搭配出满意的结果，经过烘焙到 Rhino 中，就可以在其中使用沿着曲线流动的命令将其流动到三维曲面上。

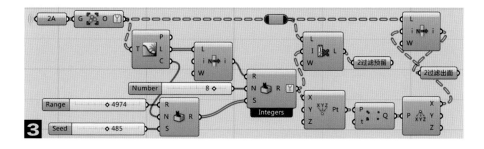

3

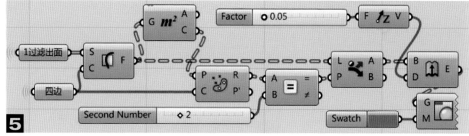

5

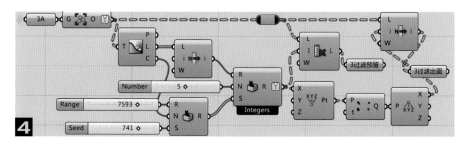

4

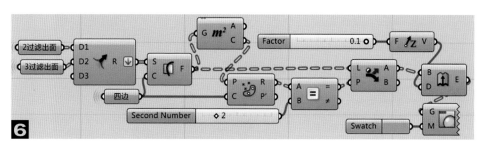

6

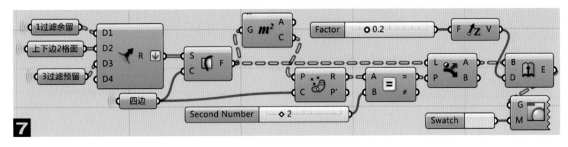

7

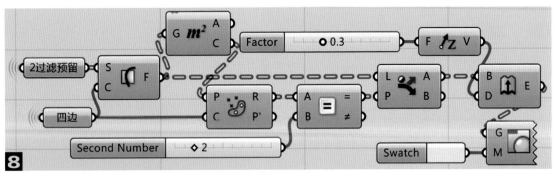

8

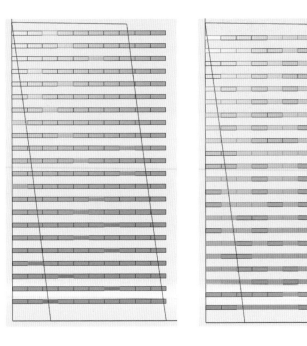

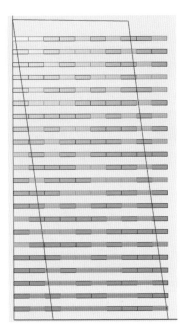

在 Rhino 中，展开面及沿曲面流动的方法可参见"案例 34 镂空建筑"。

类似的图案效果，都可以通过这种筛选分类、按类调整、合并集成的思路完成。

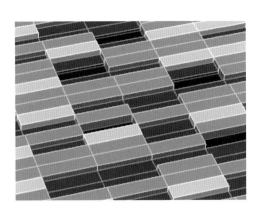

案例 32 多凸球竖片立面

沿街立面由多个竖片化的球面（曲面）组成，其竖片间距分为两种：宽型和窄型。可见核心的任务是如何建立球面和各自不同的基础面，特别是要处理好多个曲面相交问题。这里制作比参数方式多样变化更为重要。

1. 建立基本形态。XY 平面内，建立矩形。分解出宽度、深度尺寸。提升其到一高度，形成各侧面。明确正面的玻璃面和右侧棱边。

2. 建立基础球面。从下到上，各球面编号计划为 0~8。先从 0 基础球面开始建立。在底层图形中心建立球体、移动、交 XY 平面、交楼体放大后的左、右侧面、再交正面，切出 0 基础球面。可以在形心作出标示。同时利用放大楼体的正面底边，形成宽和窄的切割平面。

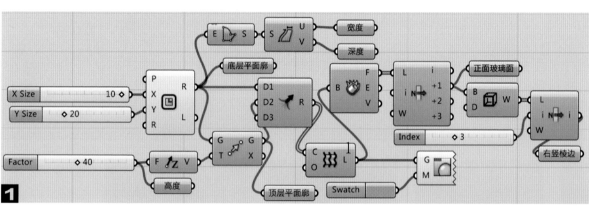

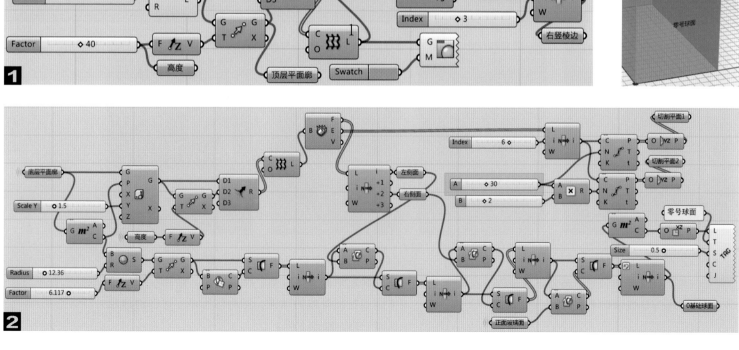

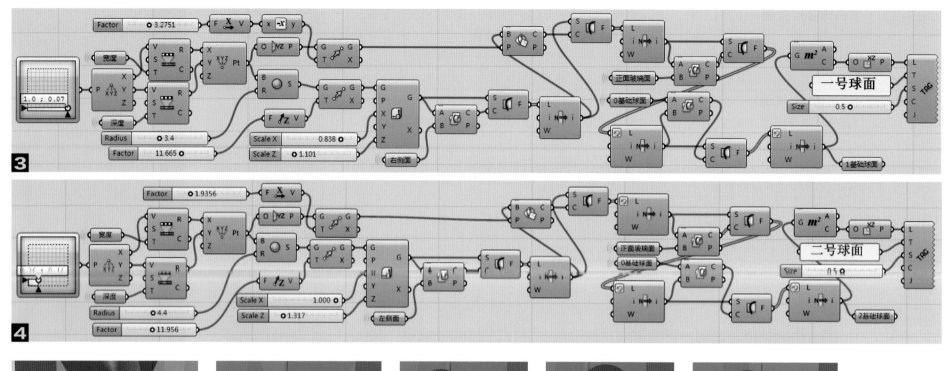

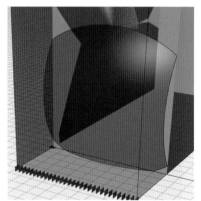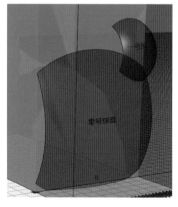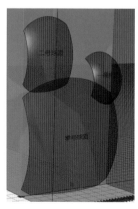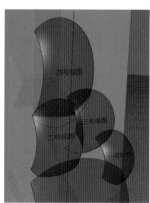

3. 建立 1 基础球面。将 MD Slider 应用于 XZ 平面内，选择面上一点，便于定位。以此点为球心建立球体，通过移动、缩放调整位置，使之与楼体放大后的右侧面以及左侧选定位置的 YZ 平面相交，切割出中间体，再与正面、0 基础球面相交，切割出 1 基础球面。作出标示。

4~10. 分别建立 2~8 基础球面。建立思路基本相同，都是确定球心大概位置，精确定位，使用平面或楼体面切割出基本的球面，然后作标示。可以通过复制命令组、修改完成。

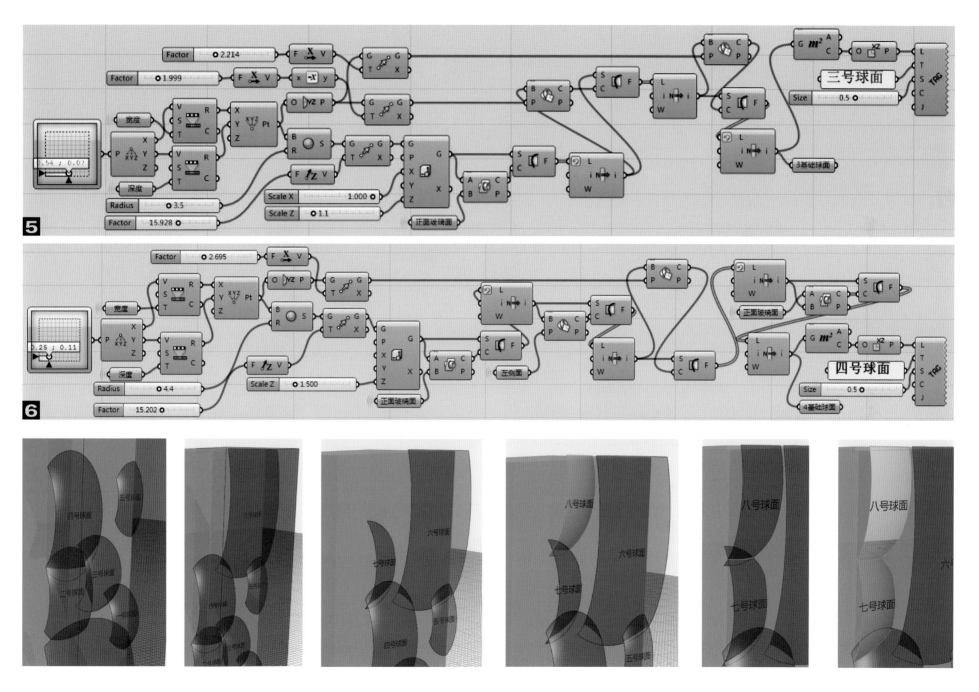

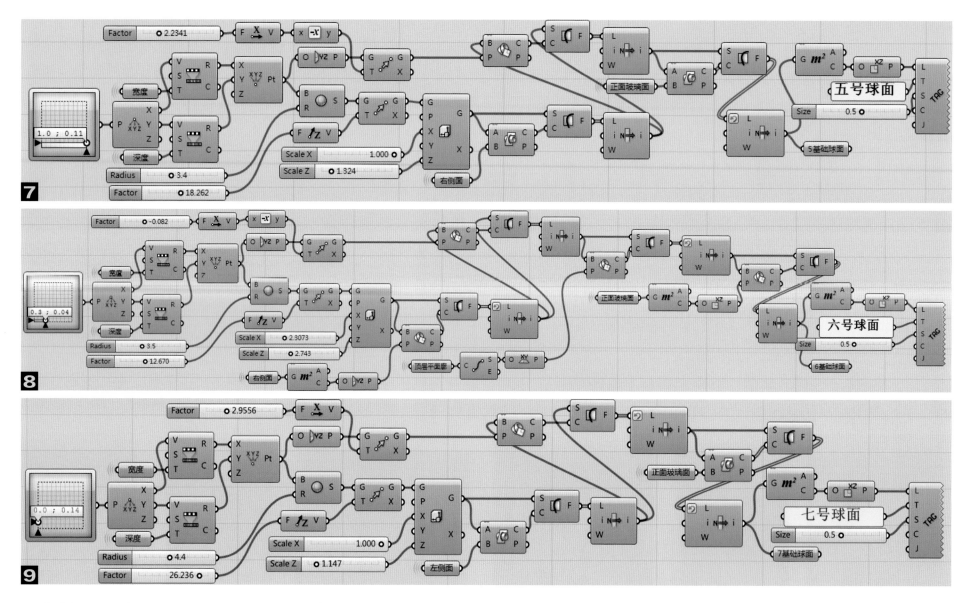

11. 完成七、八号球面。虽然经过处理，各个面已具备最后的基本雏形，但上述基本球面还存在着相互间的相交细节。基本形是从下到上顺序建立，最后完成形则可以从上向下建立。解决 7、8 基础球面的相互交线，分割各自面。同样求得 4、7 交接线，分割出七号球面完成面。将与七号球面相交信息深化，解决 4 基础球面的与 7 基础球面相关的上边界。同理处理 6 基础球面。把 4 基础球面上部确定下来。

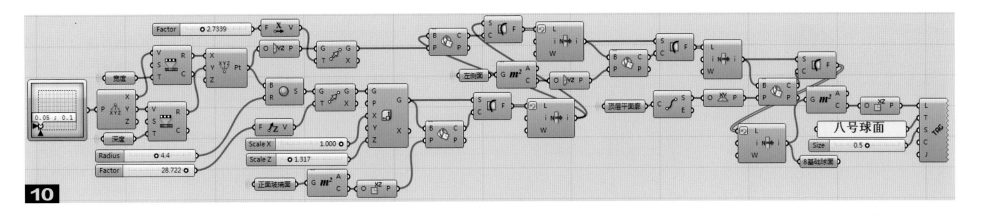

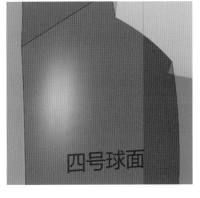

12. 完成五、六号球面。使用4半成面右边向6基础球面投影（Y），与交接线一起连接，形成6左下边界。5、6交接线及5基础球面左边向6基础球面投影（Y），形成6右下边界。从而获得五、六号球面完成面。

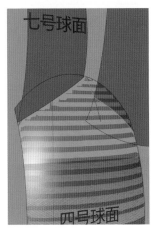
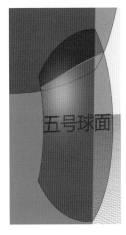
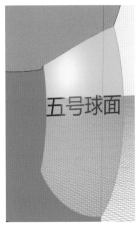
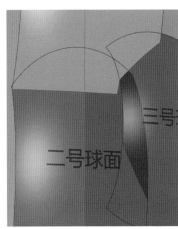
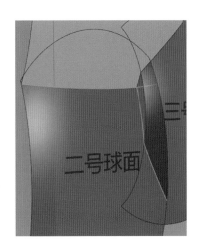

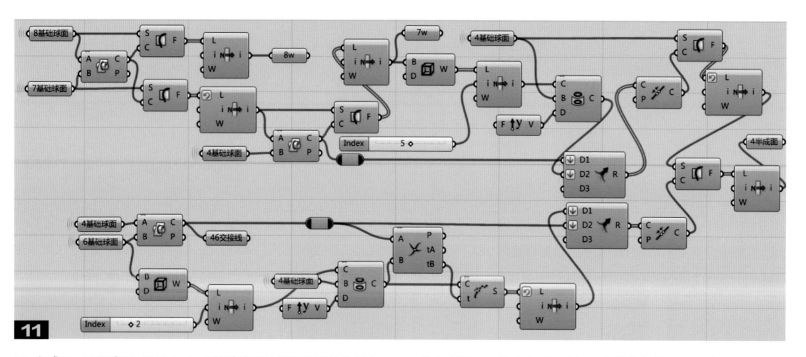

14. 形成 0 半成面、3 半成面。通过与 2、4 基础球面关系，形成 3 左界，切割完成 3 的左边部分。前面 0 基础球面已完成对 2 基础球面的切割，但是 2 基础球面没有完成对 0 基础球面的切割，这里将 0 基础球面的左上完成。

15. 完成三号球面。采用求相交面，1 基础球面左边投影，获得 3 基础球面右下边界，这样就完成了 3 号球面。

13. 完成二、四号球面。这里 2、3、4 基础球面的相互关系较为复杂，每一个都与另两个相交。先求 2、4 交接线，3、4 交接线，2、3 交接线。再求出 3 基础球面左边在 4 上投影，连接，形成 4 下部的切割线。2 基础球面通过与 4 交接线切割，再一次使用与 3 交接线和 3 左边投影线切割，就形成了完成面（前面完成了与 1 切割）。

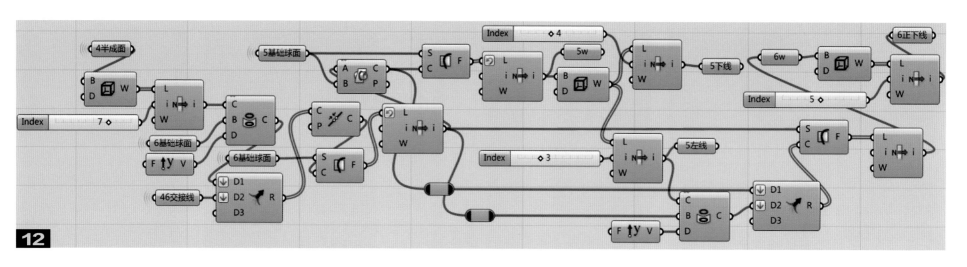

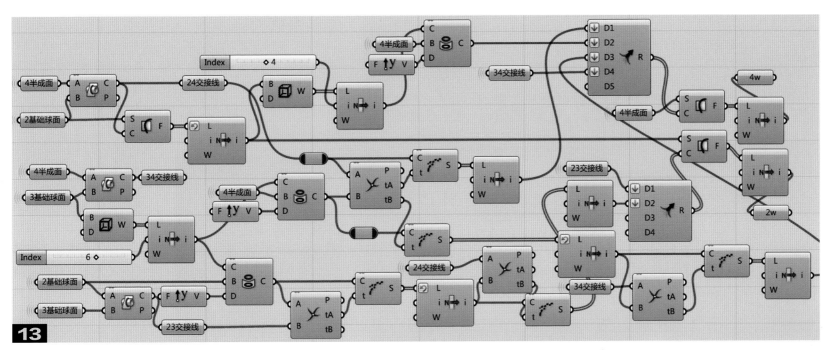

13

16. 完成一号球面。
一号球面已完成与
0 基础球面关系，
只考虑与 3 基础球
面关系即可完成。

17. 完成零号球面。
除了利用上述与 2、
1 基础球面交线，
还要考虑 2、1 基
础球面的边投影
线，然后切割 0 基
础球面。同时为形
成入口，可以绘制
圆弧线来切割，这

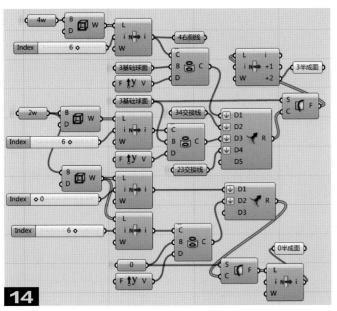

14

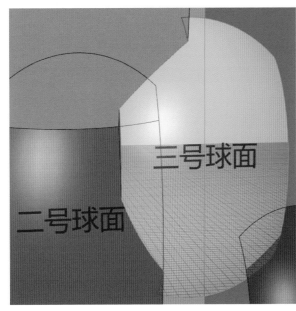

三号球面

二号球面

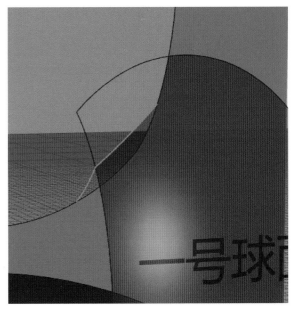

一号球面

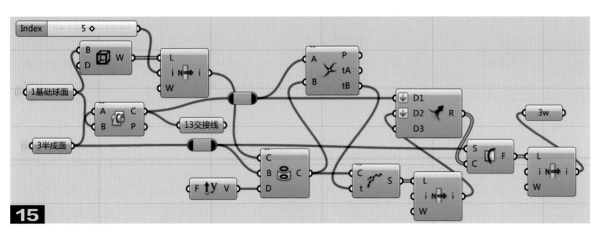

15

样，零号球面也就完成了。

18. 完成墙面1、2。沿街立面除了凸出的球面，还有两片较大面积的竖直面。将在求得凸球面时，对同步获得的墙面边线进行剪切，就会形成闭合的边界，然后成面，这样就形成了这两处墙面。

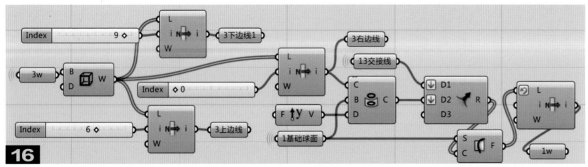

16

19. 完成竖片。将凸球面按照竖片间隔特点分成两类集合，使用对应的切割平面进行切割出线，并挤出。同理，在墙面上也增加竖片。集合、着色。这样就完成了整体。这里交线报错可不理会。

这个立面开始似乎应该考虑点对竖线的干扰，这对于独立的凸起效果是可以实现的。

但是有一个问题不好解决，就是如何形成球面相交处的交点，形成的竖片在这里有着清晰的转折。在泛干扰参数里，不太容易选择出这些转折点，即使可以选择出也十分复杂，倒还不如通过建立球体面，再进行切割来得可靠、清楚。

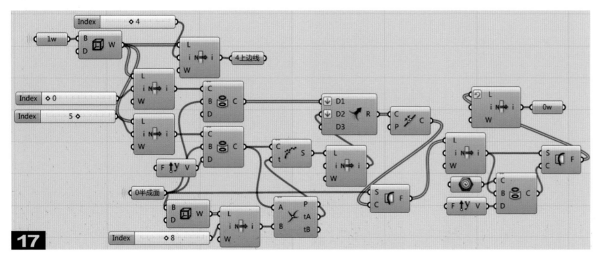

17

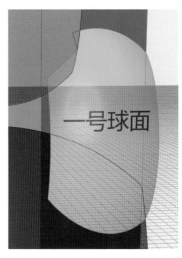

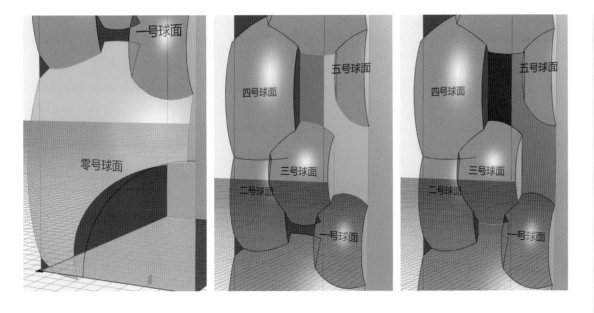

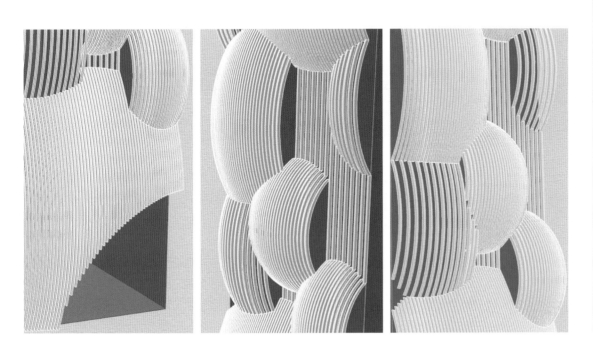

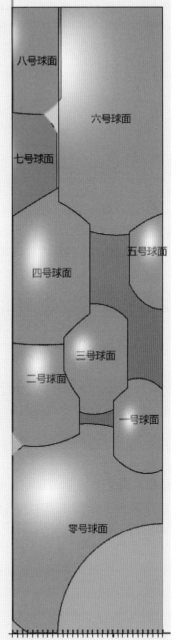

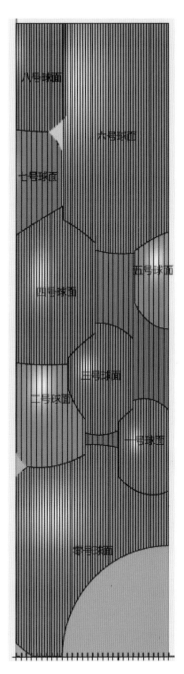

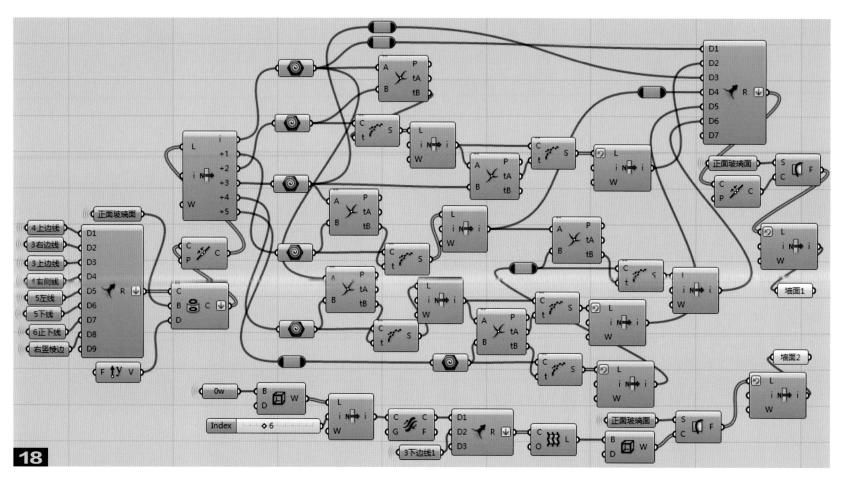

18

尽管这里重点发挥的不是 GH 的参数可变性，但通过这个案例，可以知晓 GH 对于曲面的处理能力还是很强的，这意味着在绘制方面，它可以解决复杂形体的确定性问题。而且其可以继续发挥精确提供尺寸的能力。毫无疑问，对于变形的控制会为设计者提供更多的便利，并有别于其他软件提供的能力。

关于平面和 Brep 求交接线命令报错问题，其提示为相交失败（Intersection Failed）。这里理解为沿着面宽的切割平面范围超出被切割体在面宽的范围，造成部分切割平面切不到被切割体，形成相交失败。

例如，在 1 中，在面宽范围内设一个小球和一个小平面，当进行切割时，便会报错。其提示也为相交失败，即不管是切割球体还是平面，是一样的提示。当将球体半径加大，其宽度超出面宽时，将不再报错。

这时我们知道报错的原因就是有的切割平面无法与被切割体相交。尽管如此，能够相交的，还是进行了切割，达到了我们的要求，所以这里可以不去考虑报错问题。

但是这里也有有趣的不同，当墙面 1、墙面 2 与那些平面求交线时，尽管墙面 1、墙面 2 作为整体正面墙的一部分，达不到开间的宽度，但是这时该命令却不报错。如果单拿一个有边界的平整面（小于开间宽度），则开始报错。其中的原因现在还不清楚，有兴趣的读者可以研究一下。

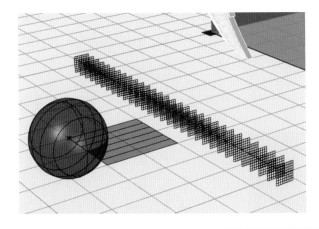

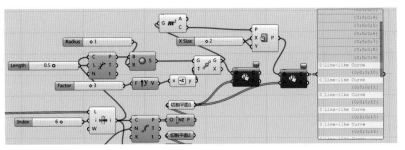

图注：由于有的切割平面分布的位置造成无法切割被切割体（球或平面），所以一般会形成相交失败的提示。下图墙面 1、墙面 2 的范围不及开间宽度，也即如上面所述情况，但是该切割命令却不报错，不知何故，有待研究。

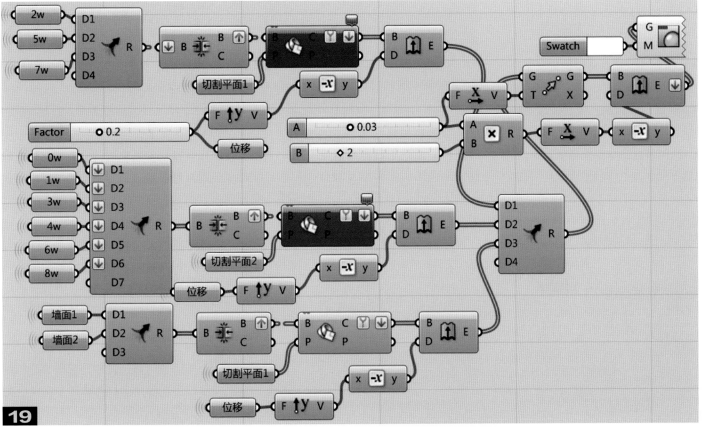

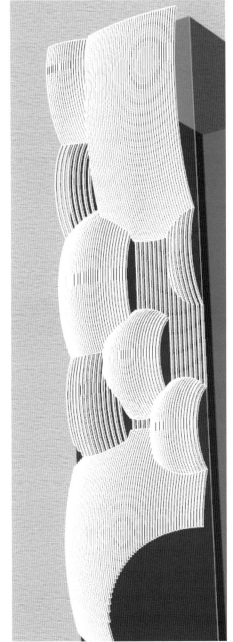

案例 33 类瓦图案单元铺砌立面

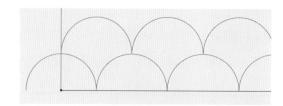

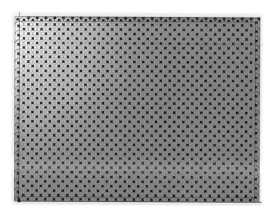

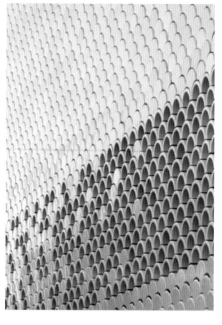

这是制品单元铺砌的立面，其单元由两种相关图案组成，其局部垒砌变化，由密集的一种单元逐渐转化为另外一种单元。

1. 建立基础单元面组合墙面。首先画弧线，使之趋近于图片状态。上移，再平移错位，将其组合、阵列，向上复制。使用轮廓盒子建立基面，用线切割基面，形成小单元面。然后便以总轮廓线，筛选出中心点在框内的单元面，作为墙面图案基础。

2. 区分空心与实心单元。首先在 Rhino 中，建立一个矩形，引入 GH 作为变化区域。通过利用单元中心筛选在该框内的单元面，即用于变化的单元。依照选出的每个单元的中心到最右侧边界的最近距离排序所有单元，然后将其编组。这样组间顺序就表示从右到左的基本顺序，编组数可以不固定，不一定整除总组数，只要能反映从右向左顺序即可。然后生成一组数，来定义产生随机整数数量，随机数取值范围应与编组数相同，同时给随机数产生配以不同的随机种子。这样就产生随机数组，小序号组内随机数少，大序号组内随机数多，借助装换成点的 Z 值，利用袋鼠命令删除重复随机数，把其作为序号使用。通过去除这些随机数值序号，每个单元面组内就会剩

下一定数量的单元面，从右到左，呈现为组数序号越来越大，剔除的组内序号数量

越来越多，余下的数量越来越少。将剩下的用做空心单元，就可以实现从右到左的，空心单元越来越少，实心单元越来越多的效果。将其他的集合用作实心单元面。

3. 制作空心单元并替换。选择一个基础单元面，对其边界进行偏移、两段延长，求得交点，然后打断各线段，连接形成拱形环面。将其通过坐标转换，赋予空心单元中心。注意前后使用的都是对应的基础单元面中心，以保证单元对位正确。

4. 完成制作。将实心单元面边偏移，留出彼此相接空隙。这里偏移使用自制命令，具体详见案例：封闭曲线偏移优化。将空心与实心集合、挤出、着色。

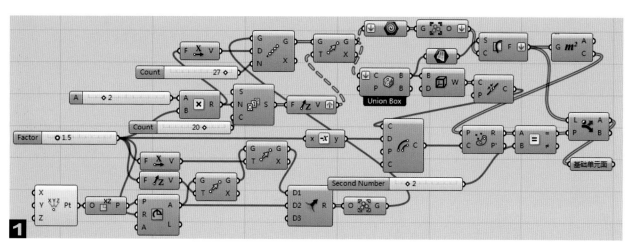

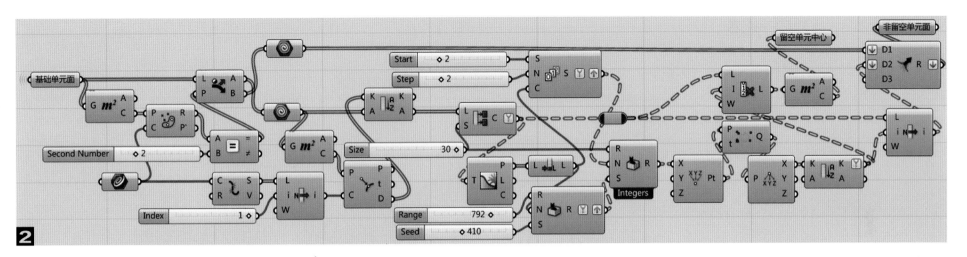

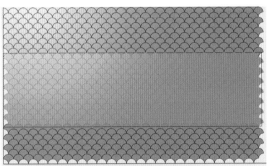

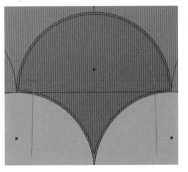

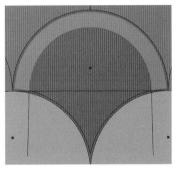

对于存在随机变化效果的图案，在描写趋势的方向上，有时可以采用不均匀分组，简化一部分作业，这也符合随机图形分布特点，体现一种分区的方式。这里如果需要在右侧全部为空心单元，可以将去除序号数设为零，在等差数列制造时起始值设为零。

当算法逻辑确定后，有时数字序列的内在趋势、数组的构成特征就控制了最后图形的特征，图形的组织会演变为对数值的组织。

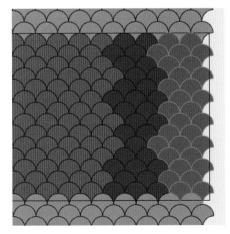

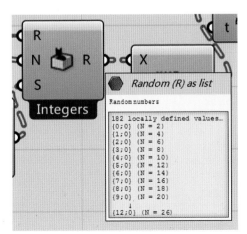

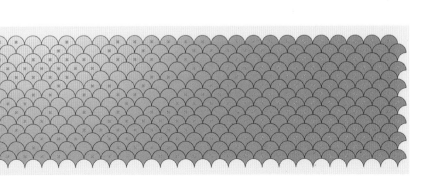

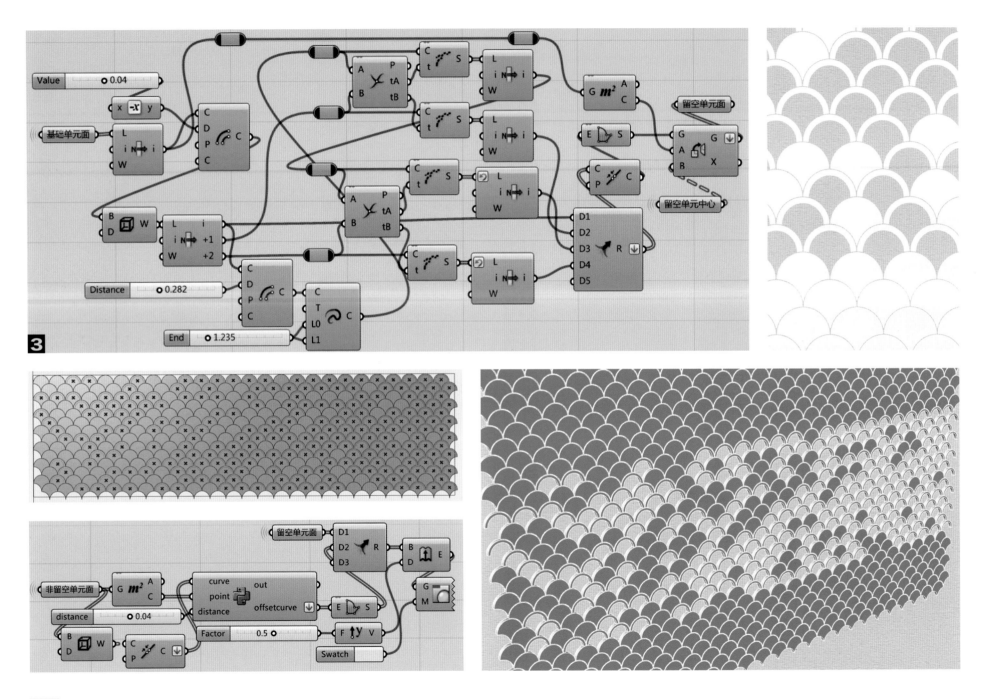

案例 34 折板分色立面

该建筑矩形立面由连续的小块折板组成，内有矩形开洞。折板明显显现为至少两种色调，表现出左上到右下的一种连续趋势。部分折板上开有圆洞（这里不模拟）。

1. 形成起伏变化基础及相关准备。在 XZ 平面，建立一个比例近似的矩形面。使用 Lunch Box 中的命令将其划分为三角小面。打碎小面、借用袋鼠插件删除重复点命令去除重复点。对所有点的 Y 值进行位移，位移值采用 [0，1] 区间生成的随机数值。将其按照 X 值大小排列，参照 V 值进行等分成组。然后再按照 Z 值排列，这样形成有序排列的点集。相邻点配对、连线，形成竖边线。

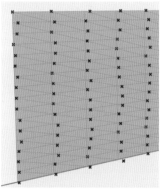

2. 完成折板面。将竖边线矩阵转换成水平序列，获得相邻的边线成面，成面的目的是便于将四个点形成一组，故打碎取点。按照序号形成两个三角形，成面。在 Rhino 中，于 XZ 平面上，绘制矩形以确定开洞位置，并引入 GH。通过每个三角面中心位置，求得该矩形以外的保留面。

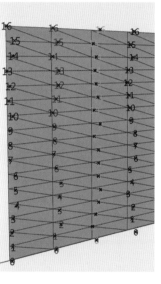

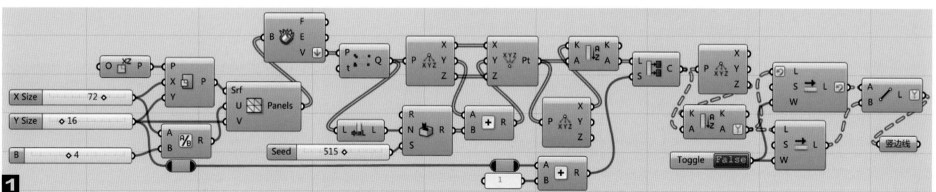

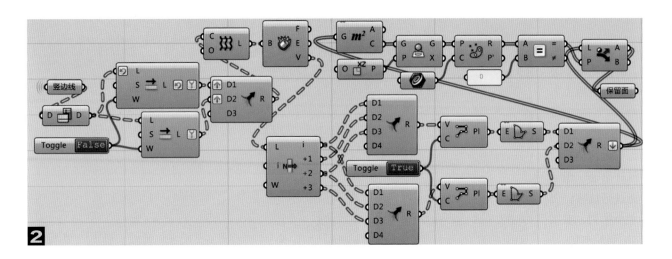

2

3. 区分两种色调。通过观察，发现向下的面颜色偏深，向上的面颜色偏浅。通过每个三角面中心的法线在 Z 轴上的分量，可以判断出该面总体向上还是向下。那么通过求得中心点的法线和 Z 轴的矢量点积是正还是负来判断面的朝向，就可以将所有三角面区分为两类。这里所有面的法线都是指向 Y 轴负值方向，从 Y 轴正向观看，法线指向每个面的后侧，这样向上的面法线在 Z 轴的分量，应该指向为 Z 轴负值方向，即为负值，反之则为正值。当 Z 值小于等于 0，选择向上面，着浅色，反之着深色。如果不了解矢量点积用法，也可以用求得小面法线与 Z

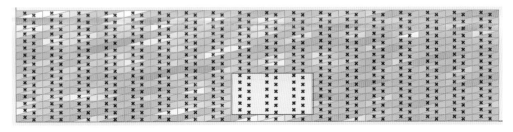

轴角度的办法来筛选出朝上的面，即小于等于 90°。后一种方法的好处是还可以细分，例如细分为小于 60° 和 60° ~90° 两类，并分别着不同的色调。

到目前为止，形成的深色面板结果表现为左上到右下的连续趋势。其主要控制这一趋势的是对角线方向，加上法线筛选，这一组合必然导致这一结果，其并不是直接特意选择的结果。如果对角线从右上到左下，就会形成上述结果背面看的效果，连续趋势就是右上到左下。

根据采光要求，在选定的区域内小面上，可以很容易做出开孔。

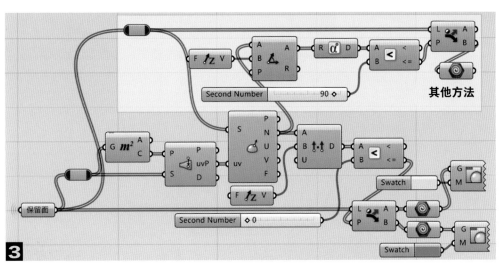

3

其他方法

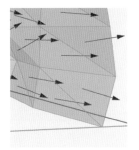

案例 35 镂空建筑

某方案表皮形式如右图。类似于这样的建筑形式越来越多地出现在实际工程中，完成这样的建模可能有很多方法，这里充分利用 Rhino 和 GH 的特点，分工协作来完成这个建模。

这个模型下部是曲面构成的实体，上部为镂空图案编织形成，而且图案沿着立面水平方向保持连续不间断，其下部与实体紧密相连。看起来很简单。

对这种自由曲线通过点的编辑形成，使用 GH 会十分繁琐，利用 Rhino 的曲线绘制能力完成则相对简单些。总体思路是在 Rhino 中完成下部实体，然后把各向剩余面展开连接，进行统一图案处理。在各部分完成后，再流动回各自立面。

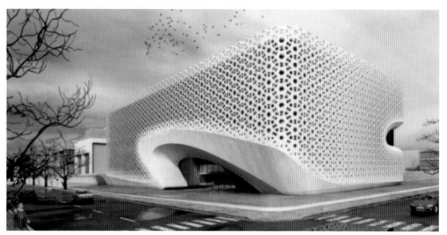

1. 设定平面轮廓。首先在 Rhino 中设定长方形，然后将其右侧两个角设为圆弧倒角。在 GH 中选择倒角后长方形，向上拉升成面，烘焙到 Rhino 中，然后在 Rhino 中画线，注意线与面的关系。

2. 绘制线。根据造型形成大概上、下、进深三条环绕连续线，调整使之与效果图形式类似。基本完成后，原位复制一条，并置于另外一层。对复制的线应每向立面断开，以便单独可以向各立面投射。

3. 形成下部面。在上、下环线之间的起点处设置弧形断面线，在下与进深线之间起点处画直线作为断面线。各自利用双轨扫面形成立面上的正面和凹洞的上面。

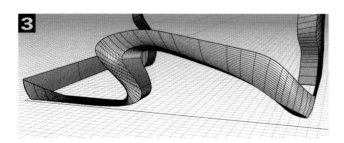

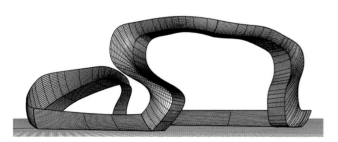

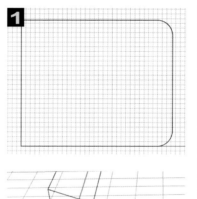

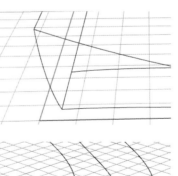

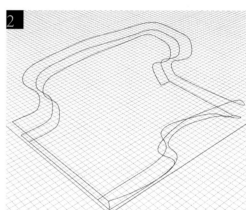

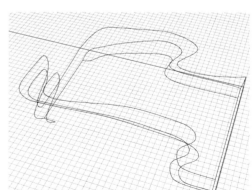

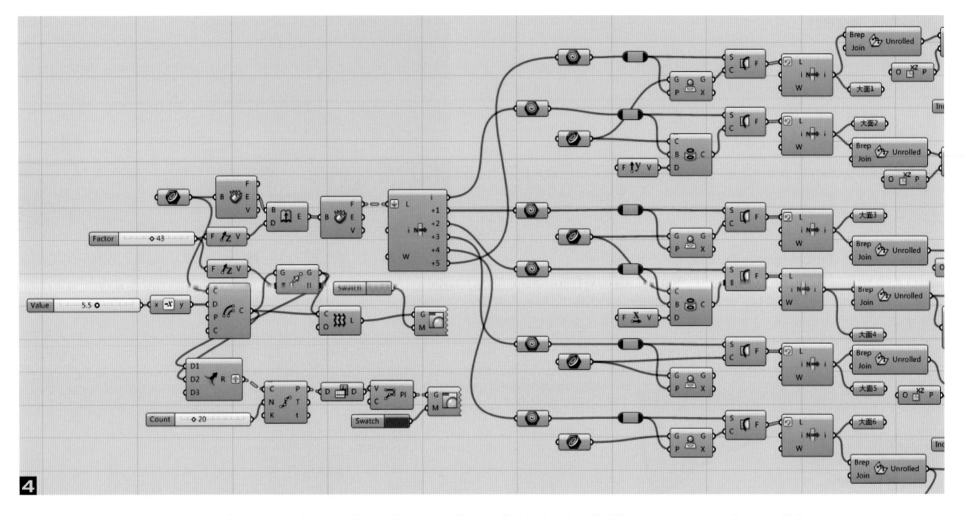

4

4. GH 切面。回到 GH 中，将周边生成立面打碎，把 3 条环线的上线各向对应线向各向面投射，然后切分各面。选出各向上部面。这里，先把长方形周边向内偏移、向上移动、成面以及等分、对应连线，形成将来的后部玻璃以及分格线。

5. 展开各面。依次移动排成连续面。展开后各面主要集中于原点附近，借助于面上点的坐标，确定各面移动距离（从 Y 轴开始，沿 X 轴排列）。这里需要注意面的连续性，即立面的面与面连接，展开后也要保持连接，以便在面与面连

接处保持图案的连续性。需要注意识别有些面是否镜像。

同时每个展开面到位后，要求得包裹的平面，以准备在向立面流动回去时使用。每排完一个，就产生下一个新的距离，以此类推，可以逐渐完成所有面和曲面的展开、就位。展开面上部均应对齐（立面上是一个标高）。曲面作为单独一段展开，并计算展开面总长度，以备下面使用。

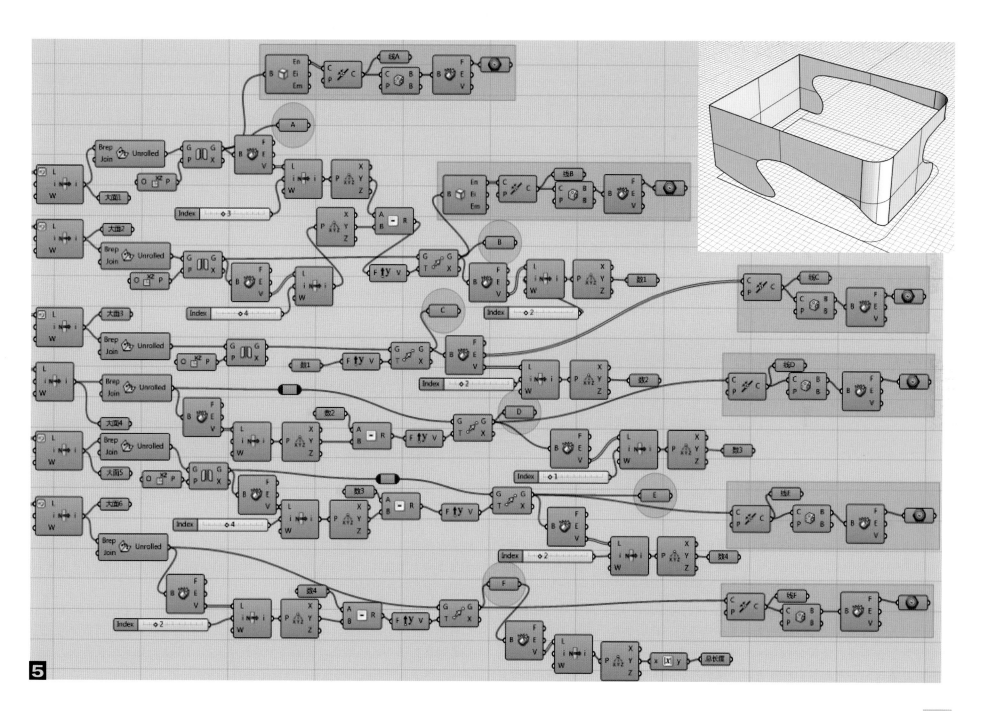

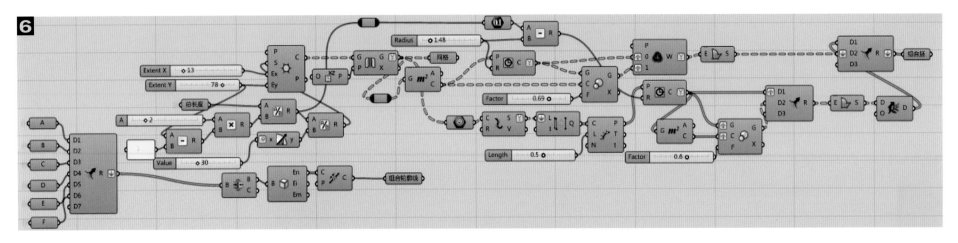

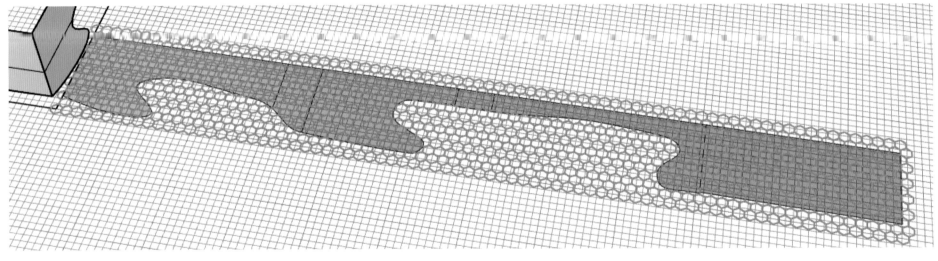

6. 制作六边形网格。根据图片观察，图案是由中心圆和周边 6 个小圆构成，相互相切。可以设想为等边六边形，中心为大圆，每边中心为小圆，保持相切即可，使用六边形网格设定可以覆盖展开面的各向数量。为保持环面起始边与终止边处图案连续，展开面的端部图案需要连续，因此起始端占 1/2，终止端也需要占 1/2，并且长向六边形数量需要与展开面长度保持一定的关系，使终止端边线刚好位于六边形中心，使用 Hexagonal 的 GH 命令时，起始端自动位于起始六边形中心。通过总长度和长向数量可以计算出六边形中心（过顶点圆圆心）到边

的垂直距离，将其覆盖展开各面，这里长向数量的数值需要根据图片中图案单元尺度来人为确定。然后画大圆和各边中心的小圆，注意小圆半径与大圆半径的差。各自形成圆环，成面。

7. 筛选和烘焙。利用展开面边线，分割上述形成的圆环面阵，利用每个面的中心是否在范围内进行筛选，得到每个展开面对应的图案。如果筛选多项，需要局部选择出完全对应的图案群，然后烘焙到 Rhino。

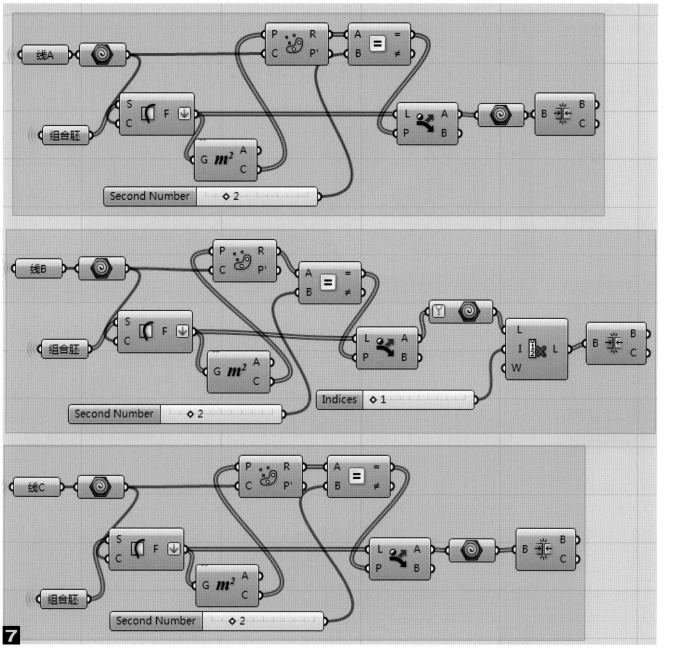

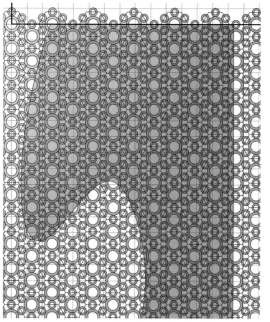

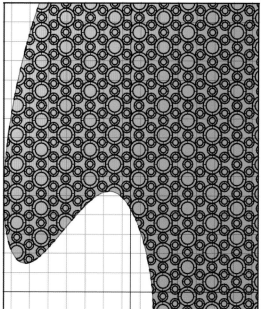

8. 利用曲面流动命令，流动到立面上。在 Rhino 中，使用曲面流动命令，利用平面、三点方式，将分割图案流动到对应立面。注意相接处的图案衔接效果。

9. 立面构成完时，如整体图案与立面吻合度不理想，可以使用该组命令，对其进行微调，以使与底部衔接顺畅。

10. 在 Rhino 中，给出各面厚度（实体挤出面），显示内衬玻璃，这样模型基本完成。

在多次 Rhino 和 GH 反复转换过程中，应注意在 Rhino 中使用图层管理，并及时隐藏不需要的图形，避免产生混乱。

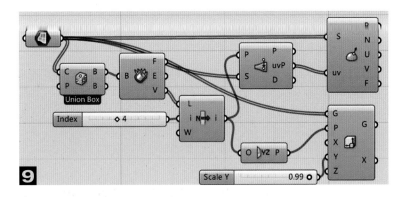

立面展开也可以在 Rhino 中进行，然后引进 GH 进行图案处理，再烘焙到 Rhino 中去。从本例来看，这样做可能更快速。在曲面流动时，应注意捕捉平面角点要准确，避免流动后出现空隙或过大变形。

实际中，与本案例类似的项目均可以采用类似方法完成。只是由于尺度有时较大，图案数量众多，在调整时，需要注意在 GH 中，关闭相关命令，减少对设备资源的占用。

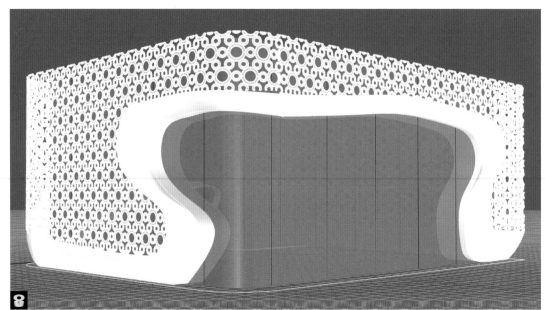

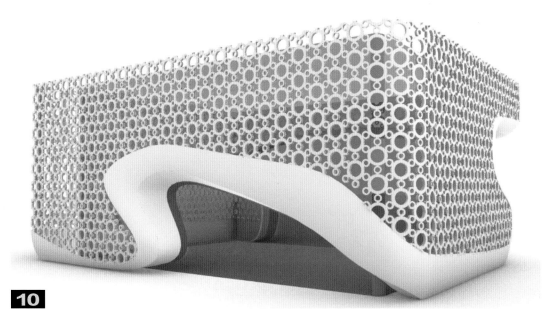

案例 36　曲面教堂

某已建成教堂。其形态简洁，在一个单层下凹的屋面下，四边中间部位内收形成四面曲墙围合，外墙上使用内凹装饰面板，其宽度呈现中间向两侧的递减趋势，在窄的部分，也插入部分宽的板型，呈现一定的变化。本案例主要介绍正面做法，其他面均可采用类似做法完成。

1. 形成基本形体。设定四边形，将其长边等分取点，对其 Y 坐标值进行数据映射，重组点，连线，生成内凹墙体位置线。按照图确定入口门的起终位置，同时完成上部一侧低、一侧高的顶部基线。

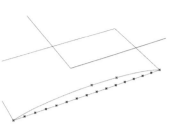

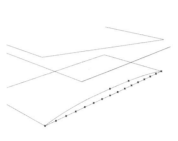

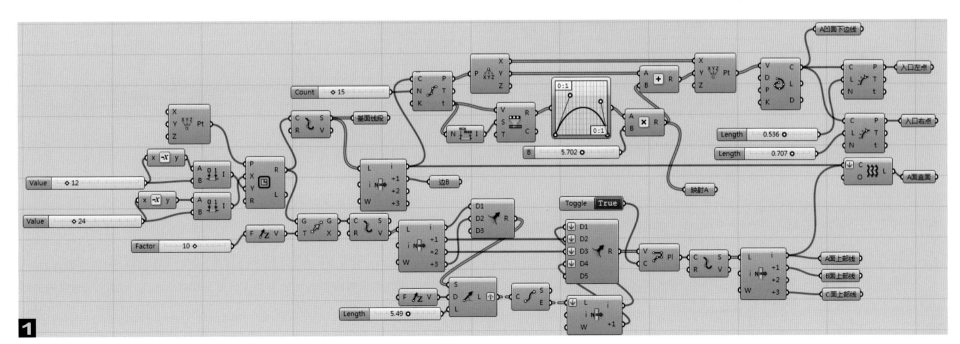

2. 完成屋面部分。确定正面为 A 面，右侧为 B 面，左侧为 C 面。A 面墙体与屋面相交线既向内凹又向下凹，通过一次数据映射，使顶部直线通过等分点形式向内也向下形成曲线。这里需要注意的是，为保持与地面墙体位置线上下对齐，其 Y 坐标值要采用前述地面曲线的 Y 坐标变化值，作为墙与屋面下平交线。再进行一次映射，改变 Z 值，形成的曲线作为墙与檐口下斜面的交线。两侧为了简化，只考虑向下凹（实际是也向内凹）。通过屋顶下面与墙的相交曲线，利用下凹面与正面垂直面交线获得檐口线，镜像，这样就可以得到屋顶下面和檐下斜面。向上给予屋面厚度，这里可以给定着色。

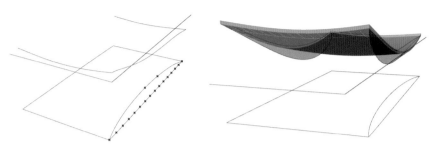

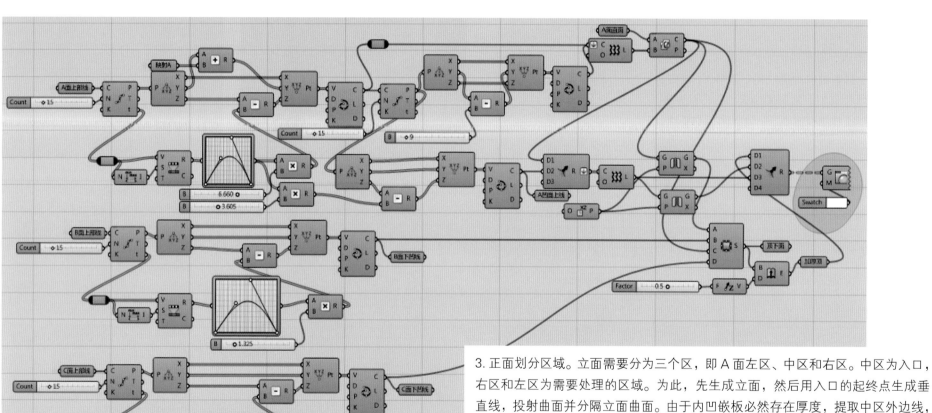

3. 正面划分区域。立面需要分为三个区，即 A 面左区、中区和右区。中区为入口，右区和左区为需要处理的区域。为此，先生成立面，然后用入口的起终点生成垂直线，投射曲面并分隔立面曲面。由于内凹嵌板必然存在厚度，提取中区外边线，生成边线面，并把入口面向内偏移，赋予玻璃色。先完成这部分，然后提取 A 右面，准备在该边框线内设置内凹嵌板。移动上、下外廓线，变为一组，同时对内外线进行分段编辑。根据该区宽度变化情况，从入口侧向外，可以分为 1~4 四个小段。

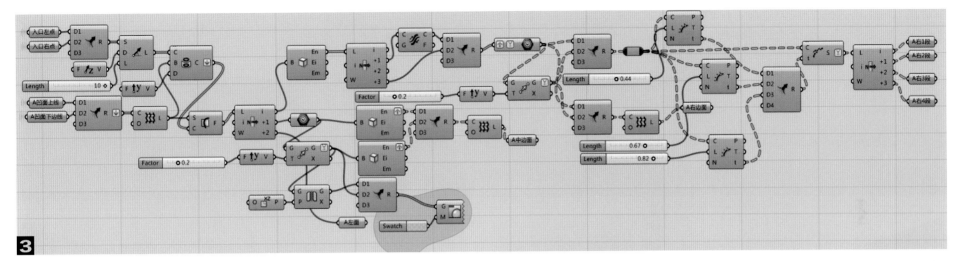

3

4. 每一段输入都包含四组数据，如左下角图，这样可以每段集中编辑。内外等分，数量点相同，取内侧线段中点与外侧等分点交错汇集，将三点编辑为一组，这样就形成等分的诸圆弧面。

5. 同上，形成更窄些的圆弧面。

6. 基本同上，但是增加随机序号，将内外对应点同时去掉，使等分点缺失2~3处，这样生成圆弧面的宽度不同，以产生宽窄不匀的变化。右面基本完成。

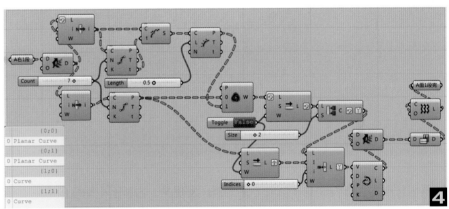

4

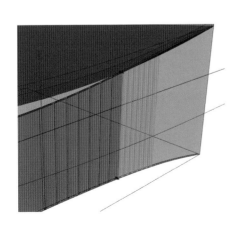

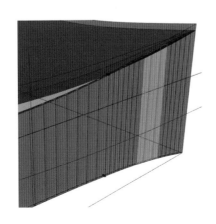

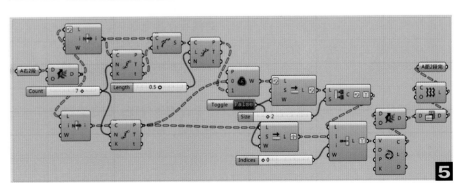

5

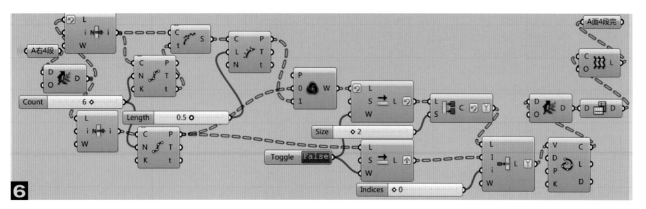

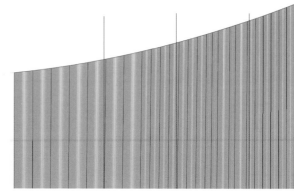

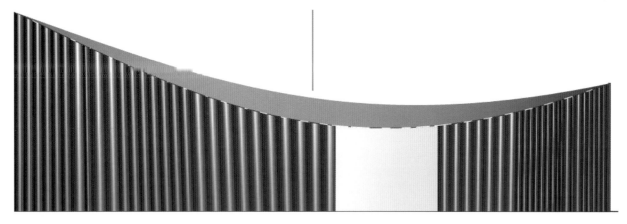

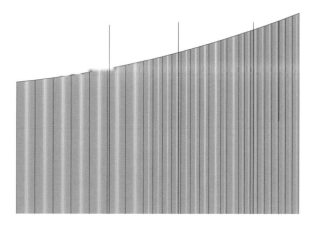

将左面按照右面做法完成，形成上述立面。发现左、右两面中间嵌板似乎有些倾斜，并不处在垂直状态。由于地面曲线和上部檐口下墙面线长度是不相等的，在等分状态下，上下对应的就不在垂直面内，而是发生扭曲。在实际工程中，会造成嵌板规格不统一，那么如何使其保持垂直就显得很重要。

由于右面上、下曲线长度变化小，视觉上不垂直难以发现，但是通过与垂直线比较，还是存在明显偏移，如右上图所示。如果要达到右下图所示效果，需要改变逻辑算法。

上述前后两层线，每层又分为上、下两条线，外层地面线应该作为总基准线，其他线都由其产生。需要将这条线上的等分点，建立垂直于曲线的法向平面，使各线交于该平面，这样形成的形体才能保持垂直。当移动后的曲线两端不能相交于平面时，需要考虑延长各位置曲线，确保相交。当两端外延到其他段落时，要确保相互之间不产生构造性矛盾，好在目前是内凹型嵌板，两端具有足够空间容纳采取的构造措施。

继续保持原有的分段，按照上述思路，对两种类型进行搭建，以检验是否可以达到要求。

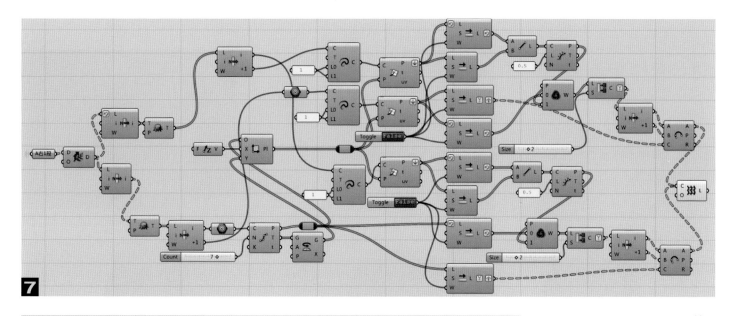

7

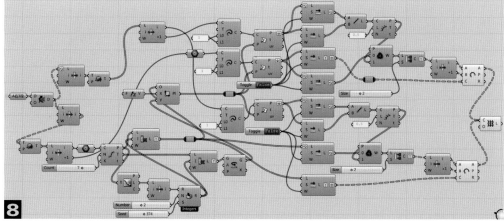

8

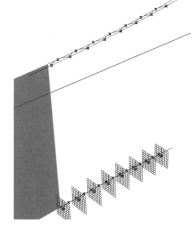

8. 对于产生变化的 A 右 3 段，随机去除等分点，需要在前排地面线产生坐标平面之前完成，同时对同步产生的矢量进行筛选，以保持一一对应。

这个例子表明，不同的方法可以形成类似的效果。如果从制造角度上看，应该尽可能避免非标准模块，尽管有时算法搭建会更加复杂一些。简单的数据结构总比复杂的数据结构更容易掌握，更易于识别和交流。复杂的数据结构不仅令人头疼，而且也经常伴随着机器长时间的计算运行和枯燥无奈的等待。有时在数据结构层数较多的时候，适当拆分处理，不仅仅满足后期增加变化的需要，也有利于提高成型速度。

但是在设计时有些想法（构建算法和造型）在不断改变中，数据结构清晰更为重要，便于产生连贯的思维和及时的结果。随着技能的提高，再逐步简化、优化算法，为下一次产生效率创造条件。

7. 以 A 右 1 段为例。首先需要找出前排地面墙位线。对其等分，构建该点垂直于曲线的平面。将其他三条线两侧延长，求得各自与平面的交点，即这些交点位于同一个垂直面内。然后进行编排，由于曲线延长，如继续通过切断曲线获得线段，存在筛选所需线段问题，现在可以利用后面曲线的相邻点线段相连，获得其中心点，然后与前排线段交错汇集，再进行两两分组，插入第三点，形成新的嵌板弧线（使用三点弧线），这样更有利于嵌板制作。上、下方法类似，可以形成新的嵌板内凹曲面。1、2、4 段都可采用该办法。

案例 37 采光井内壁

这是一个顶部入光的光井设计,在不大的光井中,内壁与四周天棚、墙体结合,形成了富有变化的界面。

1. 建立基本形体。建立 A、D 侧直立,其他侧底部外伸的四棱柱体。分解成各独立面,为后面取用做好准备。先从 B 面开始,求得木饰面边界位置。C 面要内倾,获得 B、C 间木边界,为画出其他边界做准备。

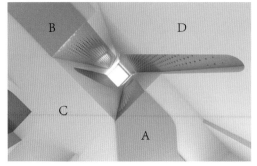
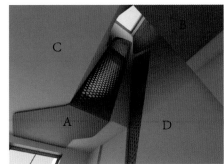

2. 完成天窗和形成 B 基本面。利用棱柱顶边线很容易形成天窗部分。利用 B 侧 3 点连线,与 B、C 木边界线衔接,倒圆角,切割 B 面。以底边为轴,将切割后面的旋转,形成凹面。

在旋转面上选择两个点,与上边边界上一个点连线,倒圆角,切割旋转面,划分出木质面。利用在底边上的材质分界点,获得天棚部分材质分隔面。可以选择其中一个面的中心,把该面编号显示出来,避免混乱。

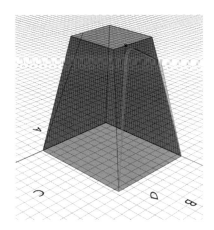
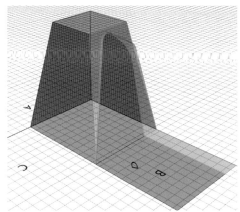
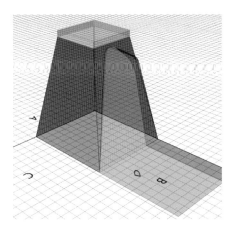

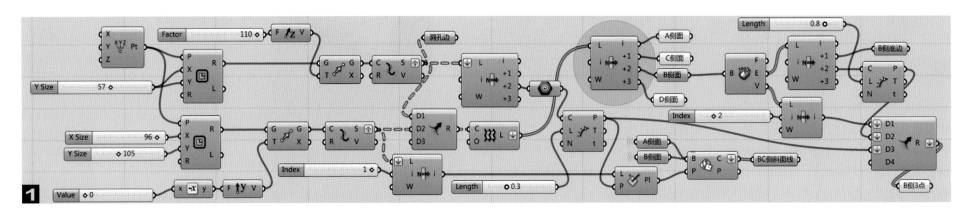

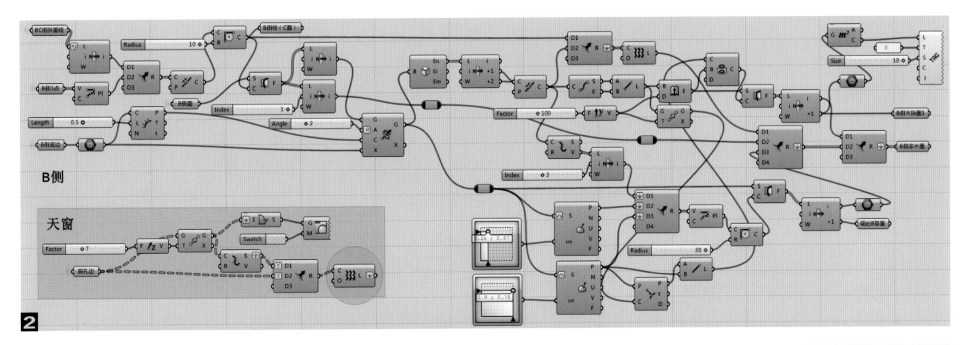

2

B侧

天窗

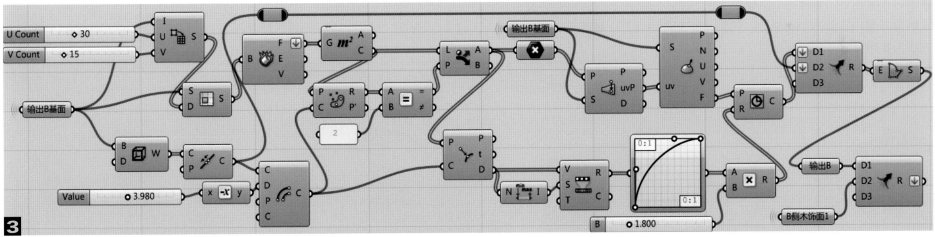

3

3. 完成 B 内壁穿孔。提取 B 基面外廓，向内偏移，防止圆出界。打碎面，确定合适的 uv 数值，筛选小面中心。对圆半径实施边界干扰，即映射圆心到偏移边界的最短距离，确定放大系数，同时确定圆所在平面。将圆与最外边边界成面，如第 102 页左上图。与天棚木质面合并。

4. 完成 C 面。先在倾斜面上获得 4 个点，连线，倒圆角。向最外侧未倾斜的 C 面投射、切割，同时也切割倾斜面。切割线成面，并作出 C 侧天棚，按照材质分类汇集。C 侧相对较为简单。

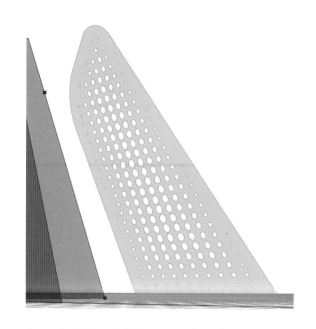

5-1. A 侧面变化稍微复杂一些，主要是各面不在同一个平面上，要通过一些辅助面来完成。须顺接 C 侧内凹面的 A 侧侧面，需要利用该侧侧面所在平面与 C 侧内倾面相交出全高度的切线，并与原有 A 面靠近 D 侧的竖边线成面，形成扭曲面。在该面上选择 3 个点，再在相交线

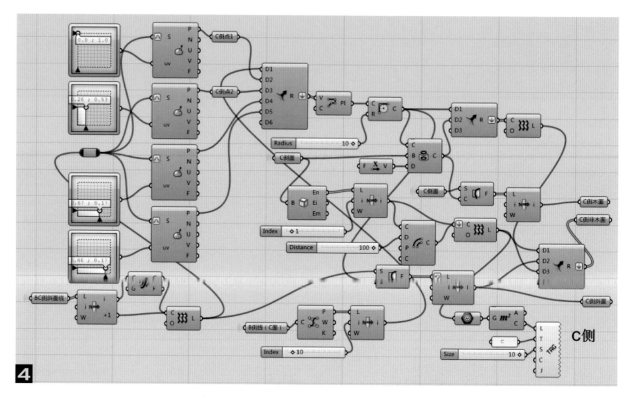

上部共面处选择 2 点，连线、倒圆角，作为分界面切割线。

5-2. 向原有 A 侧面投射该分割线，连线成侧面。将下部端点补进投射线控制点，形成完整的分割线，分割原有 A 面。

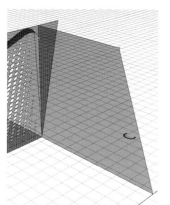

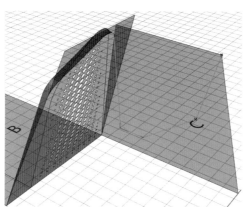

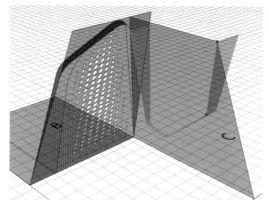

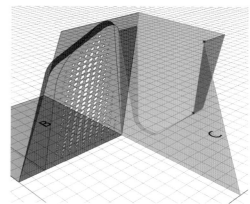

5-3. 由于扭曲面与 D 面形成凹角，因此增加一段调整面，使扭曲面在右上角转换为垂直面，这里与照片有所不同。

在 A 侧切割线上部选择一个控制点，与 A 侧基面右上控制点连线，分割扭曲面并完成垂直面，获得做 D 面的一些条件。

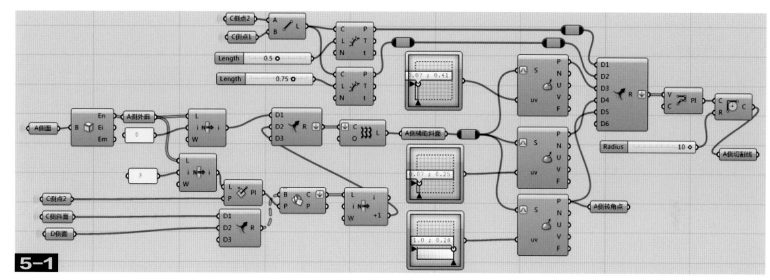

5-1

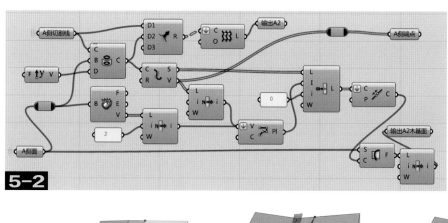

5-2

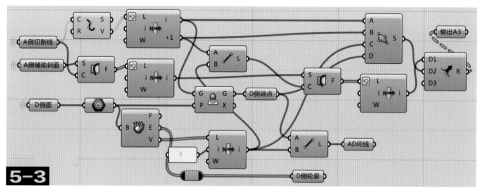

5-3

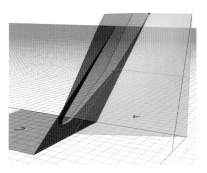
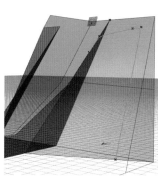
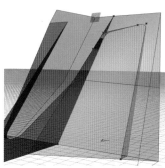
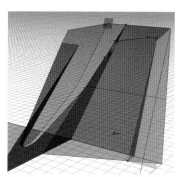
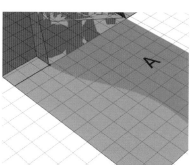

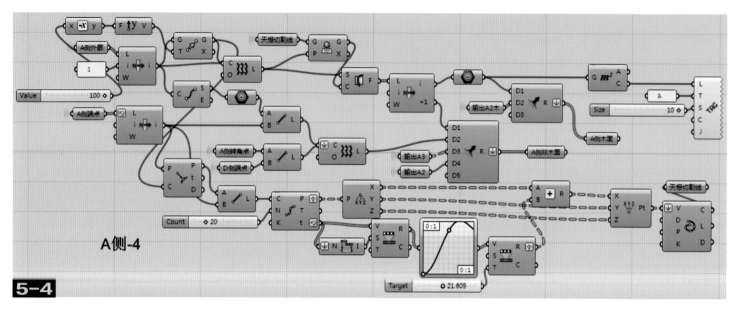

A侧-4

5-4

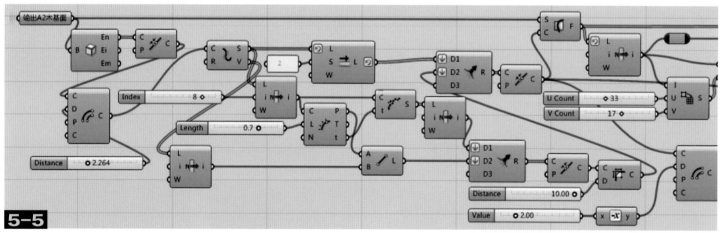

5-5

6. 延长 D 侧面，初步处理。D 侧面一致向下延伸，在井下部出现折线，可以理解为内壁面与下部垂直墙面不是一个面。为此需要将延长面以上边为轴向内旋转一个角度。同时该面木质面分为上、下两个部分，通过在 Rhino 中，设定两条线来简化绘制。通过向原有面和旋转面投影、分割，获得上部木质区域及侧壁。在下部做出井底部的折面，使用下部木质界线，分别向原有基面、旋转面和折面投影、切割，整理出各自材质面。当标记符号时可以在下部折面上标记，以保证着色后显示不被遮挡，但要注意给出坐标平面。将穿孔后的木质面，也汇聚在该处。

7. D 侧面穿孔。这部分与 B 侧部分基本相同，只是注意替代两个基面即可。这里仅给出上部做法，下部略去。

5-4. 完成 A 侧外延天棚制作。可以利用 A 端点制作一条天棚分割线，也可以在 Rhino 中制作，这里选择在 GH 中制作，这样可以确保 A 端点处在该线上。切割天棚，补足角落小面。汇总 A 侧面不同质地各面，其中包括 5-5 穿孔木面。

5-5. 完成 A 侧内壁穿孔木面。该穿孔木面，需要事先确定边界。向内偏移该内壁木质面轮廓线，采取选边、点打断再连接的方式，切割基面，形成穿孔区域。其后采取与其他穿孔处理相同的方法即可完成。

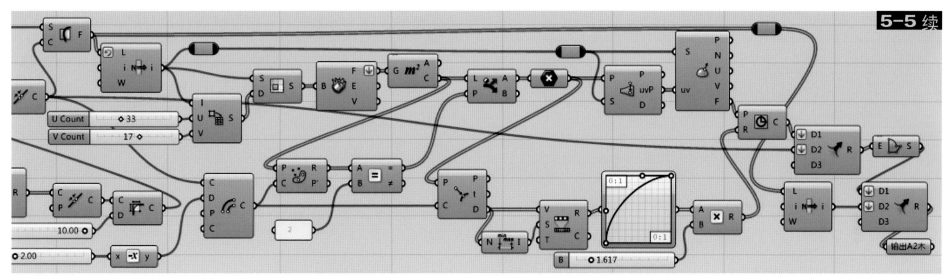

8.最后将各部分的木质和非木质的部分汇集，着色。

通过本例，我们发现 GH 可以很方便地处理各类面之间的关系，其他软件需要通过布尔运算才能处理的造型问题，在这里只需要做出面就可以展现出基本的设计意图。特别是面和面之间的转换以及在非规整位置面，比如扭曲面和斜面上，仍然在找点、连线上有其便捷之处。虽然使用命令较多，但是相当多的部分是可以重复利用的。只要思路清楚，循序而近，如果能够熟练使用命令，效率会很高。

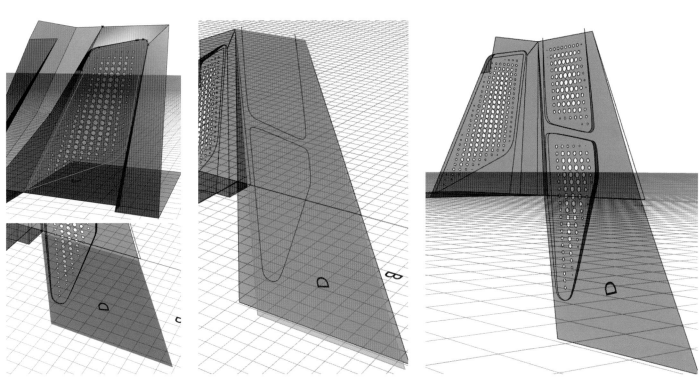

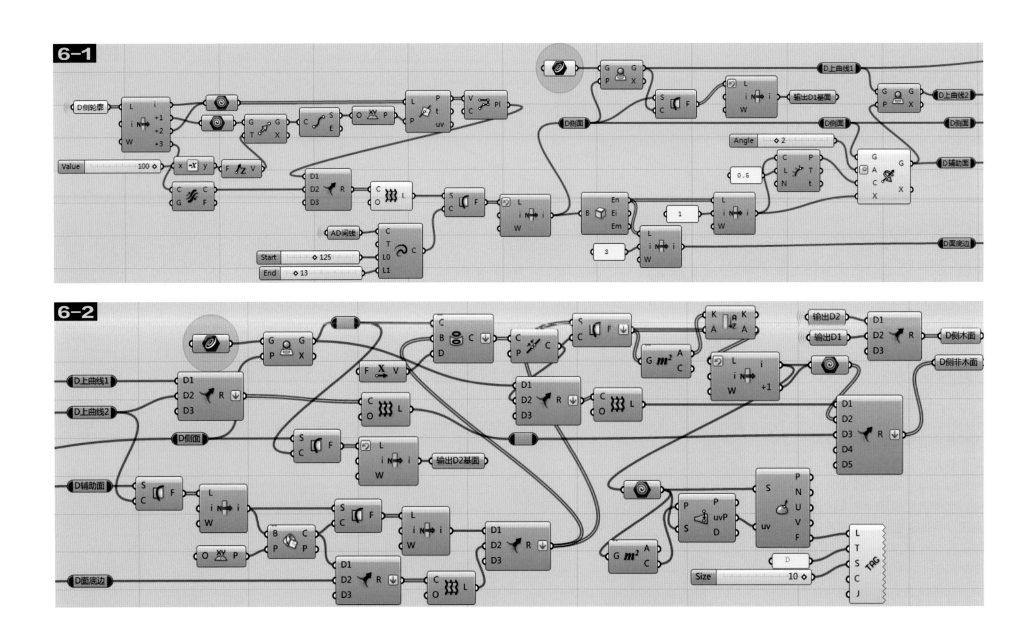

Rhino 中对基本图形的设定，在为 GH 进一步提供条件方面，依然是比 GH 更快捷、简便。应该是哪个更快捷，优先使用哪个。但要特别注意引用图形要内置于 GH，避免保存两个文件的麻烦。

可以想象，在实际工作中，要将上述图形转换成可加工图纸，还需要进一步的分解，规范变化类型，依然有很多深化工作要做。

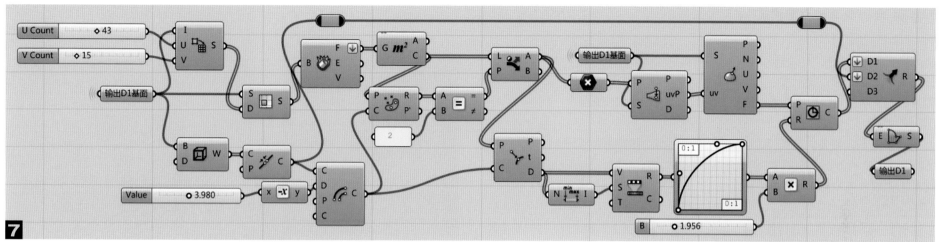

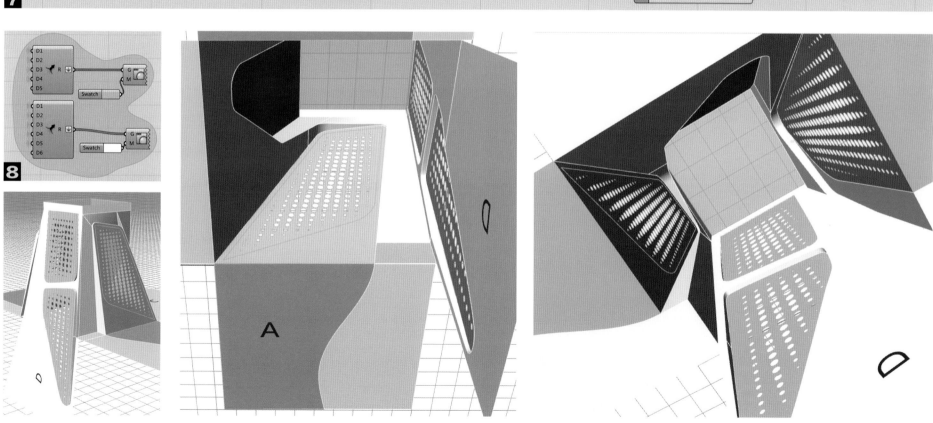

案例 38 之字纹立面建筑

该立面由竖向曲线纹理作出变化，该纹理通过平行线间产生之字形联系线形成，主立面共三组，侧立面一组。每两组竖向曲线带之间构成不规整六边形，交错衔接后，水平线与另一端位置交错。先作主立面，再作侧立面。

1. 首先形成基本线条。在 XZ 面内画出主立面大小。两侧边线等分点，构成一侧水平线（宽间横线）。再按照 2 倍数量等分两侧边线，按照 False/True 顺序筛选。实际上是获得另一侧水平线（中间横线）。

2. 作出第一曲线带上点。通过控制线上的位置参数来控制线上点的位置。对数量相同的等差数列进行图形映射形成两组数据，一组用于控制一条曲线带线上中间横线右边点，一组为中间横线左边点，设定好输出区间。考虑到竖向底、顶的边界特点，选出之字形连线（六边形连线）的顺序点。使之与第二条曲线带相关点连线构成六边形。

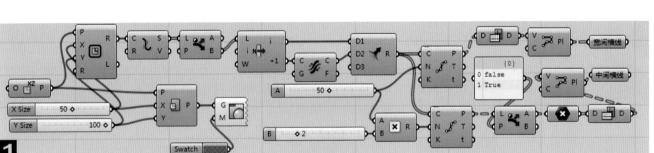

3. 作出第二条曲线带上点。采用 2 同样方法确定两条横线上点。把获得的点送给前述 2 汇集，保持逆时针方向，按照 0~5 顺序分别编入 Merge。注意保持路径相同，进行连线（闭合）。特别注意底层和顶层点的状态要和顺序匹配。

4. 作出第三条曲线带上点。同样形成诸点，这里可以连 5 个点（不闭合）。这期间需要使用第二条带上点，同样需要注意保持路径相同，底层和顶层点的状态要和顺序匹配。

连线后，补齐底边、上边的缺线。

5. 汇集完成正立面。在 2、3、4 完成的连线中，再加入左、右侧平行线，去除重复线，给以厚度、高度，成面，着色，这样就形成了正立面。

6. 侧立面的完成思路是相同的。

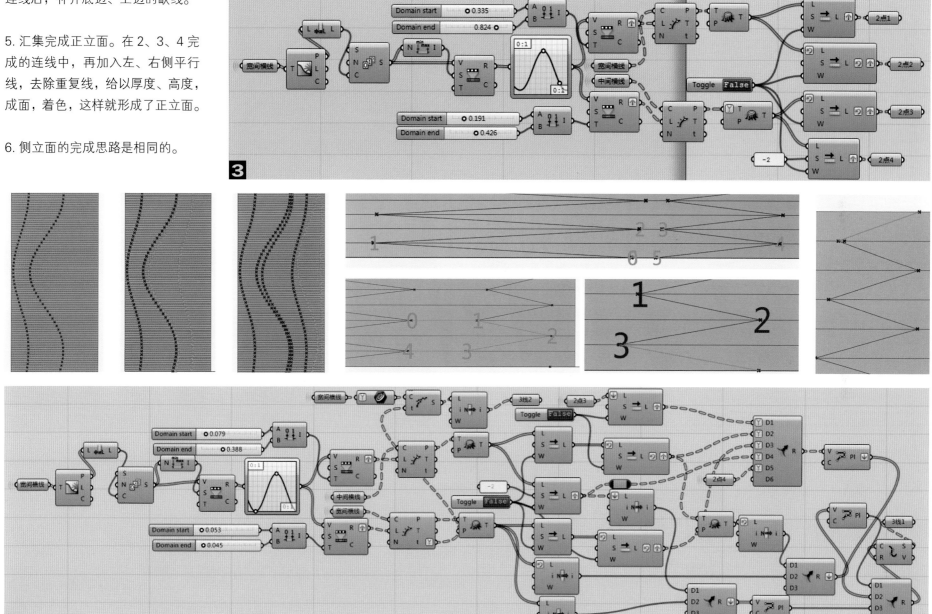

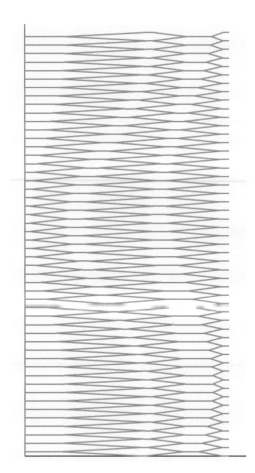

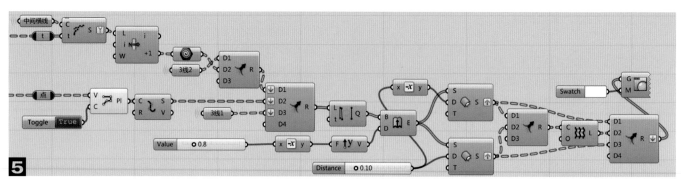

5

注意坐标面转换和连线不闭合即可。

图形映射可以选用任意类型，只要各个竖向曲线带变形不要相互叠加即可。在映射数据输出区间界值和图形映射控制点的协调调整中，能获得理想的组合。

也可以控制立面面积和形状、水平线数量，调整形体和竖向密度，结合条带变化，生成众多类似效果。

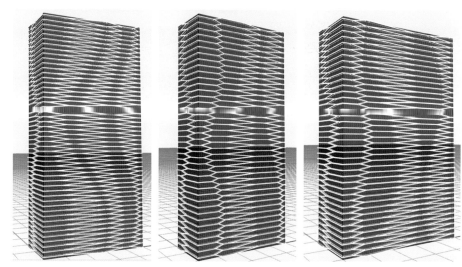

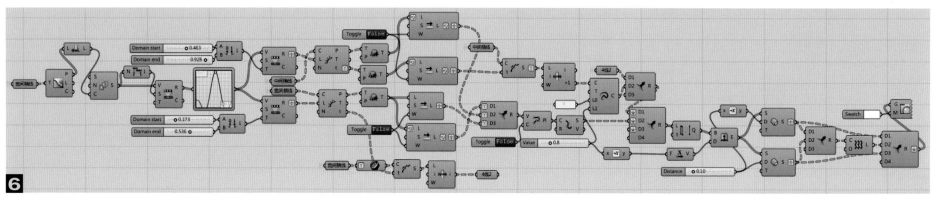

6

案例 39　凹槽旋转圆收边高层建筑

某塔楼呈现带有凹槽旋转上升、顶部圆弧形面的圆柱形态（收分）。

1. 建立基础线段。首先设定圆，旋转起始点产生 4 个线上点，旋转点制作凹槽边界点，同时通过三点圆弧，形成四段基础圆弧。

2. 完成柱体。先把四段外圆弧段、圆心多层移动，形成各层基础外轮廓线的一部分。然后进行图形映射，对各层弧线做收分缩放，按映射角度旋转。将占总层数比例一部分的顶部与下部分开。注意将交接层插入上部，使上、下部分都含有该层，避免立面成面时该层缺失。同时将基础圆缩小，形成内圆柱体，以承接凹槽内面。相应成面。

3. 生成凹槽侧面。利用下部外圆边界，找到凹槽外边线。按照一个旋转面左右两条线交错集合，以便于后面做上部圆面。等分点，获得与下部内圆最近距离，连线，集合成面。

4. 为顶部圆弧面做准备。利用上部外圆面的轮廓线角点作为控制点，生成曲线，等分点并将其 t 作为基数图形映射该曲线，以调整形态。连线后，

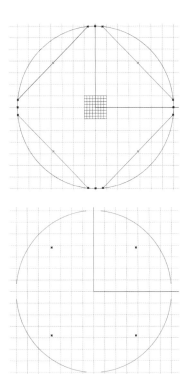

分割上部外圆面（省去投射），选出顶圆头面和圆头线。

5. 完成全部。先将凹槽侧面分组、打碎，选出顶层两条深度方向线，作为双轨，将圆头线作为断面线，生成上部圆面厚度。提取其内部圆弧线，用其端点打断上部底圆，

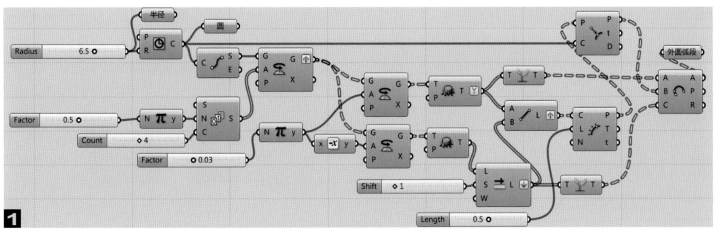

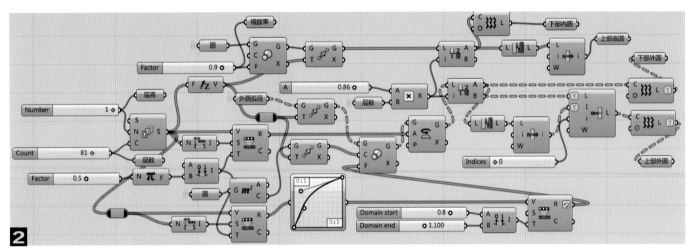

2

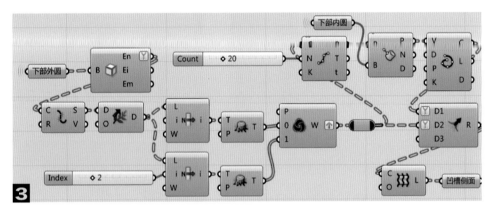

3

选出长内弧线，与前述竖向圆
弧线成面。同时将下部外圆和
凹槽侧面集合，切分出楼层线，
选择大圆弧、等分点，投射于
下部内圆求最近点，连线，内
外线成面，补足突出部分楼面。
将下部内圆也划分楼层线，成
面。将各类面汇总，着色。

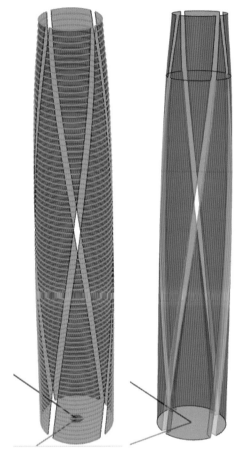

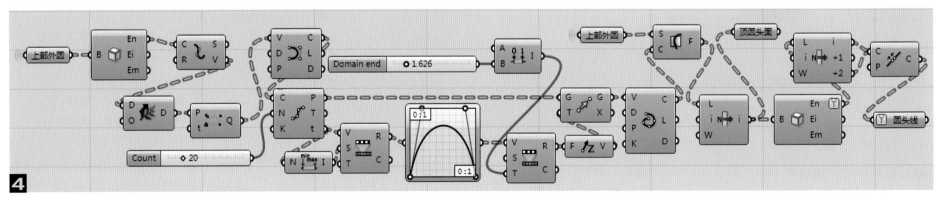

4

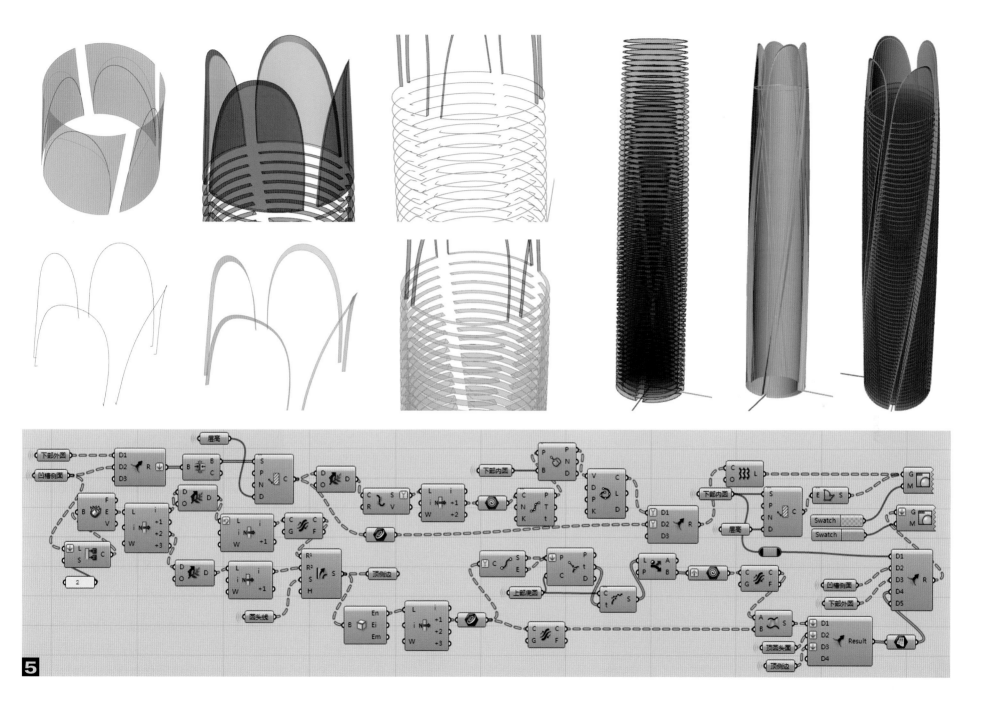

某建筑外在形式为平面到立面的一种面的转换，粗看时似乎是使用竖条格栅，仔细看是类似格栅的凸起，而且在转角处凸起部分逐渐变窄，整体长面呈现对称格局，条带凸起。

1. 制作形体控制线。在 Rhino 中，做倒一个圆角的长方形，其内做一个上部变形面内边的投影线，将长方形外边向上移动到 $3×4+18=30$ 的地方，对外边变形。

2. 获得对应线段。将变形外边引入 GH，同时引入基面内边。将它们打碎后，获取线段，内边为 A 曲线，外边为 B 曲线。各自获得对应的 7 对线。

3. 完成 0、1 段。这两段凸起形态一致（基面这里不显示，以便可以看清凸起状态），将它们等分，切断，并在每个切断线

段上选择一个点，将 A、B 对应的该点连线。同时将对应等分点也连线，去掉一个末端线，以使其数量与线段数一致。将两条连线成面。把该面向其中心点法线方向移动，利用各自外廓线成面，汇集着色，这样就形成了该段凸起部分。

4. 完成 2 段。这部分主要实现凸起由宽到窄的变化。采用上段同样的方法，可以获得等宽的凸起，如果给出一组宽度值，可以实现不同的宽度变化。这里通过调整线段上点的位置来实现。为此，生成与等分点数量相同的映射数据，使其输出在一定的区间内，这样在其他均不作调整的情况下，可以获得凸起由宽到窄的变化，再调整等分数量，使宽凸起与相邻段保持一致。

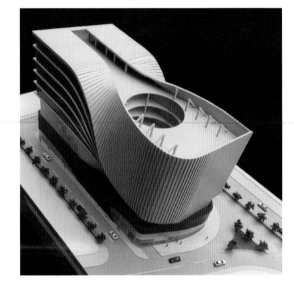

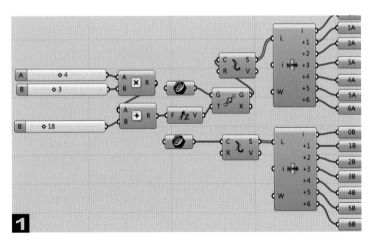

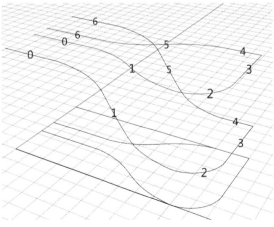

5. 完成其他段。建筑端部的部分可以取上述区间的小值，控制等分点，使之凸起间距与圆弧段匹配。其他各段可以复制前述做法——对应完成，不再详述。

本案例主要讲解如何完成渐变过渡段。通过在线段上设点的方法，可以以参数控制新线段的长短，从而实现控制凸起条带宽度的作用。

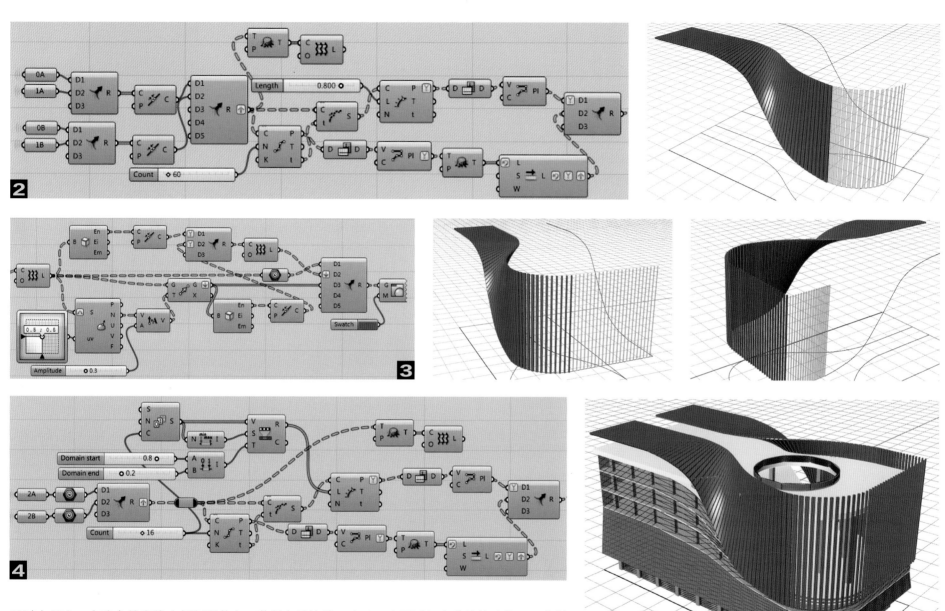

通过在 Rhino 中确定轮廓线（复制调整），获得各层边线。在 GH 中通过闭合曲线筛选柱子，这样就可以实现整体建筑的基本形态。使用 Lunch Box 的网格命令，可以给各个面赋予有特色的分格。

案例 41　1/4 圆遮阳廊

这是一个断面旋转、单元拼接的案例。

1. 形成断面。在 XZ 平面，通过长方形拼接出曲尺状断面。将凹角倒圆弧，并重新连接边线。

2. 形成单元并多单元拼接。旋转断面 45°，作为起始位置。然后再按照 45° 等分的相同角度旋转到 90° 位置。拾取顶面和竖直外边线成面。将该单元旋转 180° 后，将形体移动到断面

45° 起始位置另一端点处，这样两部分形成紧密连接的一组单元。

在 45° 朝向的方向上，按照这个单元两个基点在延伸方向上的两倍距离进行复制，最后生成了图片中的遮阳廊。

改变参数，可以获得各种长、宽、高比例的效果。

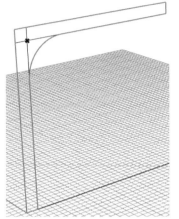

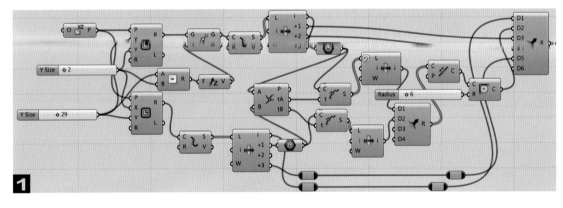

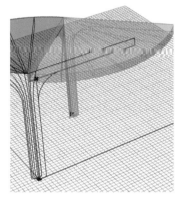

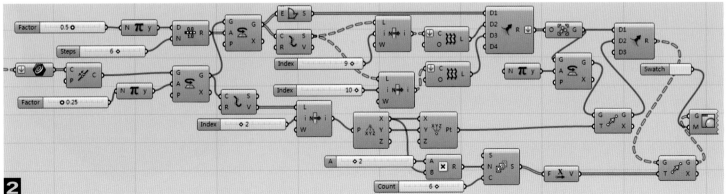

案例 42 船形建筑

本案例通过在 Rhino 中找形，在 GH 中细化来完成。

1. 设定形态控制线。首先在 Rhino 中，设定 3 条曲线。一条处在 XZ 面内，为船形建筑的中轴剖线。一条为起伏的下部实体外廓线。再一条为略下弯的两条线间掠面线，该线处在建筑蜂腰位置。

2. 制作下部实体。将 3 条线引入 GH。分别形成前后两部分面，并生成厚度，着色。

3. 生成中间条带。取下边线等分点，选择前段条带消失位置的部分点，其 Z 坐标值调整到中间条带位置，

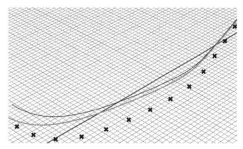

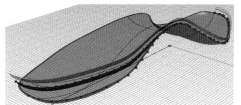

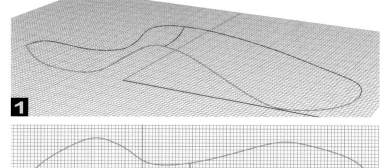

并缩放使之侧面悬挑，略微凸出。同理，可以生成上部条带和下部条带。上部条带若用全部等分点，可形成通长条带。汇集着色。

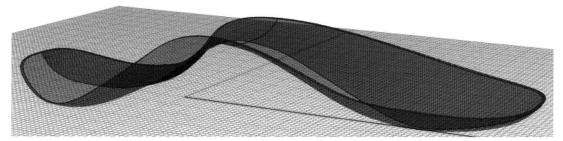

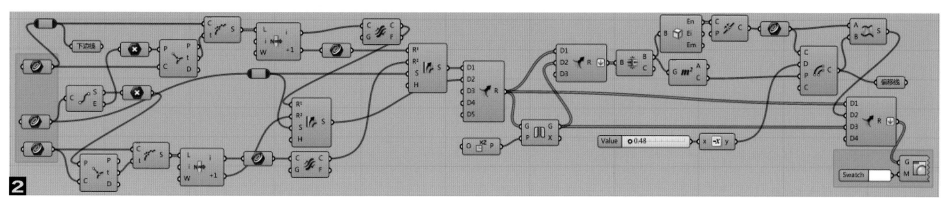

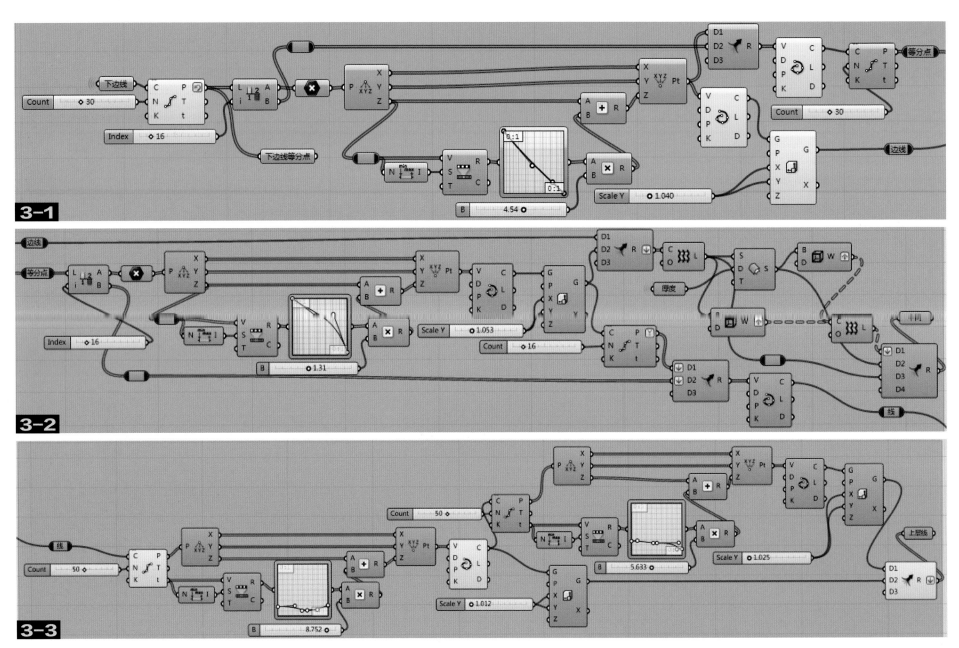

4. 制作屋顶实体。在 Rhino 中，类似于下部底面实体做法，作 4 条线，2 个面。脊线处在 XZ 面内，最外条为曲面外廓线，在上面两条线之间再插入一条线，以便使

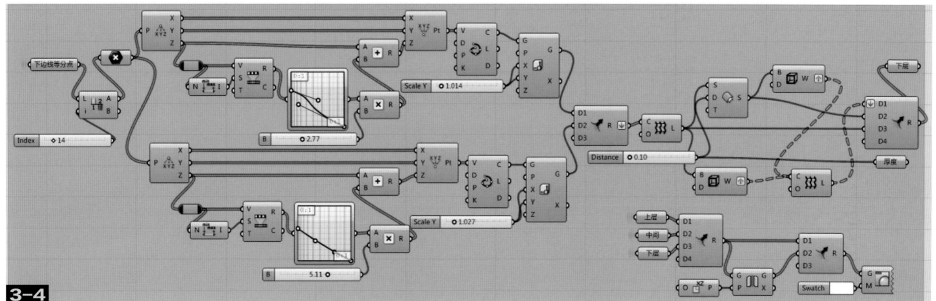

3-4

屋面分成上、下两部分，该线起
始点与脊线起始点重合。同时在
下面两条线起始端处，绘制用于
扫掠面的、略微外鼓的扫掠断面
线。上述曲线调整好与下部的对
应关系和总体趋势。这部分也可
以和下部实体同时制作，以匹配
上下关系。

5. 制作屋面。在 GH 中拾取线，
扫掠成面，赋予厚度，并制作出
下边线底面。

6. 生成内衬玻璃。利用上部条
带边线，投射于屋顶下边线底面，

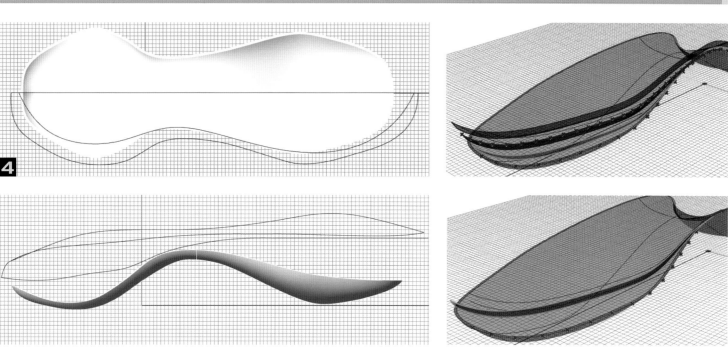

形成玻璃幕墙上沿线，与下部实体内边线生成内衬玻璃幕墙。

在生成条带时，要考虑到上部条带和屋顶下沿，以及下部条带和下部实体上沿的关系。各条带高

度及空隙保持合适比例。在条带间使其侧面从上到下逐步内收，使整体外挑程度匹配、顺接。在形体蜂腰部分，应注意各条带逐渐消失，尽可能使其与下部实体上沿线平顺相接，逐渐变窄。这些都是通过精细调整数据的图形映射来实现的。

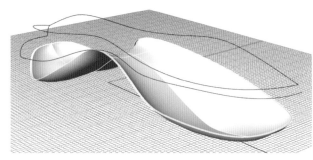

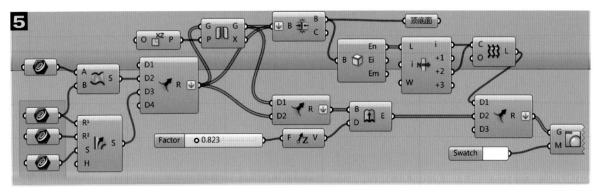

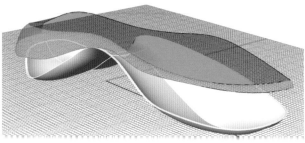

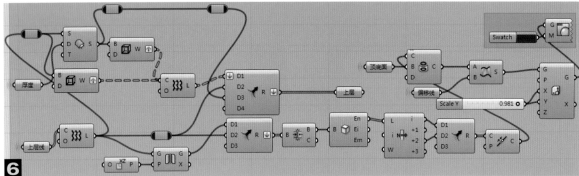

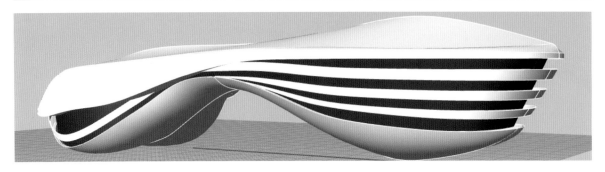

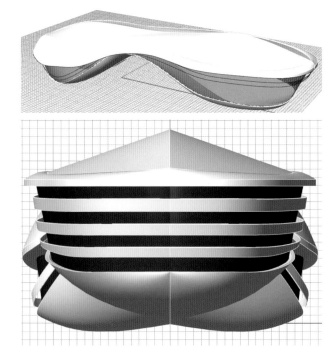

案例 43　折面波浪竖条高层建筑

某建筑通过两种类似的连续折面变换，形成壁柱式竖向条带，组成了高层的各向立面。可以在依托高层形体基础上完成两种条带，然后在 Rhino 内复制排布即可完成。

1~2. 建立高层形体基本元素和竖条基础面。建立平面轮廓，留出层高不同的首层，以截取二层边一小部分，向上排列，形成竖条基础面，用于后面变化。

同时形成二层以上的幕墙面，利用 Lunch Box 命令，对幕墙做基本分格，后期可以烘焙到 Rhino 空间。2 中做出二层及以上的楼板，外边适当内收，避免干扰外侧造型。

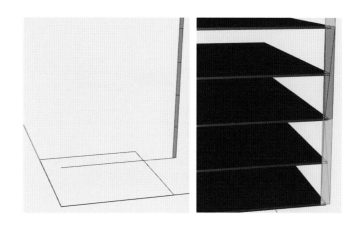

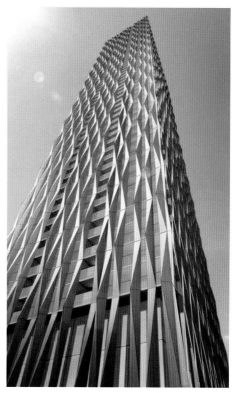

3~4. 形成一类竖条的折面。首先划分竖条基础面，获得折面单元和顶点。需要注意的是结合 1~2 设置，竖向分段为二层一段。考虑竖条折面为间隔变化，所以间隔取单元四边形，同样间隔取四边形的顶点，并将该顶点外移一定距离。

本单元四边形挤出到顶点，相邻四边形也挤出到该点。此时需要检查形与点数量对应关系，确保二者一一对应（主要取决于层数的奇偶数）。

利用二层单元的顶点投射底边，获得一层的基础条面，形成一层的折面体。适当成组，以便于烘焙处理。这样就完成了该类别竖向条带。

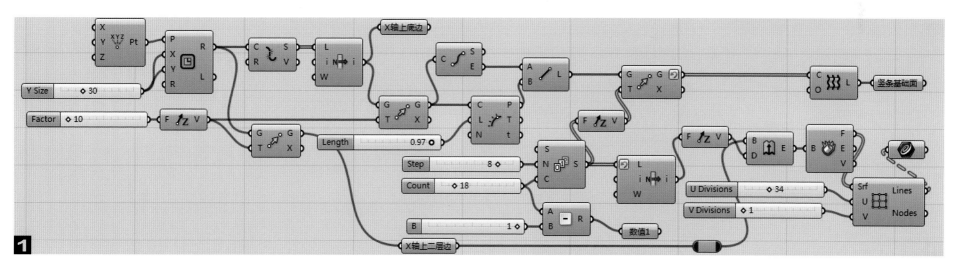

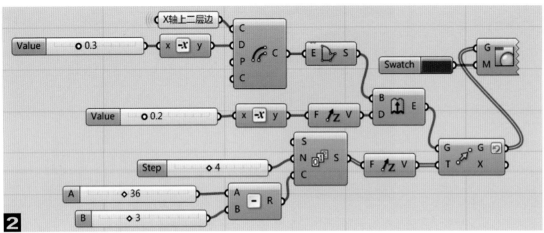

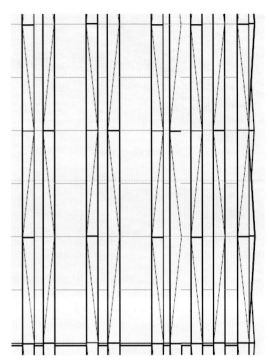

5~6. 完成另一类
竖条折面体。使
用 3~4 方法，完
成另一类折面竖
条。注意需要先
复制基础面，通
过顶点位置选择，
控制折面状态。

7. 烘焙到 Rhino
中，组合立面。

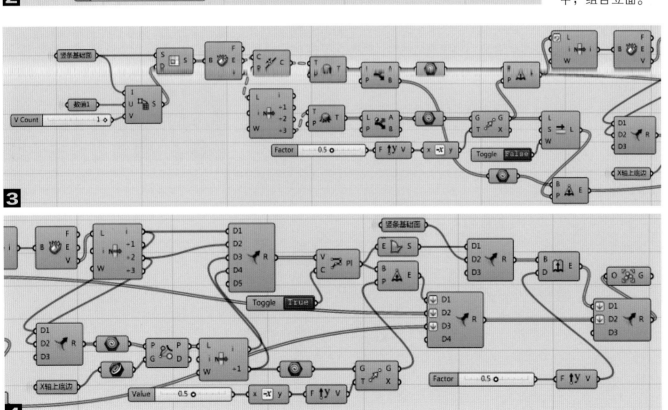

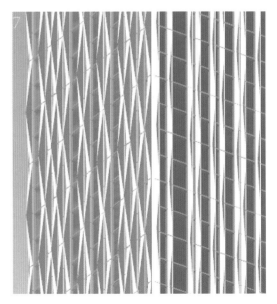

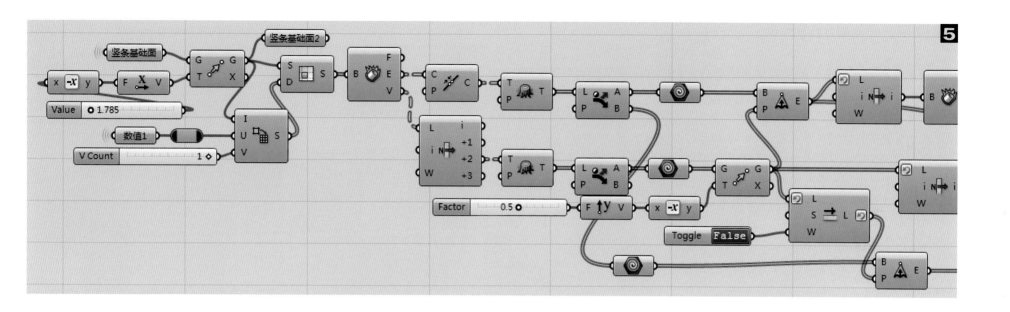

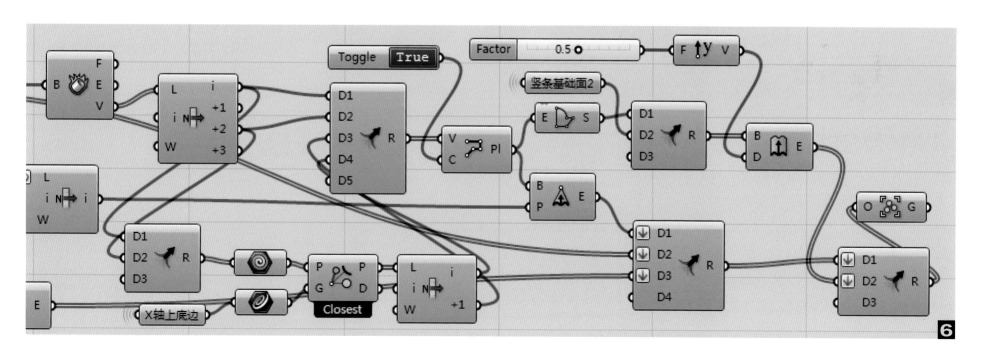

案例 44　不规则开孔穿孔板

建筑外墙使用穿孔板是一种经常采用的塑造变化的方法。利用不均匀的穿孔并提供一种穿孔递变趋势，可以打破立面呆板的构图，形成一种有情趣的观感。基础板型形式也多种多样，三角形、四边形、六边形、不规则形等都可以拼接成丰富的组合，开孔也可以采用各种形状，通过两者结合以及开孔率的变化，满足多种形式需求。这里以较为简单的四边形板型和开孔形状结合为例。

不管什么板型和开孔形状，只要开孔率有变化且无规律，基本上都与随机数有关系，控制随机的开孔数量就可以产生这种不规则的效果。

1. 塑造三种开孔率分区。先形成三个代表三种开孔率的四边形，即上、中、下部。同时联合组面，作为衬托开孔的背景（也可以不给厚度）。

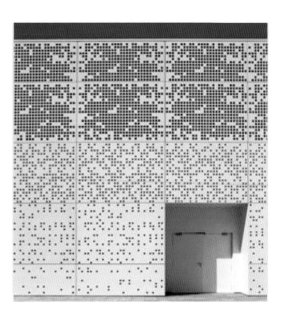

2. 下部开孔。使用 Lunch Box 命令形成分割面。为通过其序号选择部分面，制造同等数量、范围的随机整数，利用这些整数作为序号筛选分割面。为保持最靠近四边的分割面不开孔，通过分割面中心与四边距离大小，进行

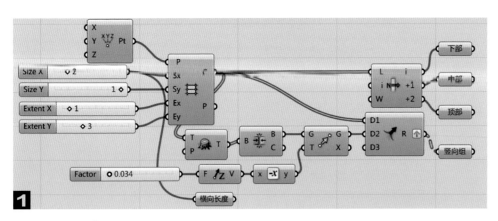

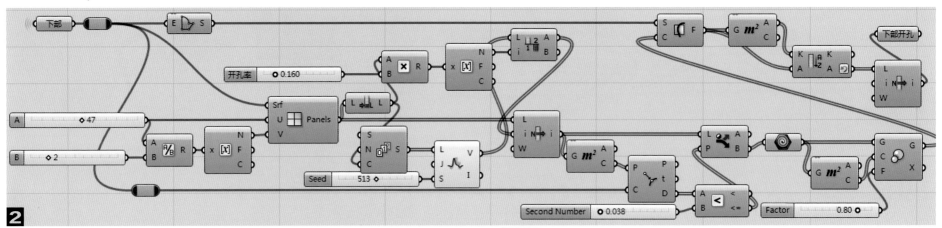

128

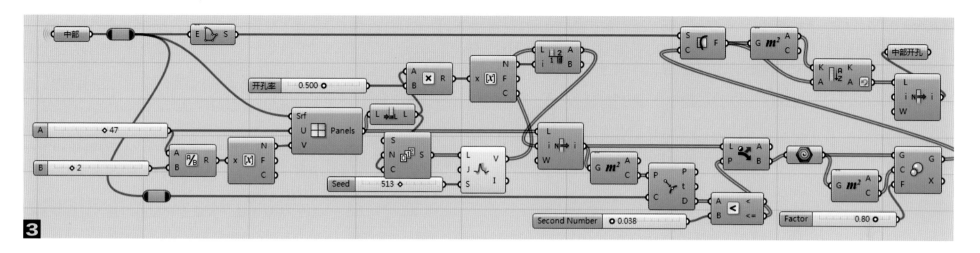

3

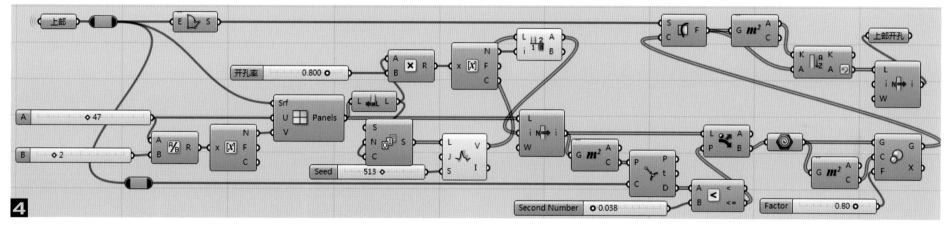

4

再次筛选。缩小筛选后的分割面，切割下部整体面（分割面自动转线），然后通过面积大小不同，选出被切割的下部开孔面板。

3. 中部开孔。与 2 逻辑完全相同，只是需要使用中部基面和改变"开孔率"数值。

4. 上部开孔。基本与 1、2 逻辑相同，采用打乱序号排序方式选择生成。这是因为随机生成整数会出现重复数，当开孔率很大时，重复数干扰真正的开孔率，而打乱生成，则不会产生重复序号，这个开孔率就是真实开孔率。

5. 复制、着色。将各部分集合设为白色，为清楚表达，背景设为黑色。同时复制至三组，形成与图片类似的效果。

图片顶部每块板左右除中间部开孔率较大外，还存在着过渡性开孔率情况。我们可以在上部开孔制作中，增加一次到四边的距离筛选，把这部分过渡带的分割面选择出来，给予较低的开孔率，再与中间的部分选择的开孔分割面集合，统一切割基面。这部分不再详述。

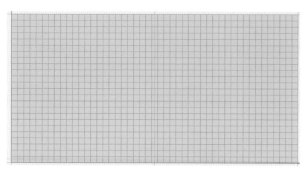

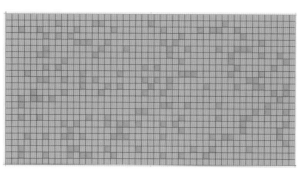

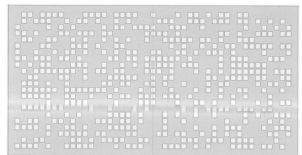

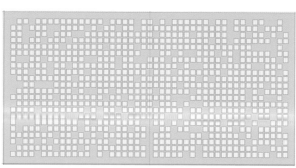

6. 集中处理。采取相对于前述方法改变的方式，一次性做出所有板开孔效果。

6-1. 将格子数量一次调整为 3×3。做矩阵转换，使每一组内包含三种开孔类型。

6-2. 将开孔率集中编组并复制，注意使用 Graft Tree 处理，以便与 Lunch Box 的 Panels 结果对应。

6-3. 注意调整计算点到线最近距离时，对轮廓线进行 Graft Tree 处理。同样对切割面时的面也进行 Graft Tree 处理，保持数据结构一致。

6-4. 对切割面的排序结果进行 Shift List 处理，右挑选出小格面，着黑色，代替后衬黑色处理，使效果基本相同。

总之，使用类似的办法，可以很容易完成不同形式的不规则开孔板的制作。这里每块板是通过相同的算法完成的，比较容易理解。但也可以通过集中输入数据、使用一个算法来完成。

6-5. 为可见板块划分界线，增加对板块轮廓线的拉伸处理，着黑色。穿孔后板，直接着白色。

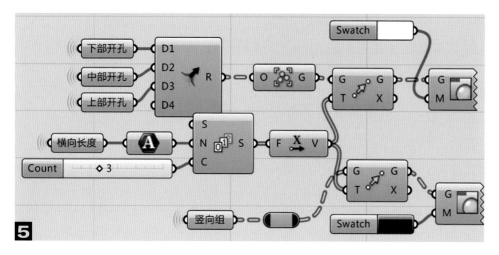

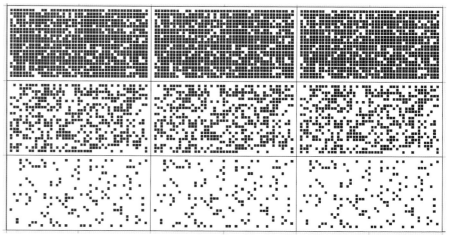

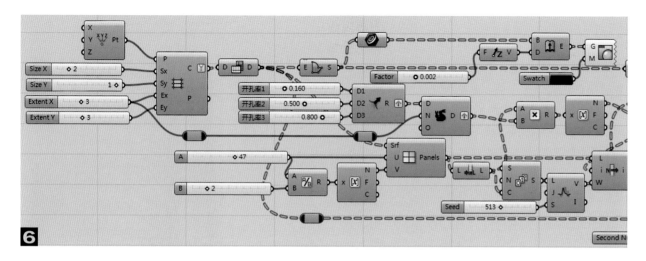

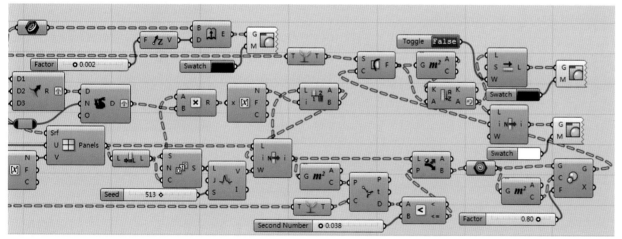

是须熟练掌握树形数据的编辑操作。

虽然分立的方法可以不使用复杂的树形数据结构编辑，但是当参数序列比较多时，分立的方法会导致复制数量过于庞大，以至于不便管理。因此，适当地进行整体式处理便显得十分必要，也就是说还是有必要熟练掌握树形数据结构的。

这两种方法都可行，没有优劣之分，只要能够清晰理解、操作便利就是好的方法。特别是在设计中，很多想法并不非一步到位，而是不断成熟起来的，因此分立的方法可能更符合创作方案阶段循序渐进的特点。而整体的方法则更适合对已确定目标的解析，或是对分立方法的总结性归纳。

在本例中，还存在另外一种可能性，可以把三种不同开孔板作为一个单元，采用整体的方法来完成。这样既没有分立式对应参数不同的复制，也比全部整体式的简单。然后针对所需要数量，对最后结果进行单元复制。形成单元制作与单元分布的分立，可能更适合实际设计状况。

由此可知，从静态上看，同一个结果可以有不同的算法支持形成。但是从动态使用上看，如果存在单元重复的情况，对单元与单元之间使用分立处理，适应性更好。

当图形结构存在多次复制现象时，生成的方法是可以有很多选择的，这时需要结合实际使用需求确定算法结构。而渐变式图形结构，通常需要进行整体式处理，以便控制渐变幅度。

通过上述 6 的处理，一次性完成所有板块的开孔效果。

通过这两种方法比较可以发现，分立的方法较为简单，规避了复杂的树形结构，容易被理解和掌握，虽然命令较多，但可以通过复制实现，实际上效率并不低。整体的方法必然涉及树形数据结构，有时不易被理解，需要不断关注数据对位问题，调试时容易消耗机器资源，发生错误容易宕机，但是一旦完成，调整参数便容易了。对于初学者而言，分立的方法是较为容易掌握的，可以提高成功率。对于熟练的人员而言，采用整体的方法更为合适，前提

案例 45　层叠梭形阳台立面

建筑通过梭形（椭圆形）阳台自二层逐层叠加，一层适当放大，形成很有感染力的韵律美。上部阳台中间部分有栏板，一层顶则全部设有栏板。阳台两端弧形结束处向下与类壁柱形体曲面连接。中间柱在顶端呈现与上层阳台底的弧面过渡。本例对阳台底面增加制作一个发自中柱的弧形面。

可以将这个建筑的制作分成几部分。一部分是标准阳台大小的上部。一部分是一层放大的部分。每个部分又可以划分为：实体栏板、玻璃栏板、楼面、玻璃幕墙（阳台侧和非阳台侧）、幕墙分格、中柱（正面、侧面）、类壁柱、阳台底面等。

1. 基础设定。考虑到其对称性，把平面置于 Y 轴对称处，并先作左侧部分，形成所需的基本控制线。考虑到后面使用，同时也作一个倒角四边形。

2. 实体栏板面生成。去除一层数据，适当将阳台边线外扩一点，避免成面后露出楼板。对板边线的 Y、Z 坐标值进行图形映射形成实体栏板上边，并镜像形成下边。三条线成面。

3. 生成类壁柱外侧线。首先在边缘线上选择两点，一点要退后端点，留出壁柱的侧向最小宽度，两点之间是壁柱侧弧面生成宽度。利用图形映射该段等分点，形成壁柱外侧线 1。注意这里变形最大控制在层高数值。同时利用点形成的垂直于曲线的坐标平面相交于实体栏板，获得交线，取其符合要求的其中一条线，形成栏板底面交线。

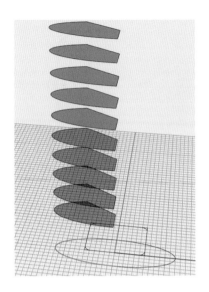

4 生成类壁柱内侧线，利用栏板下边线和栏板底面交线，获得壁柱顶内侧线。与 3 生成壁柱外侧线方法相同，生成壁柱内侧线 1，但需要保持下端点与外侧 Z 值相同。

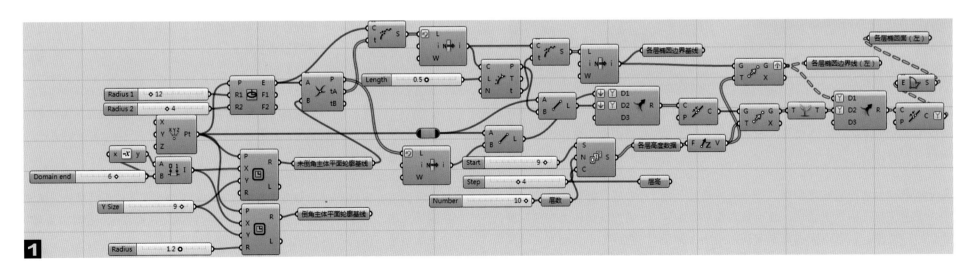

1

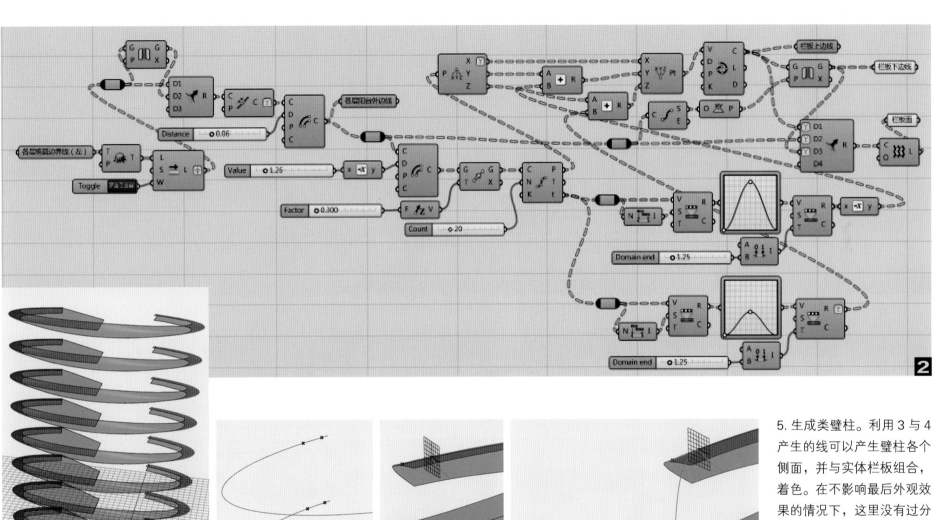

2

5. 生成类壁柱。利用 3 与 4 产生的线可以产生壁柱各个侧面，并与实体栏板组合，着色。在不影响最后外观效果的情况下，这里没有过分追求严丝合缝，主要是需要快速反映形态。

6-1. 生成中间体。中柱的正面是一个范围不断变化的曲面，需要通过切割一个中间体来实现，其应是由底部

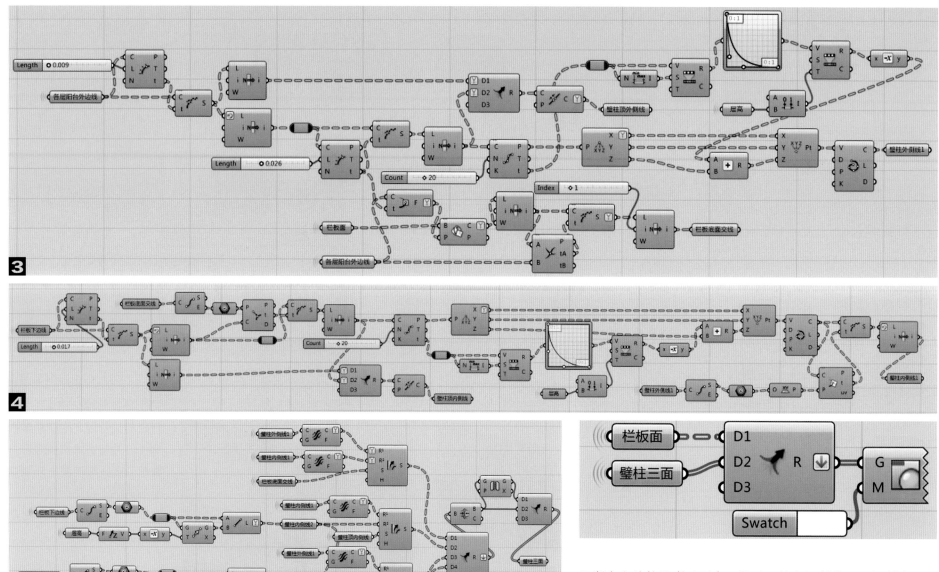

逐渐向上外扩的喇叭形态，然后于其上投射线，再切割出所需要的面。这样该切割面就具有了喇叭形态特征。为各层统一处理，需要调整数据关系，去掉顶层数据。在相邻的内边上各自取点，留出中柱空间，进行图形映射，获得两条内边的变形线。

6-2. 形成中柱一个侧底边。利用内边中柱控制点，形成一段弧形侧底边。结合 6-1 各边，可以形成中间体面。

7. 生成切割线。在 XY 平面，偏移椭圆线，通过相交获得一端端点。在中柱 XY 投影中，取一个点作为另一个端点。在偏移后的椭圆线上取一个点，与中柱端点连线，对其进行图形映射，产生一个不同于椭圆线的内侧曲线，与另一段椭圆线连接后，等分，以其作为控制点，产生一条圆滑的新曲线，作为投射用参考线。为了保持投射线足够长，该线两段向外延长一部分。

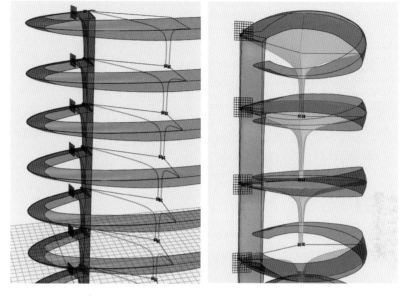

8. 形成中柱正面。将 XY 平面内的辅助线，向中间体面投射形成切割线，这也是阳台顶的材料分界线，即一部分为柱面延伸上来的材料，另一部分是阳台底的材料。考虑到中间体面是两个面，分别切割，按面积选出所需要的外侧面，镜像后构成中柱正面。

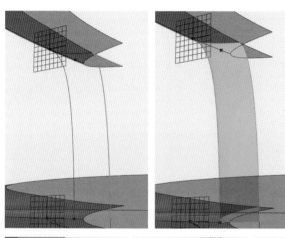

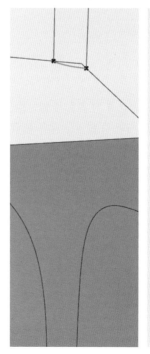

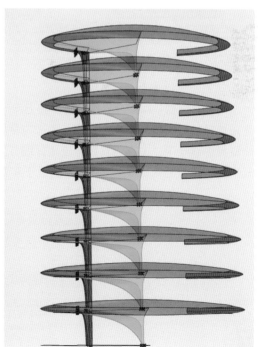

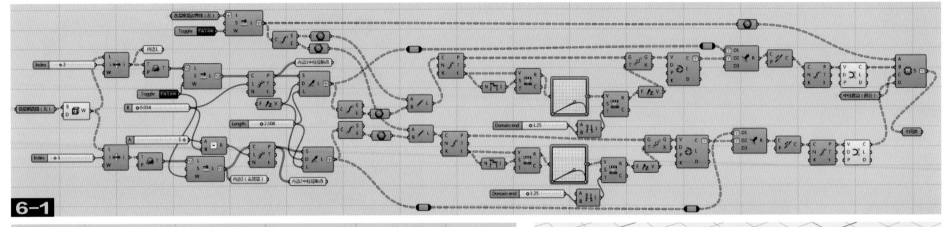

6-1

6-2

9. 生成阳台底面。利用分界线，向 Y 轴方向的内边 1 竖直面投射，由于分界线是起伏曲线，需要选择长的投射线（其垂直面，定义为幕墙所在位置）。由于该线与上端点不连接，因此取其下部一半，上部作直线。该两段线与分界线两段线，通过等分点连线作为剖面线生成阳台底面，避免直接生成曲面产生过于突兀的状态。

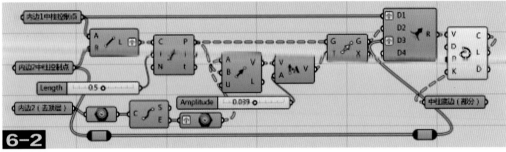

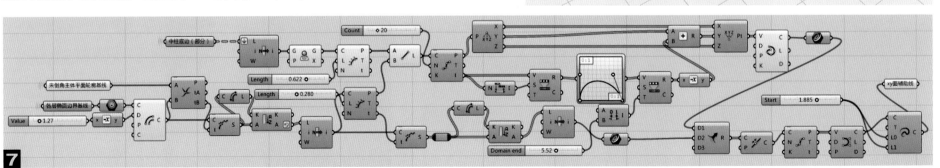

7

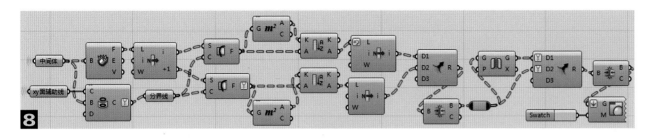

10. 生成上部楼板和栏板。利用各层左侧椭圆面镜像后很容易形成楼板。利用楼板上边线定位阳台楼板位置，透过线上选择点位控制栏板具体位置，最后通过 Lunch Box 来增加栏板柱。

11. 确定上部建筑其他部分。利用 9 中的墙位线切

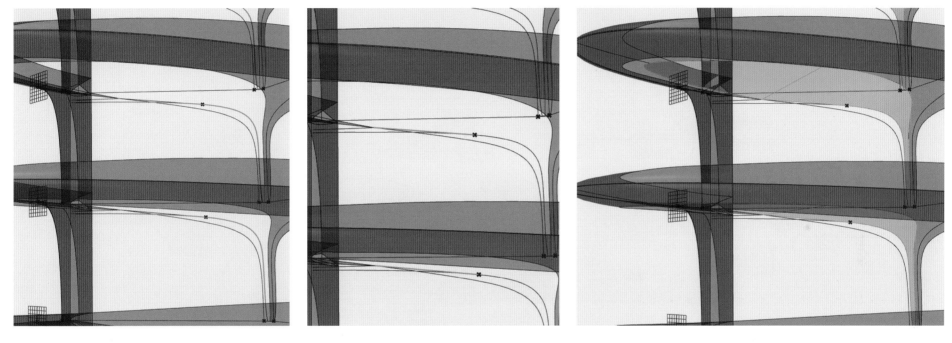

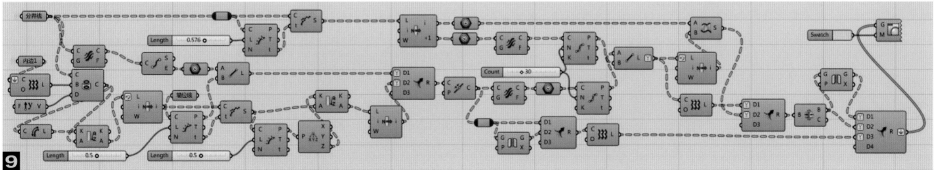

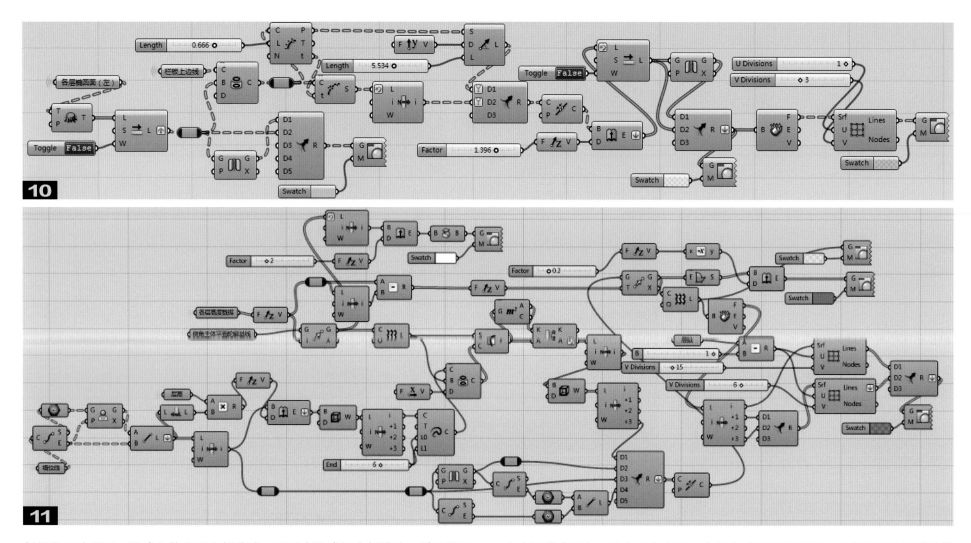

割倒角四边形面，形成主体非阳台侧幕墙，同时也形成阳台侧幕墙。利用轮廓形成顶部凸出部分。根据 Lunch Box 画线特点，分别对大、小面画线形成分格。

一层的处理与上部有相同之处，可以复制上述命令，调整参数即可。但要注意上部采用多层统一处理，是树形结构数据，而下部只有一层，只是线性结构。具体作法，这里不再一一赘述。

在本例线成面上，给定的命令不一定能生成所需要的面，因此要采取灵活的措施控制面的生成效果。此外，在多结果中做选择，尽可能建立筛选办法，确保选择到所需要的部件。因为当程序过程较多、参数变化的情况下，面的边序号、切割面的排序都会产生变化，直接选取会导致错误的选择，使后面的进程发生混乱。也要注意剪切面在 Lunch Box 布网格时，会反映非剪切形态，只有重新生成为非剪切面，才能正确处理。

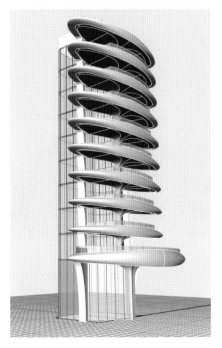
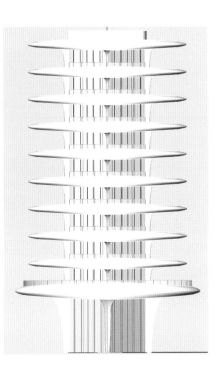
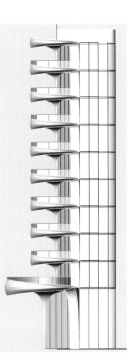
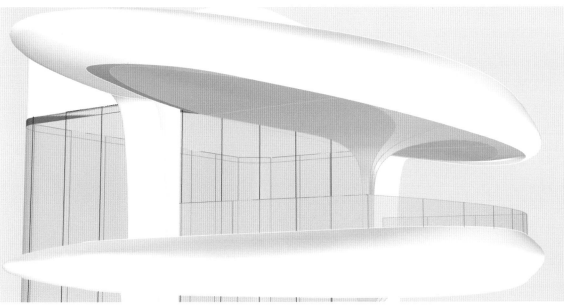
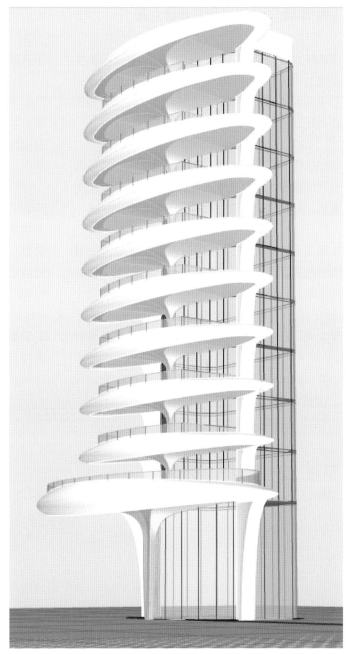

案例 46　多层折板三角窗立面

该建筑立面的特点是不规则的外凸、水平和垂直方向上的波动折面、实体缝隙中的三角窗，窗的水平向尖角位于凸出的垂直棱线上，在凹进的棱线上是三角窗的最大高度。

制作这样的立面，主要是如何产生凸凹，并控制变化的程度。一个重要的规律是转折点交叉发生变化，即使趋势一致，也存在着凸凹差别。

1. 设定面基本趋势。总体而言立面呈现向外鼓出的效果，为此需要先设定各层楼板线的总体外凸效果，再制造变化。

建立 XZ 平面内四边形，制造外凸弧线，并移动

至各层，这里首层增加了高度。

2-1. 制造一个机动的点，对应三角窗顶。首先等分各层线，对 t 值进行变换，形成等分点之间每段线段的 t 值区间，并对其统一修改（缩小区间）。

2-2. 在这个区间内随机选择出一个点。通过每个点的一个随机种子在缩小的区间内制造选点参数，选出每段内的一个机动点。其目的是控制机动点不要过于偏离中心和产生机动点过于靠近端点的情况，以符合实际需要。

3. 调整左端点。建筑的边界折点是不规则的，通过分别调整端点，产生类似效果。

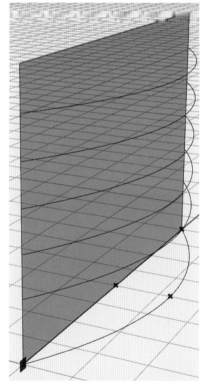

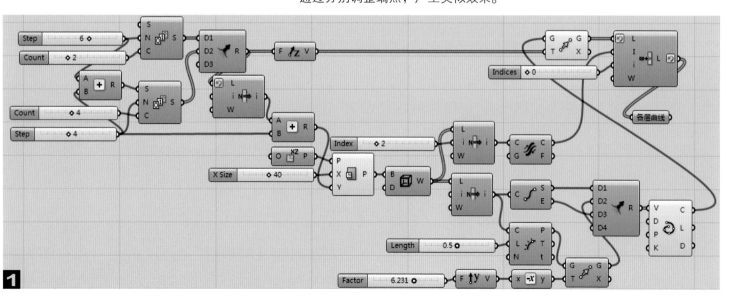

1

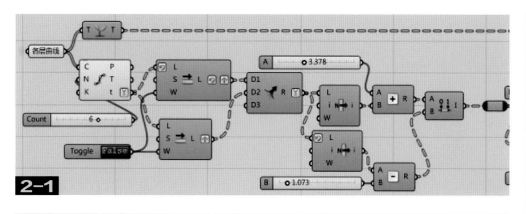

2-1

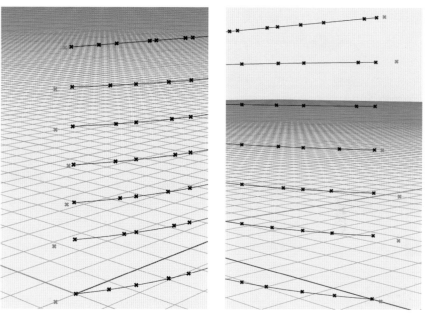

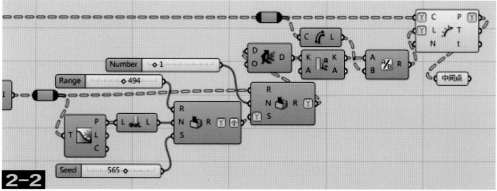

2-2

选出起始点，根据每侧间隔点变化规律，对每类点的 X 值进行不同的、随机的移动，然后再进行复原编排。

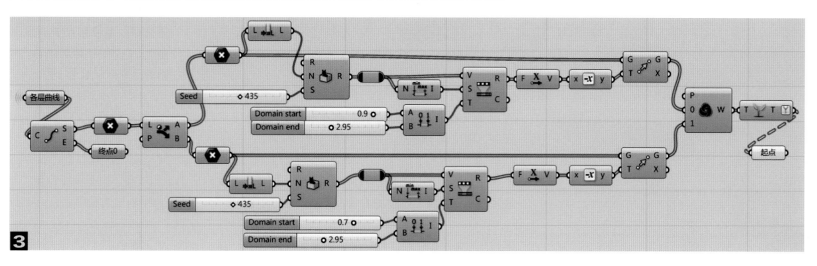

3

4. 调整右端点。做法同上。

5. 对整体点 Y 值调整。将左右端点依次编入整体。使用随机产生的、映射的数据，对间隔点的一类进行 Y 方向移动。注意凹凸变化。

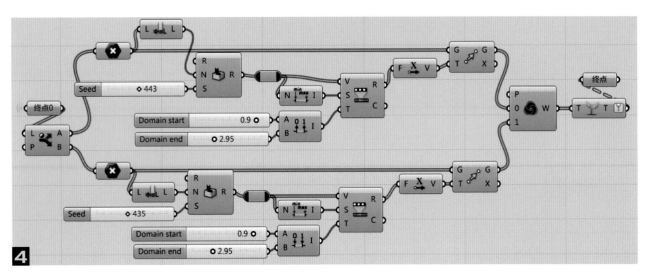

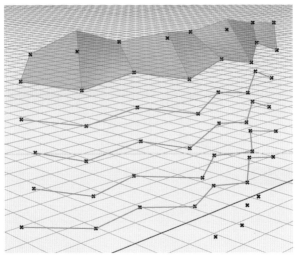

4

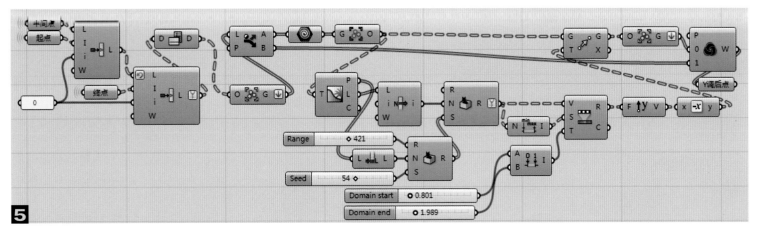

5

C、Z值调整。制造水平向点高低变化，也反映出间隔变化的特点。

在这个过程中，使用编组来简化树形结构，在二级分支中，需要对一级分支进行编辑处理。窗位置点要调整出窗上、下沿所需要的点。A组对上沿，B组对下沿。

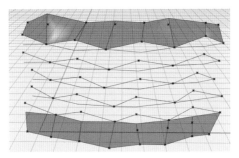

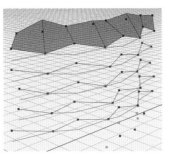

7. 窗上沿线和上部墙面。在上述基本调整好的点状态下，补充调整女儿墙顶线，同时连线，形成基本墙面。

8. 窗下沿线、下部墙面和开洞线点。同上选择出批次对应的点组成线。对于洞口位置确定这里采用线上定点的方法，实际上也可以在 Rhino 中画线投射到面上获得。

9~10. 完善洞口处理。增加深度、玻璃、分格等。最后分类汇总，着色。

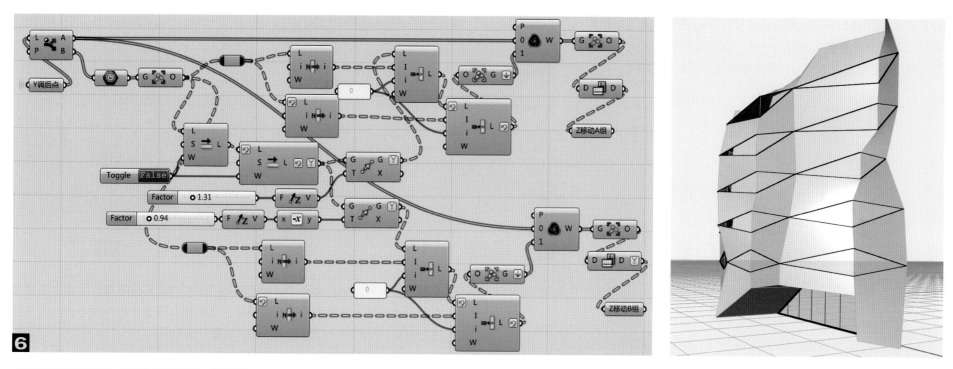

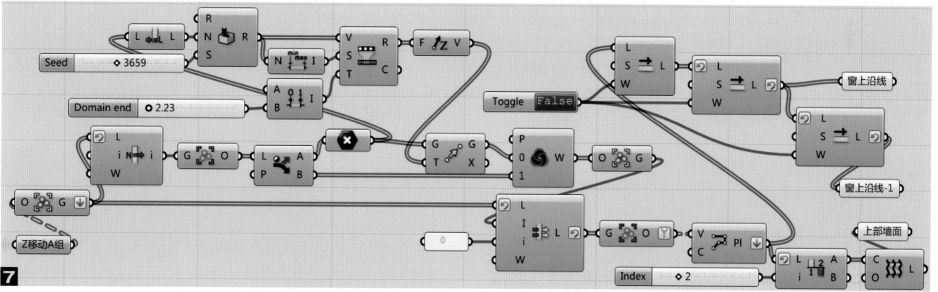

为了实现更好的上下方向的外凸效果，在一开始各层边线设定中，可以使中间的层向外移动一些，而不采用现在的上下对齐的方式，这样效果有望更好，有兴趣的读者可以进行尝试。

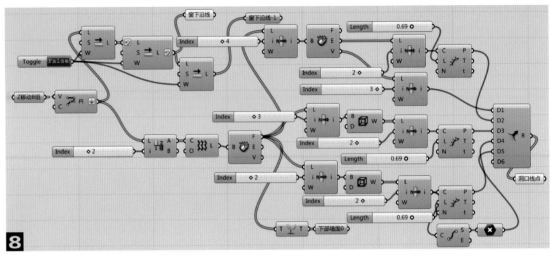

本例中集中对点的位置进行编辑，利用了随机数来获得不规则的效果，其中分组、合并是十分重要的。只要解算思路清楚，一步步地对每一步内的参数进行调整，就可以方便地获得所需的效果，达到目的。

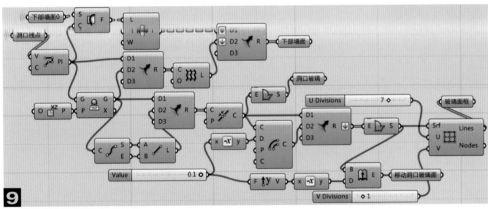

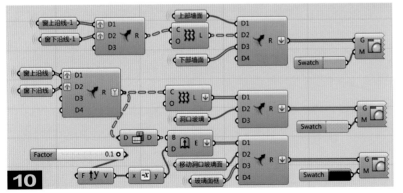

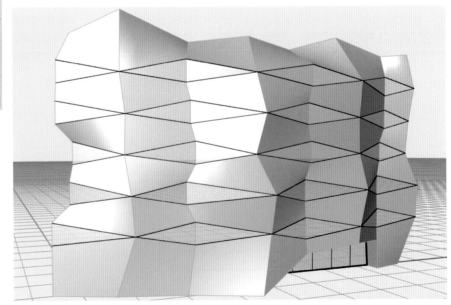

案例 47　扭转壁柱

扭转是部分建筑设计采用的方法之一，但在工程中一般较难控制，具体实现的项目不多。图片中的曲形壁柱扭转效果较好，本例尝试使用 GH 来完成壁柱的制作。图片中的壁柱存在菱形断面，为简化说明过程，本例采用矩形断面来实现。这里仅完成壁柱，通过完成的壁柱单元，可以复制再组合形成整体建筑。考虑到建筑底部很少形成密集的柱排列，底部柱子被适当分离。

建筑最前部的柱子呈对称分布，实际上只要做出一侧就可以获得另一侧。去除透视变化，设该柱下大上小，柱子自身扭转 90°，即侧面变为正面，正面变为侧面。两侧的壁柱与前排的不同，由于不采用壁柱下部紧靠的方式，所以这里依然

采用复制前排的柱形式。其实可以将两侧柱看作前排扭转柱上部的一部分，前排柱可做，两侧柱同理可做。图片上前排柱可能在上部外凸，这里简化为其中一个棱边处在 XZ 一个平面内，重点放在如何处理扭转、缩放上。

1. 确立 XZ 面内棱边。为简化电池数量，在 Rhino 中的 XZ 面内原点处，画出这个棱边。并选择导入 GH 中。

2. 单只壁柱断面安排。首先将棱边分成三段：上面一段为直线；中间一段为两个壁柱前后叠加的过渡段，这一段内断面不变化，避免扭转尺寸变化，产生前后相互冲突；下面一段为扭转变形段。

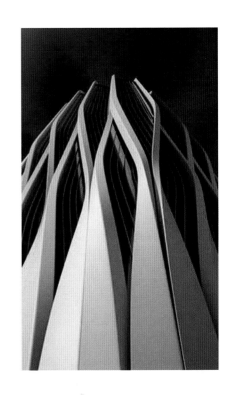

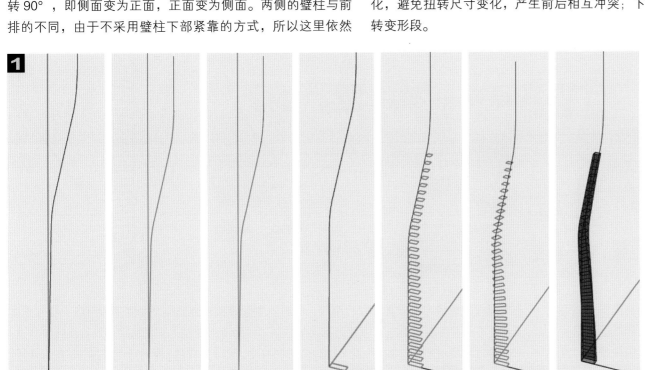

其次在原点画出初始断面四边形，其一个顶点自然位于棱线之上。

再次，将下段等分，把初始断面转移到各等分点平面上，通过等分值映射到一个缩放区间，对各断面进行 X 向缩放，其基点为各等分点。

最后，通过使用 t 值进行图形映射，形成旋转角度，对缩放后的断面进行旋转，形成新断面。

3. 完成单柱及局部组合。对中段（叠加过渡段）等分点，用其首位点向所有点形成矢量，将新断面最后一个移动到各个等分点，成面。这样可以

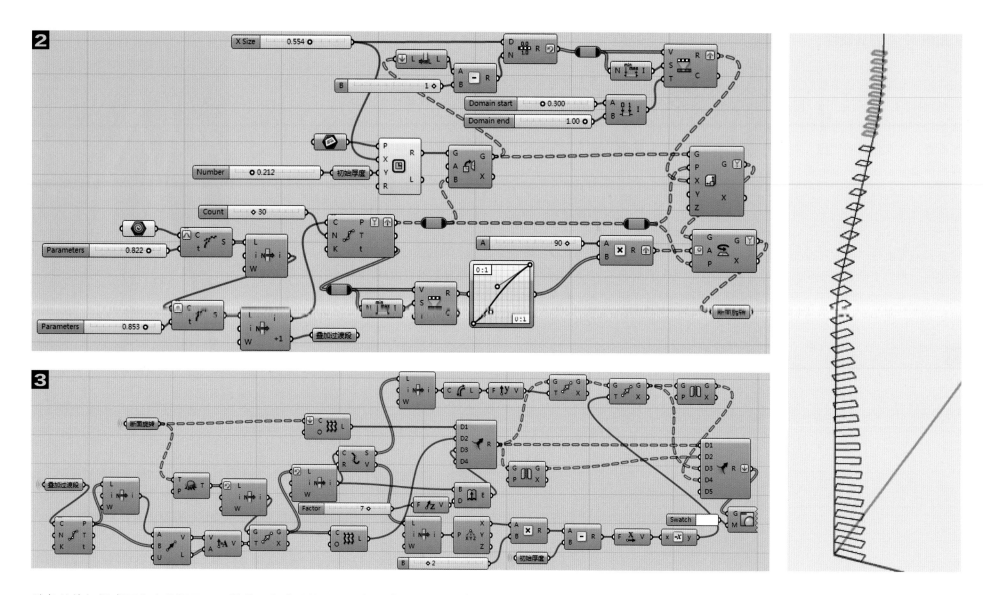

避免单轨扫描成面产生的翘尾。同样利用完成后的最后面向上成面，形成上部壁柱。两侧壁柱位于前排柱的后面，通过最后断面进深长度和对称距离，将右侧柱移动到左侧前排柱后面，通过镜像整理，完成这里目标。

在前期棱线分段中可以直接划分两段，即断面变形段和非变形段，非变形段可以一次性成面完成。不断调整曲线形态可以获得不同的效果。如果考虑壁柱上部前倾，可以对棱线等分点，对其移动距离进行图形映射，向Y轴负值方向移动，曲线完成后，再进行上述操作。在组合时，需要注意前后关系。

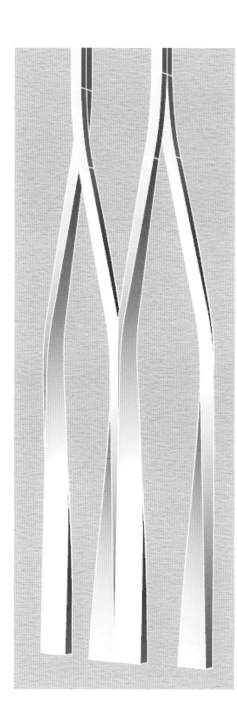
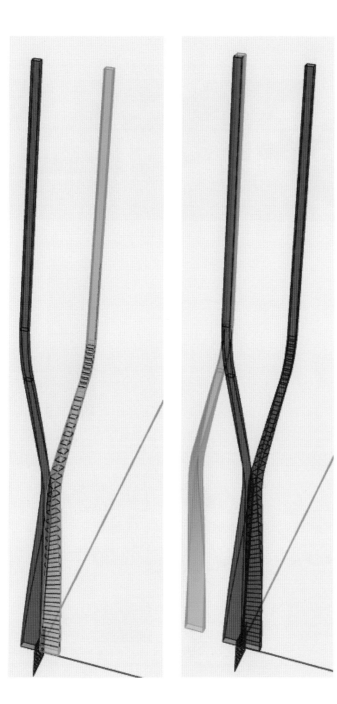
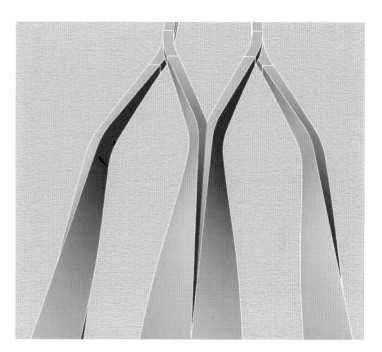
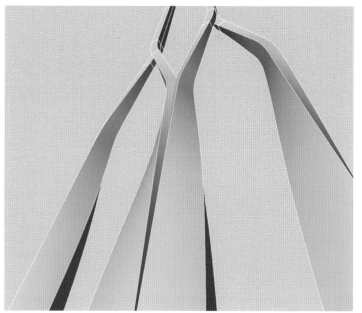

案例 48　倒锥形钢支架建筑

通过单元组合构成建筑是一种设计思路。这时，单元制作就变得很重要。该单元可分三层，下部是十字形向上收分的束柱，中间是上部向外打开的渐细柱，顶层是再向外打开的更细的杆件，其中间增加斜支柱，并设有水平向类百叶横杆。各单元之间留有空隙，呈规矩排列。为便利考虑，底部先按照顺应 XY 坐标方向制作，单元完成后再作 45° 扭转组合。

1. 下部柱体。两个长方形相交，通过交点连线确定柱底面单元，然后在 Y 向压缩该底面形成顶面，上下成面并旋转，完成下段柱体。

2. 二、三层角柱断面。利用基座单管（柱）顶面线，通过缩放可以较为容易地形成二、三层角柱支杆上、下断面。

3. 二层角柱及层顶柱间梁。根据断面形成角柱。根据断面侧边线分别形成梁的上、下面。这里要注意调整顺序进行配对。

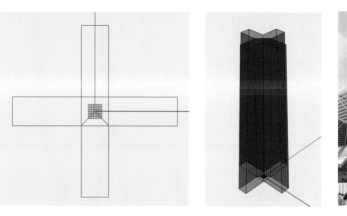

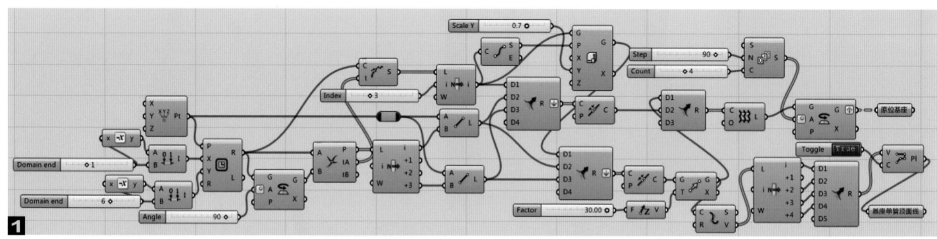

1

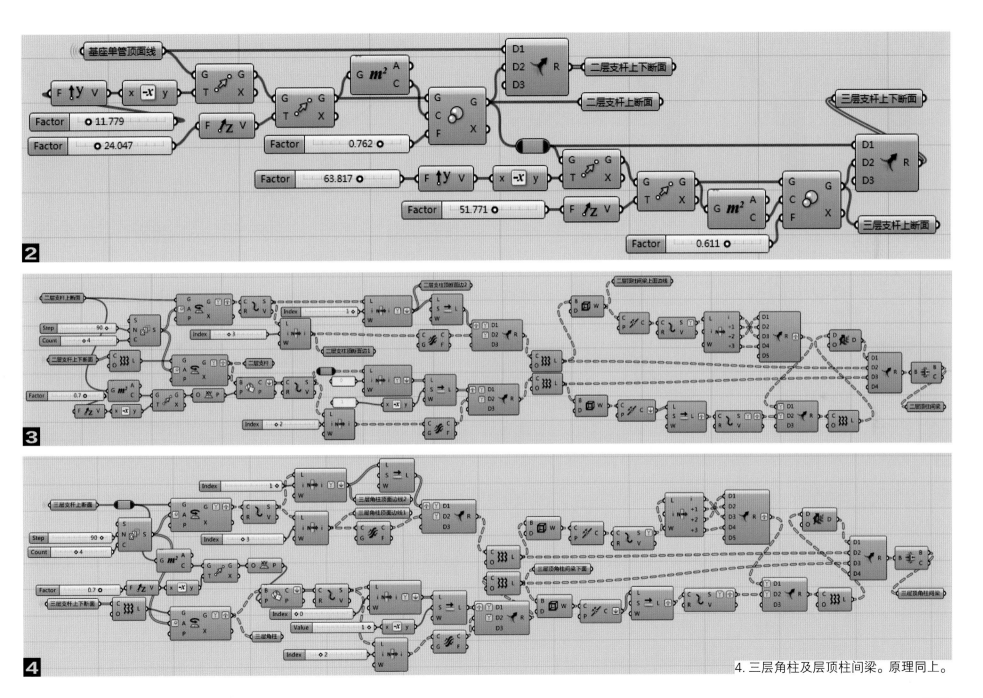

4. 三层角柱及层顶柱间梁。原理同上。

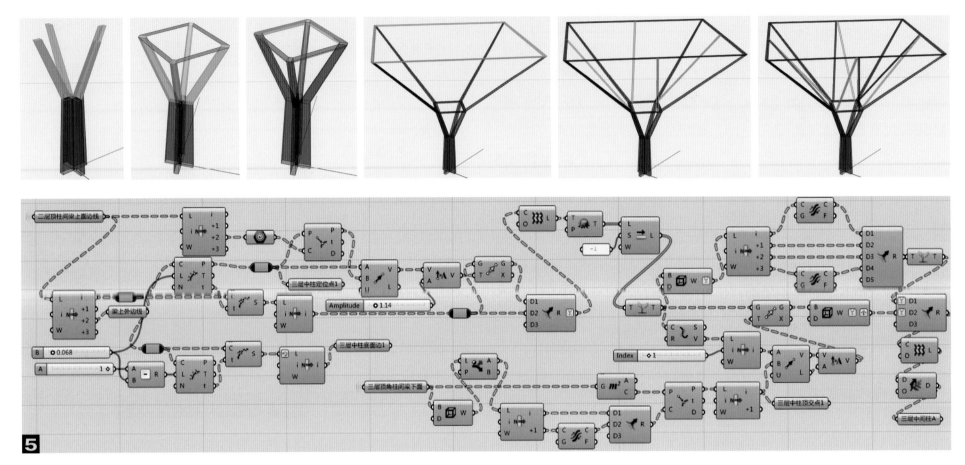

5. 三层中间柱 A。在二层顶柱间梁上面，通过边线上设点来截取出线段，复制线段形成中间柱 A 的交接断面。同样在三层顶柱间梁下面通过面的中心最近点求出边线中点，把求得的交接断面复制至此，然后配对成面。需要注意组成断面的边顺序保持对应。

6. 三层中间柱 B。在另一端通过类似方法，设点，复制，成面，取边，再复制，调序配对，成面。

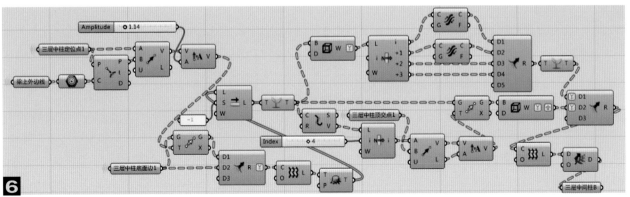

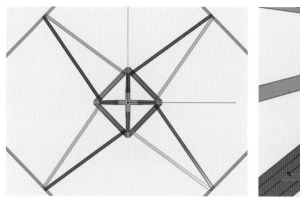

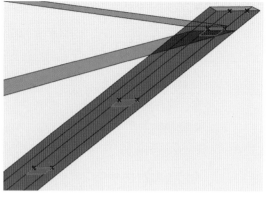

7. 三层百叶。首先设定三层角柱上、下断面的一个对应边上各自两点，在其上、下连线中等分点，通过延长一端来调整等分顶部空隙状态。这里注意在组内反转（转换）矩阵，同时利用端点明确矢量方向，给出百叶断面上、下线。成面后获得四面边线，注意成组后调整顺序。另一侧角柱的相对面，也采用同样的方法，形成另一侧的断面边线。然后对应成组，成面，形成百叶。

8. 完成单元。组件集合，成组后旋转45°，即构成单元。

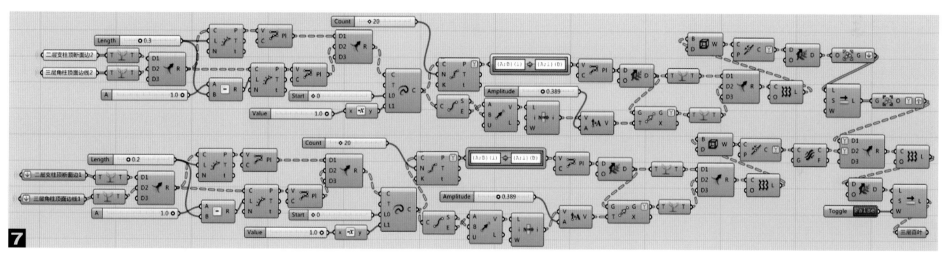

在一个二级树形结构中，该路径映射可以在一级数据结构内，对二级数据进行矩阵转换。类似于一维数据中，常用的 Flip Matrix (Flip)。是路径映射中较为常用的功能。

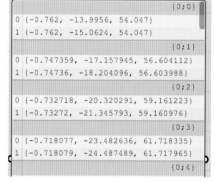

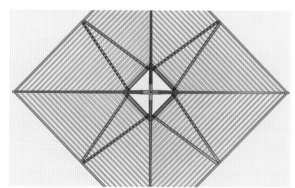

9. 组合。先利用顶部元素形成单元顶面，然后取其四周边偏移 1/2 间隙宽度，最后用内侧总体范围切掉外部边沿，形成图片效果。

在类似环绕循环形中，对于批量处理时如何配对，以及在树形结构中如何完成数据编辑，本例已经给出一些做法，可供参考。

当单元完成后，可以将该单元烘焙到 Rhino 中进行组合，形成建筑。而当采用 GH 组合时，好处是可以随时改变。在总体尺度下，检查完各段比例、杆件粗细、百叶密度、三层中间支杆与百叶关系后，再烘焙，可以更直接，便于控制和调整，更接近于满意结果。

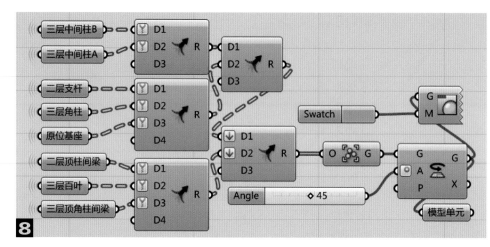

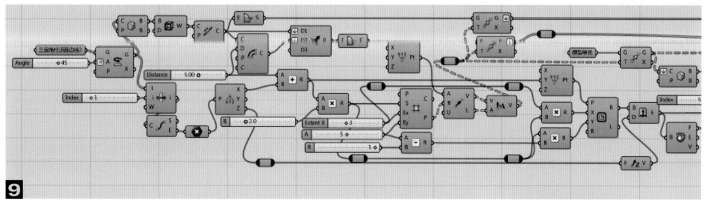

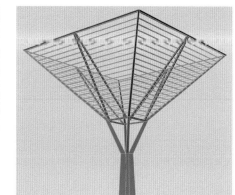

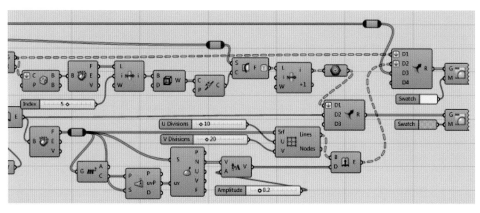

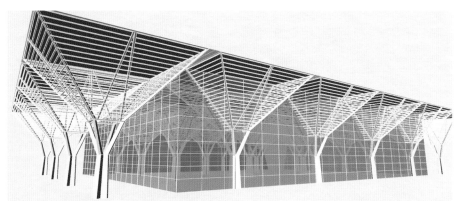

案例 49　弧线形窗间墙立面

该立面是一栋建筑的山墙端,其窗位间隔层错位,窗间墙呈现连续弧形脊线的外凸,层间墙为内切斜面,三层作为一个窗单元。顶层为单层一个单元,横通大窗。每扇竖窗内一侧有贴边百叶(或退后墙体),顶层为两侧设百叶(退后墙体)。

这里只制作三层以上主要变化部分。先制作竖条窗部分,根据下部处理模式再处理顶部。通过观察下部,弧脊线窗两侧墙体一致的划分为一类,可以划分为四类。每类处理后再附加周边处理,最后处理窗细部。

1.定窗位和分类。首先在XY面内(便于处理)

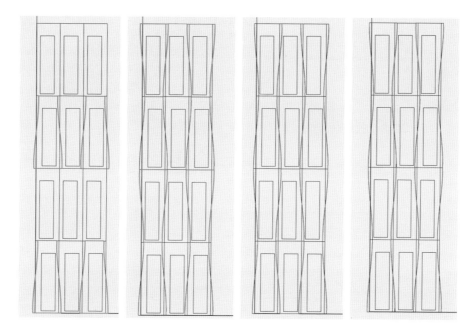

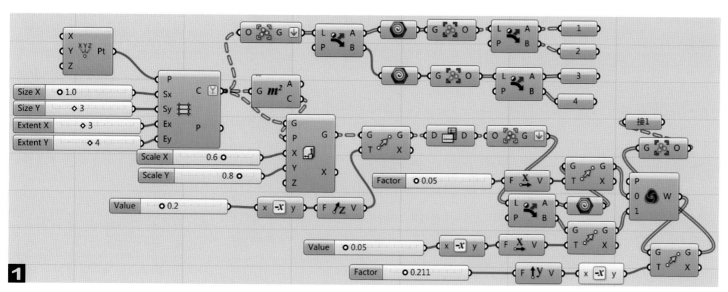

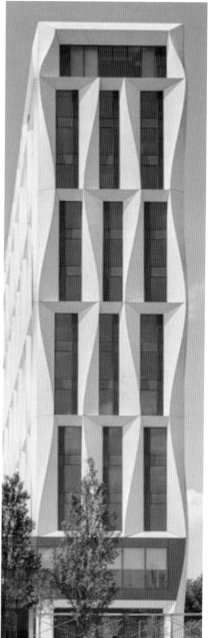

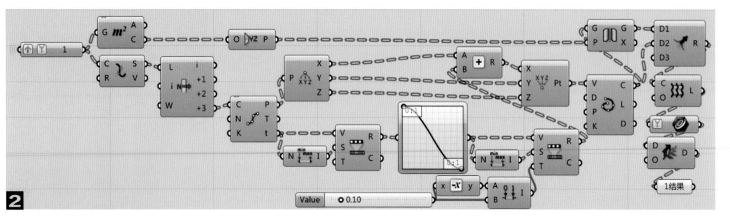

作出与图片数量相同的开间和层数。内缩放形成各对边宽度不同的初始窗位，并向Z轴移动出墙体外凸厚度，然后隔排向不同方向移动窗口，形成总体错位窗口。

通过隔排选择分组、组内再间隔取值的方式，将所有窗间墙（窗两侧作为一个整体）分类。

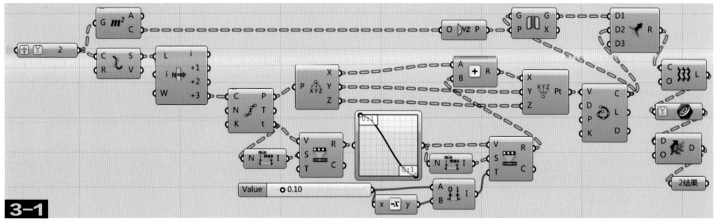

2. 对1类形成脊线。选择开间单元的一个竖边，对最其上点的X轴数值进行图形映射，输出为一正负区间，连线，并镜像形成另一侧边，通过成面获得周边线。

3-1~3-3. 形成每类的开间单元变形。复制2做法，调整映射后输出的数值范围，虽然正负数值相同，但需注意数值连接A、B端彼此不同。反向输入数值可以改变曲线的方向，并保持相互对位，便于连续。

4. 完成窗间墙并给出窗口厚度。将1、2、3、4缠绕回原始排序，与对应窗口成面。

通过总体轮廓与各部分单体组合外边成面，补足转角部分。设定窗口侧墙厚，移动形成窗面。部分面着色。

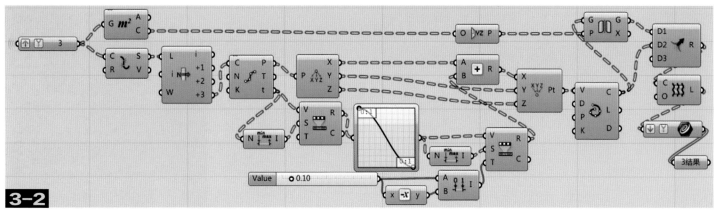

5. 增加窗内窗下墙。通过对洞口竖边加点，完成窗下墙，着色。

6. 完成百叶或内退墙。通过利用洞口竖边获得该面，并外移。

7. 获得顶层洞口及外廓线。通过下部的上沿线，利用缩放移动形成外廓和洞口上、下两层轮廓线。

8. 形成顶部脊线墙面。按照前述竖窗脊线墙面方法，完成整体脊线内墙面。利用对应外廓边成对成面，集合着色。

9. 完成窗口内处理。

本案例中，设计者并没有使用什么特殊复杂的手段，仅仅是对窗间墙进行一些曲化处理，就可以在传统的窗墙体系中，获得非常有感染力的效果。

GH 对曲线的控制以及提供数据的能力，为这种精雕细刻式的设计思路提供了有力支持。由此得到启发，也可以尝试其他的求变方法，如变曲线、变折线或非规则窗口形等做法。

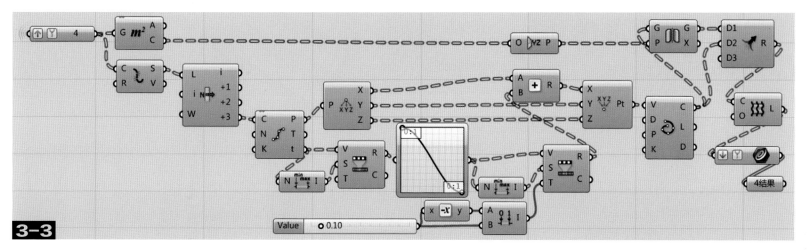

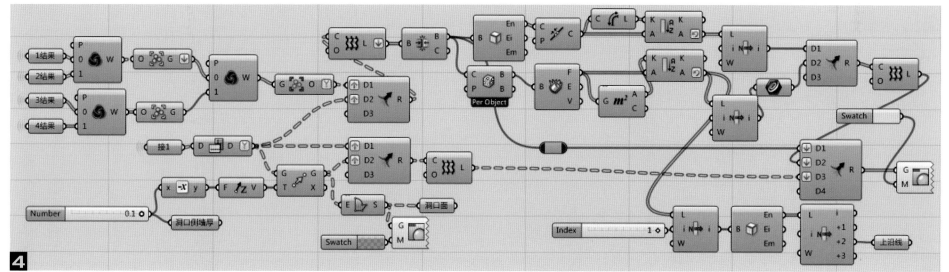

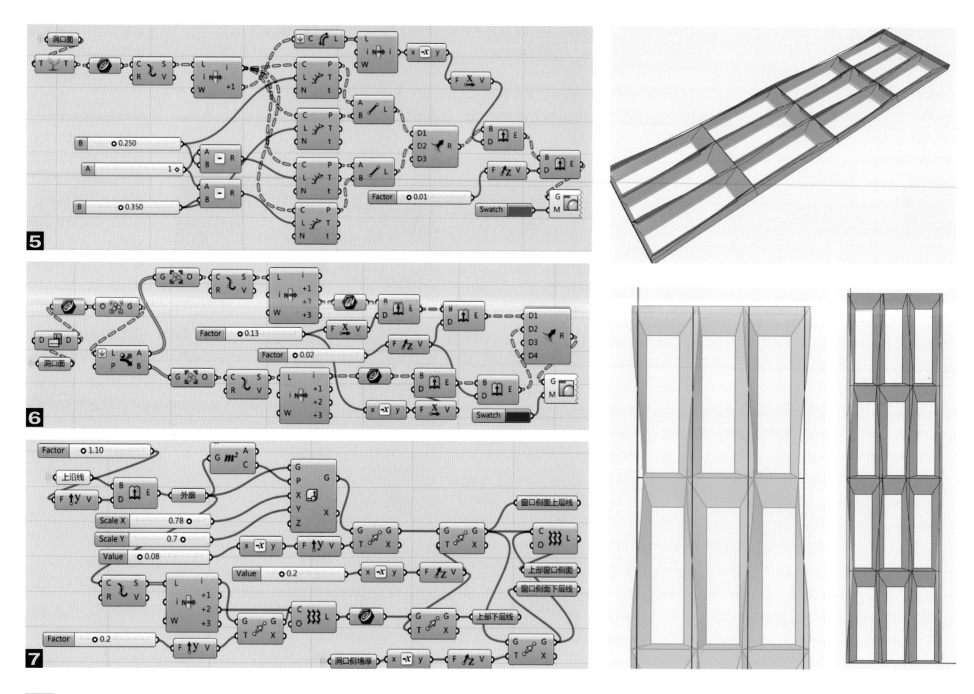

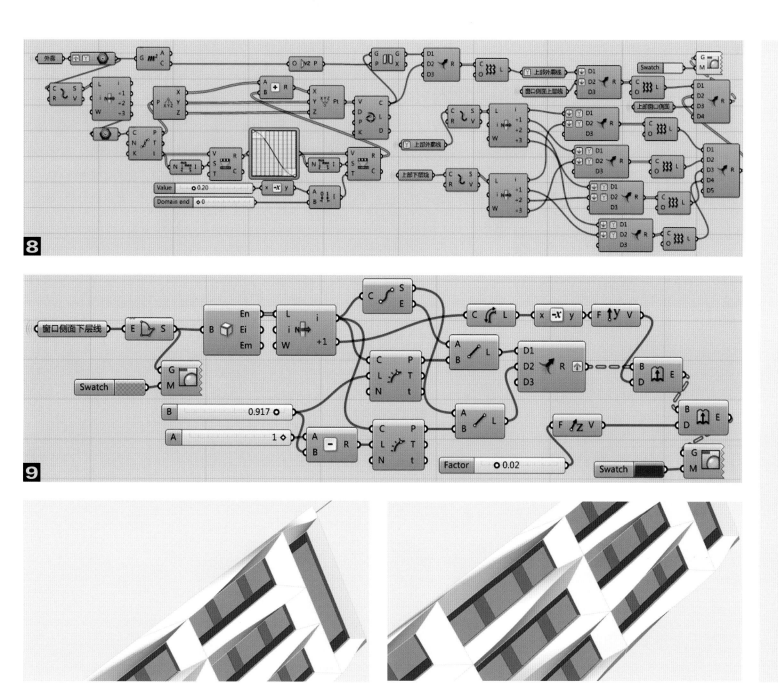

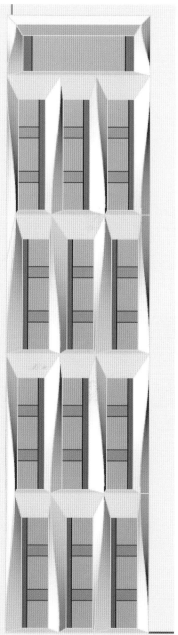

案例 50　黄色锥体菱形格墙排列

这面墙上的黄色锥体可以理解为由上下两种三角锥组成，呈现三种单元形态，即上下对接类、上类和下类。其隐含的网格为斜向菱形网格，随机散布的三种类型在黑色背景下很有装饰感。

首先建立类似比例墙面，使用 Lunch Box 进行菱形分割面。在菱形数据中，随机选择一定数的自然数作为序号，筛选出菱形，进行挤出到点的处理，形成上下对接类。在剩下菱形中，再随机产生序号，筛选出菱形，选择边，挤出到点，做出下类。在剩下的部分，再随机产生序号，筛选出菱形，选择边，挤

出到点，做出上类。在随机选出序号时，都给定随机种子，调整其值，达到理性的分布组合。集合、着色。背景板分格、着色。

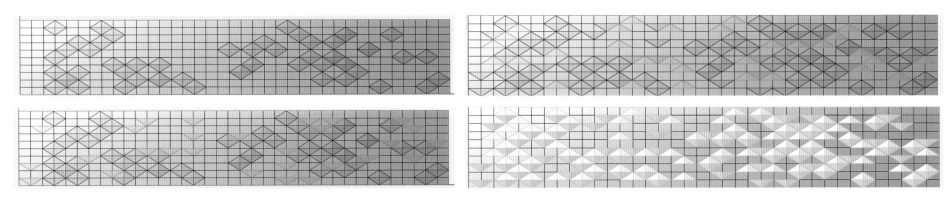

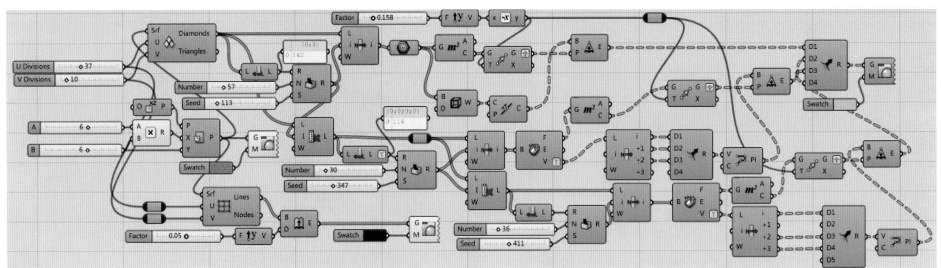

案例 51　渐变组合商店立面

这个立面有效利用了图底转换概念，下部方形为实中虚，上部方形为虚中实，中间有虚实等同方形，最终实现虚实过渡、图底转换效果。中间部位以方格为主，两侧转角为半方格，实现了立面肌理的水平延续。

为统一处理，横向先设定多一个格，然后两侧再各收半个格。下部第一格没有开洞，以及顶部玻璃没有方形，这些先不处理，优先处理带有方形的单元格，其后再附加其他。两个面类似，这里只做小面，通过复制小面做法和改变参数，很容易实现大面。

1. 形成基面并上下分界。设定正方形网格，并成面，去掉最下排格后，选择方形虚实等同的排数，切断数组，分为上界和下界。

2. 形成符合实际宽度的新基面。两侧各去掉半个格，顶部增加 2 个单元排数（无方格的玻璃面），成面。待用。

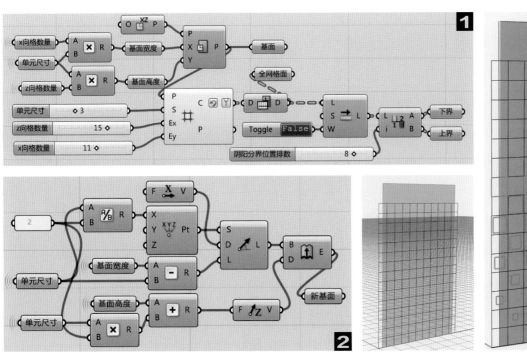

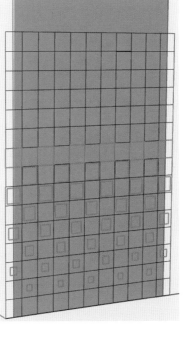

3. 上、下界方形制作。各自间隔组方形呈现渐变，可控制基本单元格偏移量形成，注意保持数值与图形对应。在分组时，使用成组的方式，以确保不改变底层数据。偏移时应观察偏移值的正负选择。

4. 确定门洞。确定外框，使之与格子对位，细节在框内制作。

5. 形成上、下界实体墙面。在新基面上，抠出门洞，再将方形窗抠出，利用上、下界分界线切除下界墙面。在基面上，先抠出上部方形，然后在新基面上抠出方形对应部分。将切面数量为 1 的挑出，将数量

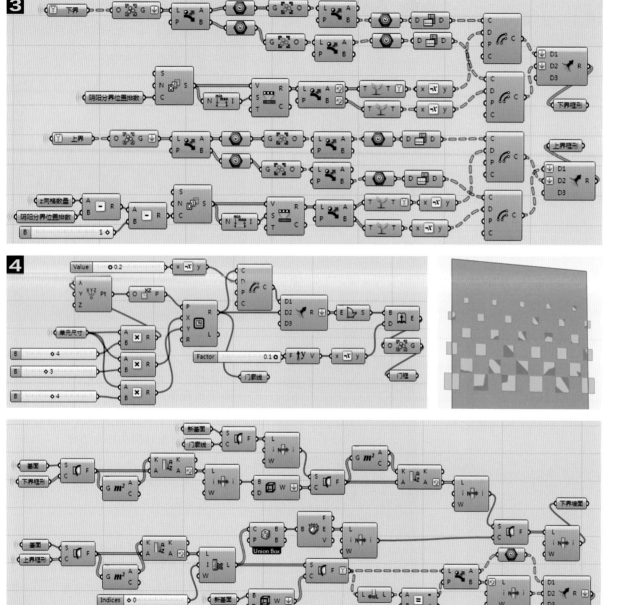

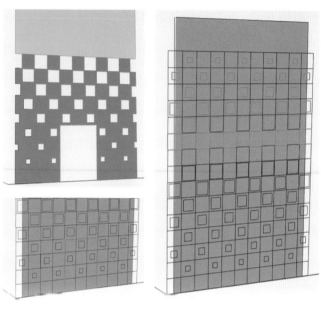

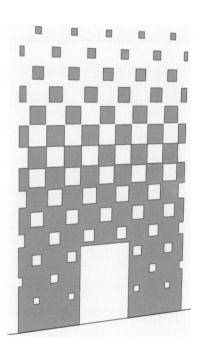

为 2 的选择挑出，
合并构成上部墙面。
也可以使用切割面
中心点是否在新基
面内的判断方式进
行。上界墙面则通
过选择分割面最大
面积来筛选。

6.完成其他。对墙
面增加厚度。增加
下界分格线（为可
见，增加厚度）。
分两类增加上界部
分格线。按照一定

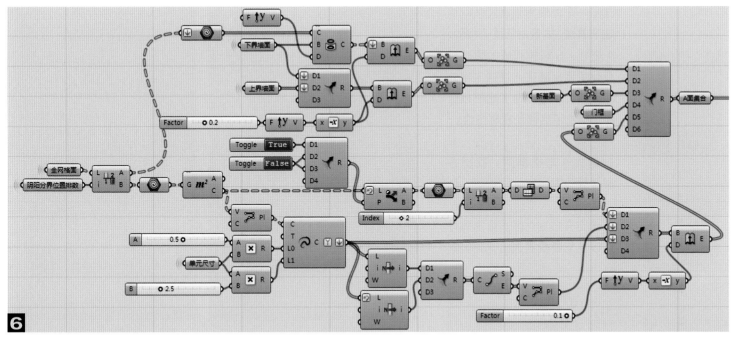

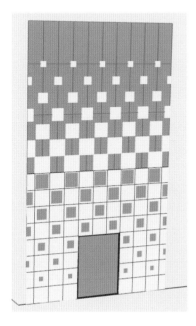

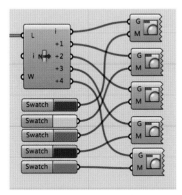

顺序集合。这样就完成了小面部分。

7. 将小面 A 和大面 B 对齐房角，集合，分别着色，形成图片的类似效果。可以复制小面命令组，调整格数，增加门的数量，大面处理就完成了。这里大面 B 的命令部分不再赘述。

本案例是一种利用墙体和玻璃的实虚特点生成二维图形的平面构成，展示出此法应用于建筑立面，可以取得了不俗的视觉效果。

除了方形图案，可以考虑将长方形、三角形、圆形等图案进行组合。也可以是在菱形、砖纹形等基本结构网格上，再嵌套各类图案并加以变化。

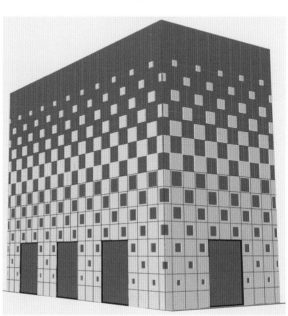

案例 52　开口建筑

这是一个外表为强调竖条框的玻璃幕墙、体量由低层连接体、A 塔楼、B 塔楼组成的建筑。变化主要反映在 A 塔楼上部外凸开口、A 塔楼左下底部以及 B 塔楼左下底部和右端扭曲。

1. 建立 A 塔楼框架。找出各层楼板边缘线。

2. 确定开口变化区。依靠等分点以及切断数组选出变化区水

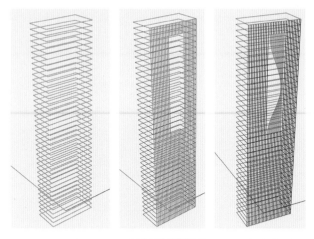

平段位置，在变化段竖线上找点，断线，分离出不变化段，即确定了变化段。对不变化段增加竖面。

3. 形成有揭开效果的面。对左轮廓竖边等分点，对等分点坐标的 X、Y 值进行图形映射，新点连线，并与另一直线竖边成面。

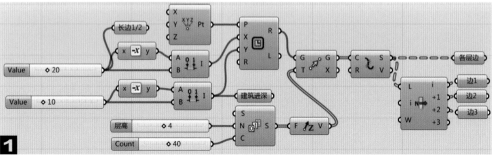

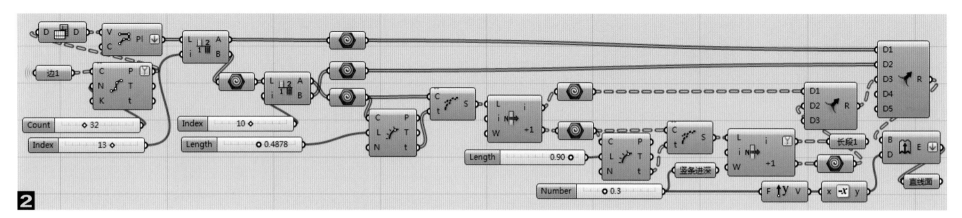

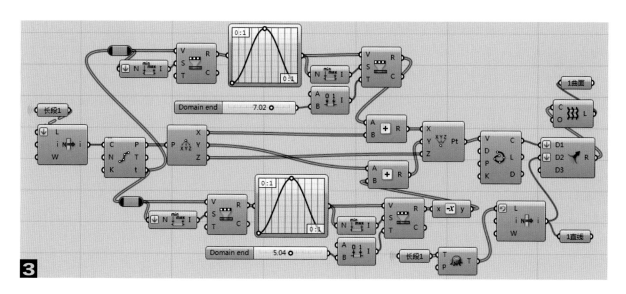

3

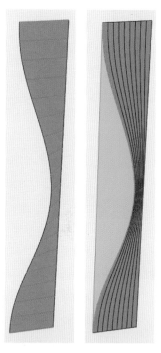

这里，两条对应竖曲线可以不使用完全反向的数据变形，可以选择各自独立的映射数值。其中曲面的一角已经进入原来方体的内部。

4-1. 曲面画竖线。利用竖直线数据，水平分割曲面。转换矩阵后，连接形成面上曲线。使用开口曲线和原来面上直线，构成开口处斜面。根据等分点在面上的法线方向作线段，成面，构成竖向杆件的概念面。

4-2. 通过汇总概念面，增加厚度，着色，形成竖框，完成开口部分的处理。下面转到左下变形部分。

5. 确定侧面变化区域。对侧边等分，转换矩阵后连竖线，统一找点，断线，形成上下两个区。

6. 构造下部曲面。对下部区竖向轮廓线分别进行反向图形映射（正负值），

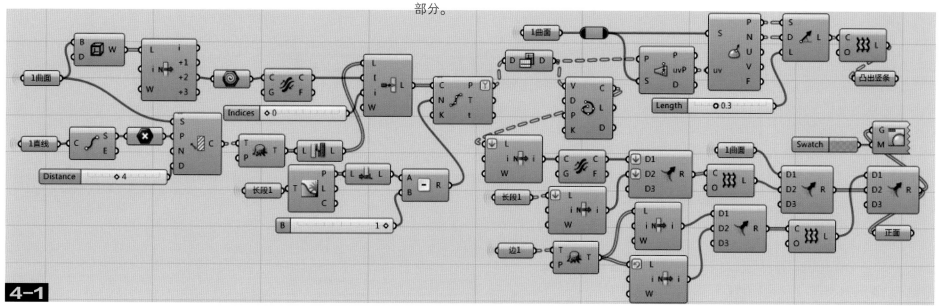

4-1

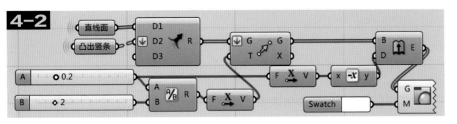

4-2

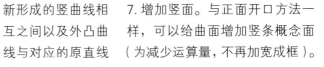

新形成的竖曲线相互之间以及外凸曲线与对应的原直线成面，形成侧向曲面和端口面。

7. 增加竖面。与正面开口方法一样，可以给曲面增加竖条概念面（为减少运算量，不再加宽成框）。

8. 增加背面。利用内凹轮廓曲线端点，向原背面边线找最近点，断线，获得新的背面底边长，连接四边成背面。

9. 增加 A 塔楼楼板。将各方向立面的面集合，连接，水平分割，形成楼板边线，成面，加厚。

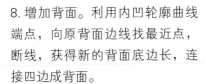

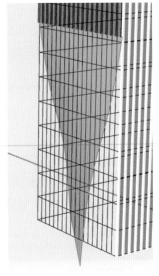

5

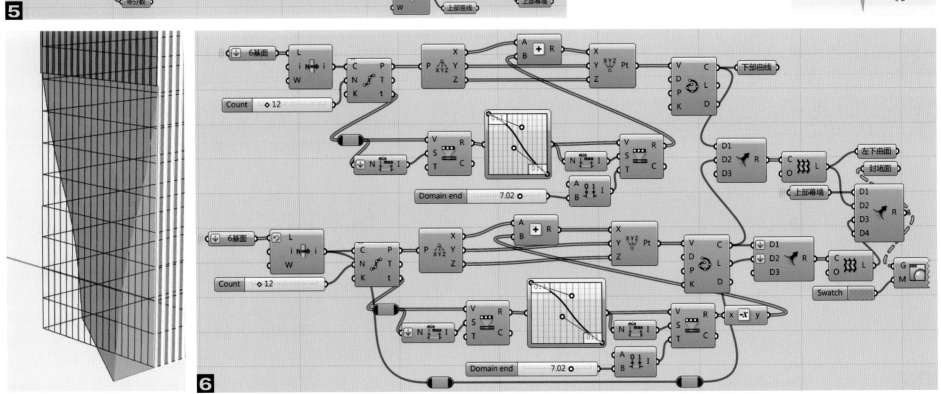

6

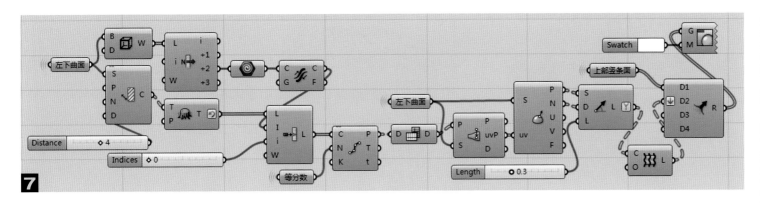

7

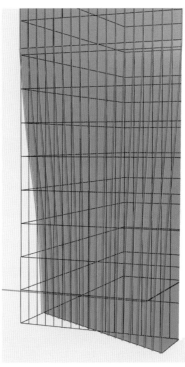

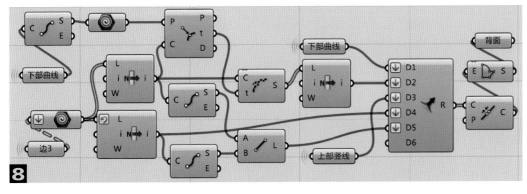

8

10. 增加低层连接体正面。为了整体正面效果，这里简单增加连接体的正面。

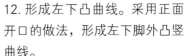

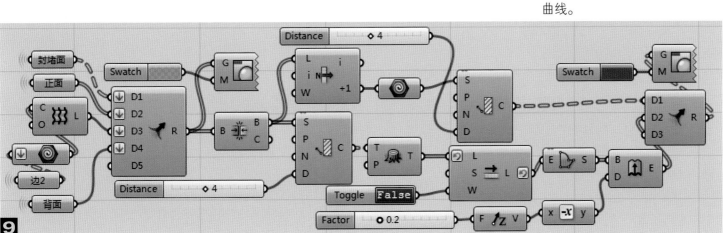

9

11. 建立 B 塔楼，确定左下变化区域。通过计算推导，从 A 塔楼方向定位 B 塔楼，确定基本平面轮廓。形成左、后面。采用正面的方法确定左下待变化区。整合其他区域，增加竖向框的概念面。

12. 形成左下凸曲线。采用正面开口的做法，形成左下脚外凸竖曲线。

13. 形成左下面。与 A 塔楼左下类似，形成主体弧面和封堵面。

14. 弧面增加竖向框概念面。同样采用前述方法完成。

15. 形成 B 塔楼右端变形区域。通过楼板边线形成竖线，确定三个区域作变形，包括正面预留部分的下部和侧面下部，后者分为前后两个独立区。其他部分同前，进行相应处理。

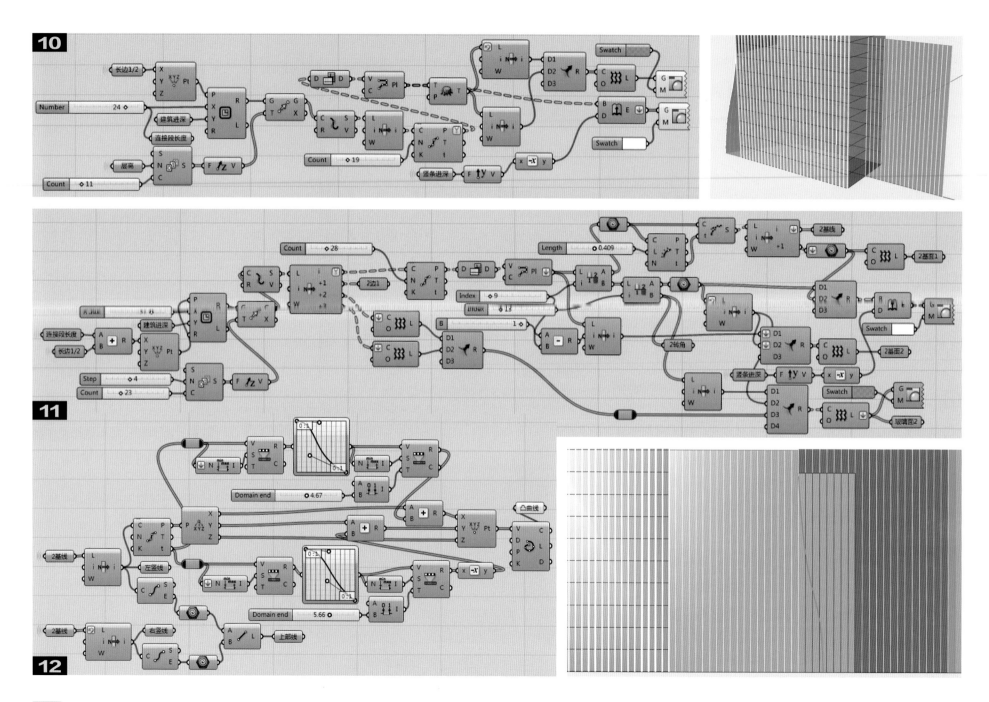

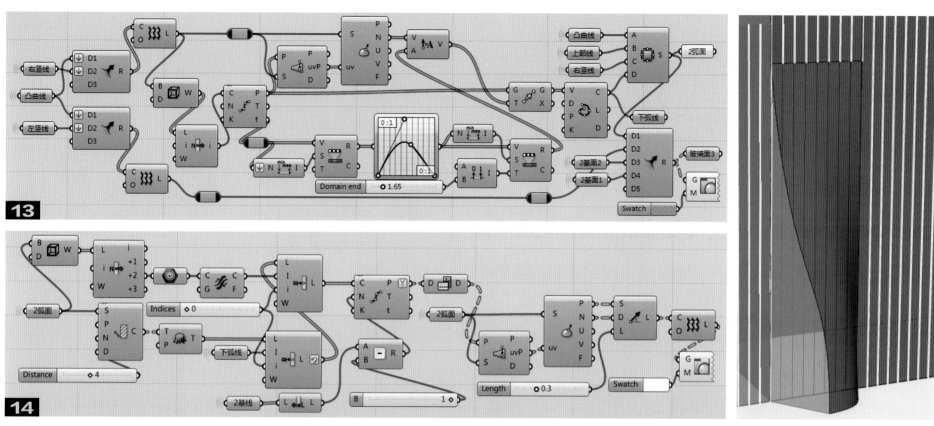

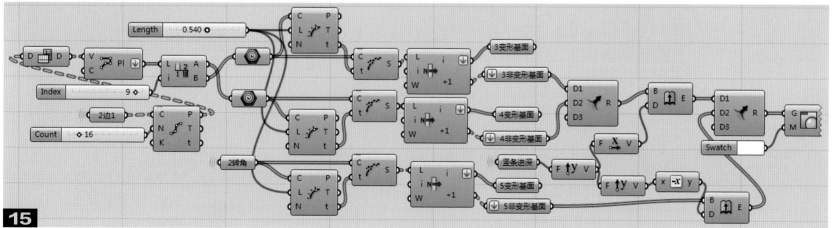

16. 集中不变形
玻璃部分。

17-1~17-4. 为
三个曲面增加
竖向框概念面。
主要是 B、C、D，
A 断面不增加，
方法同前。

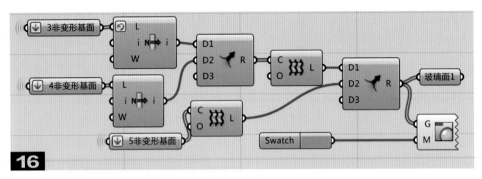

16

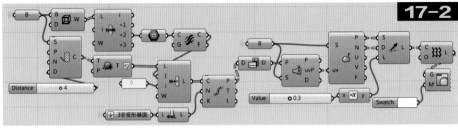

17-2

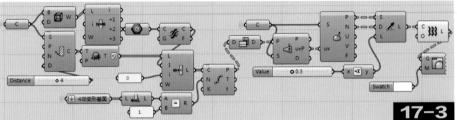

17-3

18. 集合 B 塔楼玻璃部分，添加楼板。与 A 楼加楼板方法相同。

这样，针对 4 处变化所在重点进行了模拟。实际上 GH 使用的方法，各处之间有些类似。基本思路是确定变化的区域，对轮廓直线进行等分点移动，形成造

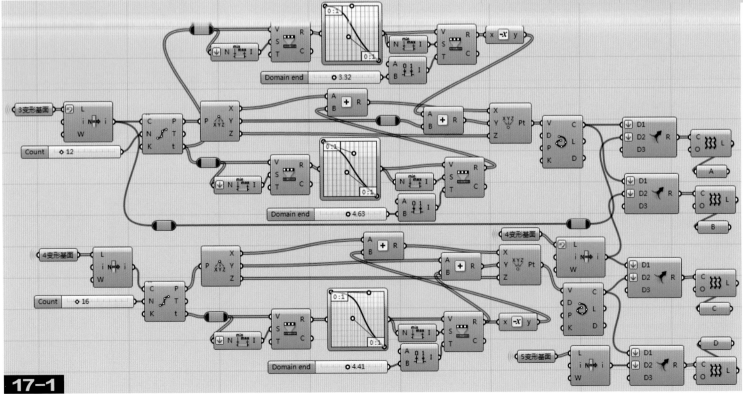

17-1

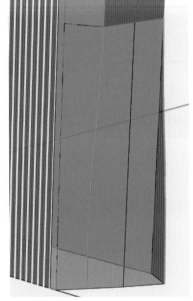

型控制线，再成面，在面上根据点的法线确定方向，形成竖向框。

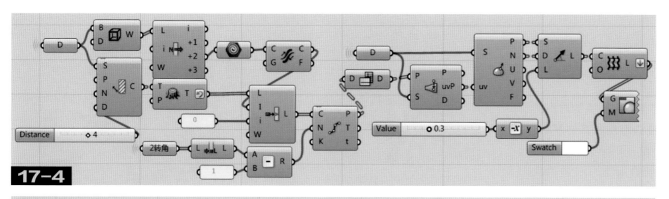

17-4

造型控制线可以在平行建筑立面的二维平面内
产生，也可以在角部的45°等方向上出现，
从而塑造不同角度的视觉效果，避免雷同，或
反映街道转角的空间要求。

本案例的4个变化，分别控制着建筑形态的
对应区域，在保持变化均衡中，重点突出了上
部开口的主体性变化，即使下部局部形态扭曲，
但大尺度上总体感觉依然稳重。

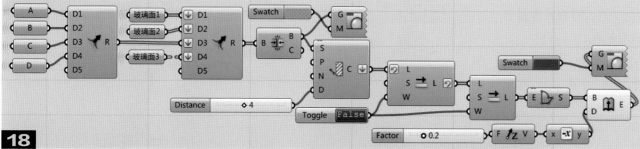

18

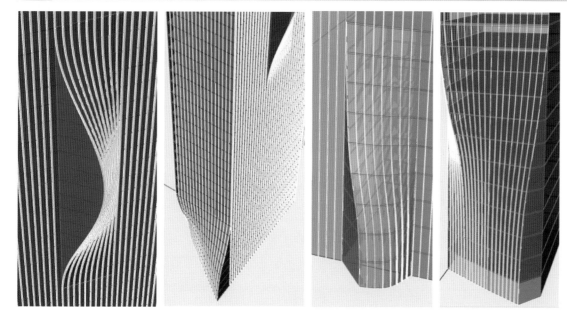

在简约的基本
形式下，适当
地进行跳跃性
的、有内在联
系的、生长衍
生性的变化，
在打破呆板的
建筑形体、活
跃视觉效果方
面，有时能够
取得较好的效
果。

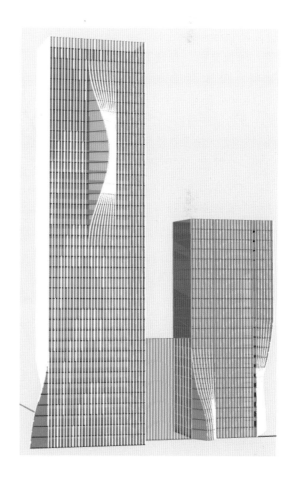

案例 53   墙与树影

首先确定基本范围。考虑图像采用的是个正方形，这里设定一个 XY 平面内的方形面作为背景区域。使用 Lunch Box 划分该面。获得每个小面中心，求得其分布范围。

进 入 Image Sampler，调入图像文件，设定 XY 范围，使用黑白通道（Channel 最后一个）。把图像数据映射到一个区间。按照最大值筛选格面，给定一个厚度，赋予背景色。非最大值类，按值赋予一个变色着色值。这里

在 Gradient 前，将数值调整为 0 到 1 范围。

考虑到图形树的支干与格面中心点的对应关系，投影可能并不一定能最佳地反映其伸展状态，在进入 Image Sampler 前，可以增加一个开关，即通过 True、False 选择数据流。

具体为在每个格面上选一个点，根据点位置变化选择自己满意的最佳映射关系。

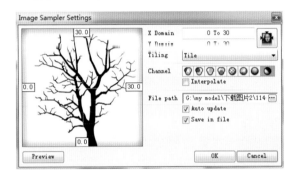

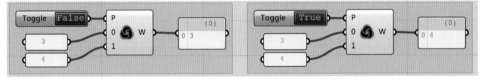

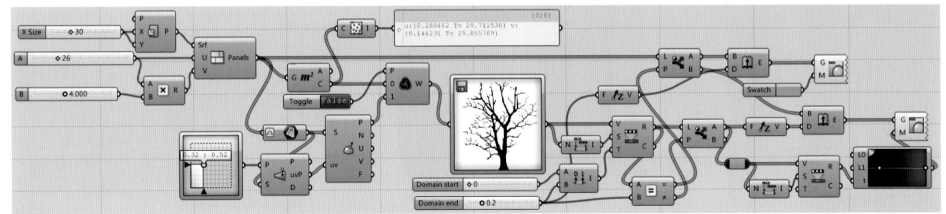

案例 54 下边弧形外摆立面

可以把这个立面简化为矩形的竖直面下边向上、向外侧摆动，最后与上边构成扭曲曲面，并对该曲面进行了细分。

这个曲面在竖直断面方向上，似乎还有些弯曲，在外摆处有些上扬。通常变形下边与上部直线边成面，其断面都偏直，还形不成这种微曲的效果，需要采取其他措施。此外，细分数条线每段带有弯曲。在大约5~6段总数中，相互间隔宽度不同，其竖条右侧对齐，细的尺寸约为宽的一半。

1. 建立基础框架。在XZ平面内建立矩形面，并对竖直对边等分点，转换矩阵后连接横线。对玻璃面加格，为明显可见,作外凸窗框面(最后添加也可)。

2. 形成外摆基面。对横线等分点，准备调整点的Y、Z坐标值。对Y值调整是塑造点在Y方向的变化，对t使用图形映射，完成两端不动、中间位移大的数据。此外该数据还需要满足下面边上点位移大，上面边上点位移小，直至不

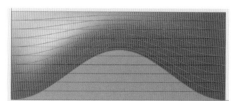

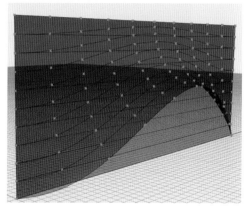

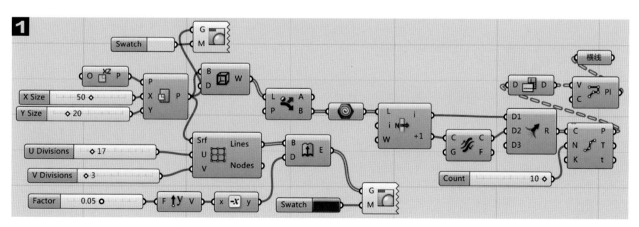

动。因此，对位移最大值需要进行分边确定，这也通过对t进行图形映射完成最大值的变化规律数据。同理，在Z值调整上，也需要达成线上两端点不动、中间位移大，且下面边位移大、上面边位移小、直至不动的数据。连接上述变位点，形成一组变形线，成面。

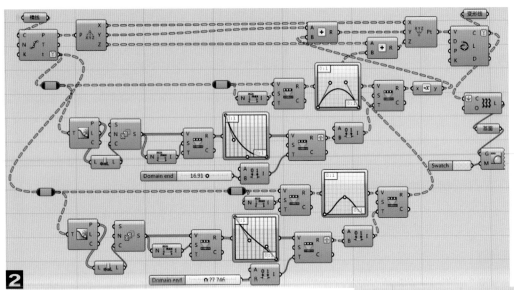

2

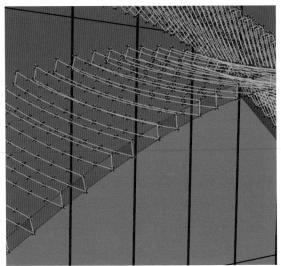

移条带厚度，形成偏移面。求出每个等分点对应基面上的各自坐标系，在其Y轴方向上，向两侧移动半宽距离，并在偏移面上获得这些点的最近点，分别对四个位置的点组连线，对应成面。当在作半宽竖条时，则直接利用基线完成面。

3.完成竖条制作。通过等分点依据横线形成竖线（等分点数量不要过大，会导致机器负荷增大，增加等候时间）。然后对竖线再等分点，依点打断，形成线段。对段进行间隔选择，使其一组为宽的条带基线，另一组为窄的条带基线，相对位置与图片宽、窄效果保持一致。把基面向上偏

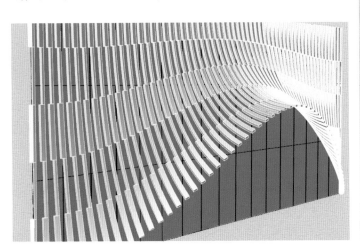

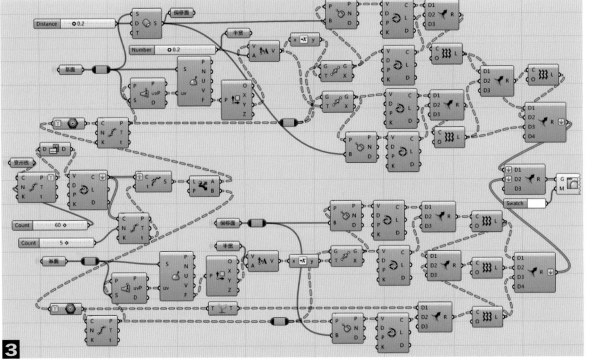

3

案例 55　波纹竖片立面

使用竖片来反映面的起伏变化，使建筑透光且提供遮阳，并活跃立面。同时也省去了曲面制作的困难。这里尝试在整体上模拟图片上部的效果，以揭示这种设计实现的方法。

1. 创建基础条件。建立一个倒角矩形，向上提升成面，等分连竖线。

2. 制造 4 条干扰线。左下转角 3 条，自上

而下分别编号为 1、2、3。右下转角设 1 条，编号为 4。将其分别引入 GH。各线设在倒角面外侧，保持到面有一定距离，其变化不要过于剧烈。其走向可以自由设定。

3. 干扰线 1 的效果。将面上竖线等分点，求得这些点到干扰线 1 的距离。将小于某一数值的线上对应点选择出来，以确定干扰范围大小。对其对应的距离进行图形映射，获得近点变形大、远点变形小的移动

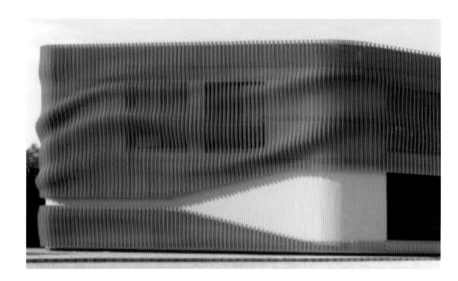

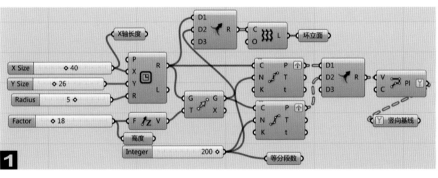

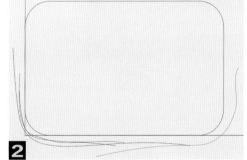

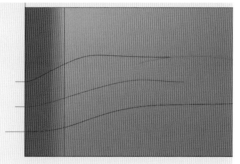

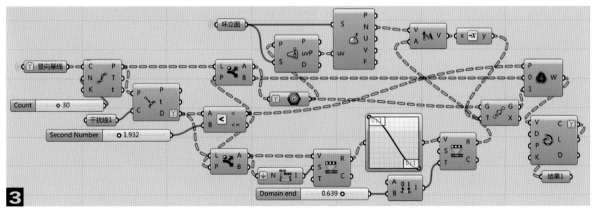

距离数值。考虑到点移动的非固定方向，在这些点对应面上的法线方向进行移动。连线形成结果 1，完成干扰线 1 的效果。

4~6. 完成干扰线 2~4 效果。复制 3 做法，分别使用上一个干扰后的结果，做下一个干扰，使最后的结果为最终结果，并叠加了各个干扰效果。干扰范围可结合效果自行确定。

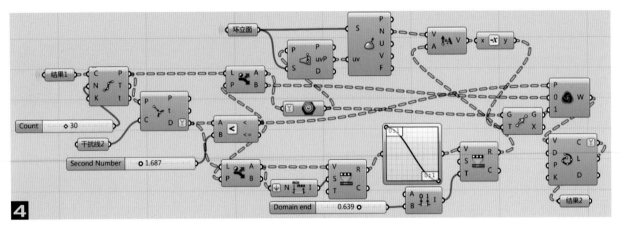

4

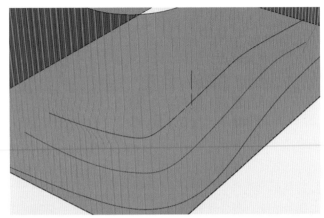

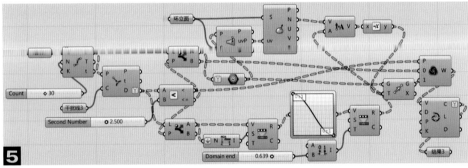

5

射线，选择就近的
投射线。由于误差，
需要在偏移距离上
附加一个小的数值，
才能选全投射线。
将投射线与变形结
果线成面，然后移
动，挤出，形成该
面居中的竖向片实
体。同时生成中心
面的坐标平面，便
于后面转换使用。

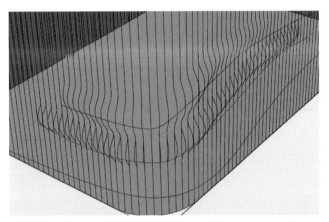

8. 三维编号。这里
说明如何把竖片展
平到平面。为对应，
需要先对三维原位
竖片进行编号。利
用字符连接完成。

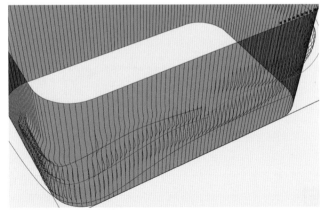

6

7. 作竖向片实体。向内偏移倒角基面，将竖向基线投射到该基面，由于面是环面，
会有两条投射线，这里取出投射线中点，计算与原线中点的距离，排除掉远处的投

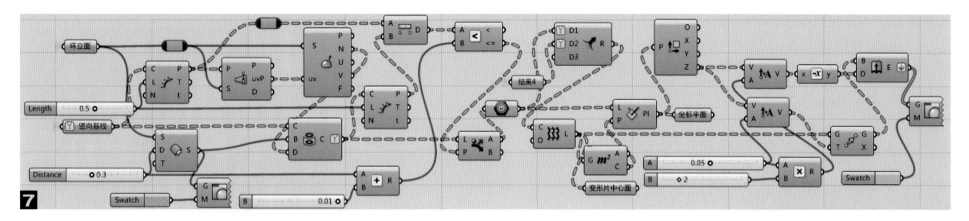

7

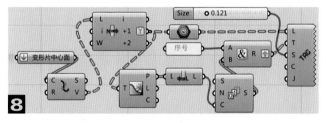

8

9. 展平并编号。选择起点，避开三维模型区域。做出数量相等的容器格，来装转贴下来的竖片。转贴后根据需要进行旋转。同时做好与三维对应的编号。为反映曲线曲度，使用 Lunch Box 命令，在每一个容器格内形成小方格。然后将这些结果同步转到 CAD 中进行规范标注。

本案例的波纹竖片生成，是通过先找线，对等分点如筛选点、变动点、连线进行处理形成的。但有些种类可以采用截取反映某一规律的线段，进行变化后再放回的方式完成。对于变化复杂的也可以先生成面，再通过与规律平面的交线获得面上线的方式完成。对于干扰类，通过筛选更简便，可以更好地反应干扰影响的作用。其中多因子同步叠加干扰，可以先集中处理各类干扰数值，然后再做实际变动，一步一步分散的做法较为清晰、可调。

计算量不大的情况下，简单复制命令组比数字叠加处理要更容易。

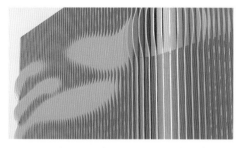

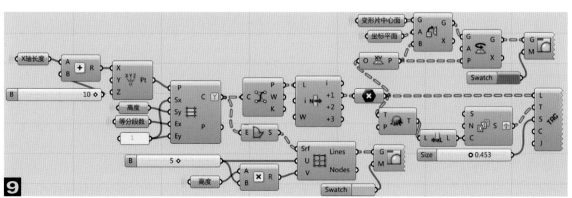

9

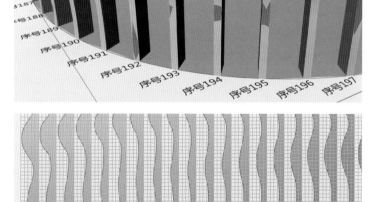

建筑立面的上部竖向窗间墙初看似乎有规律，但仔细看呈现有趣的变化。

外框和通长横向窗间墙，是有规律的。横向窗间墙的扭向和相互间隔基本相同，个别有变化（这里不考虑）。每间洞口和斜墙宽度存在变化，导致扭向角度也不同。在层间横向三等分处的窗间墙上下宽度似乎一致，但层间隔间扭向一致。

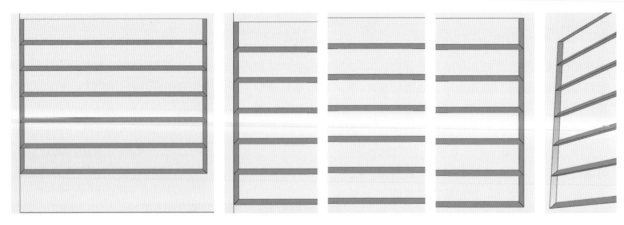

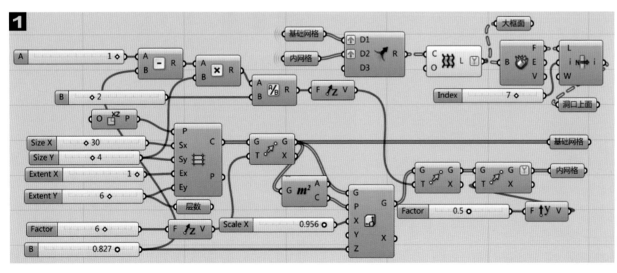

1. 建立上部基本框架。首先建立分格，上移留出首层高度。缩放层间格，使上平对齐。

向后移动内网格，与外侧对应格成面，形成层间及外框面。

2. 分段及准备线段。从网格中选择出对应的外侧上、下边和内侧上、下边。

对其内、外侧横向长边，分成三段。按顺序排好。

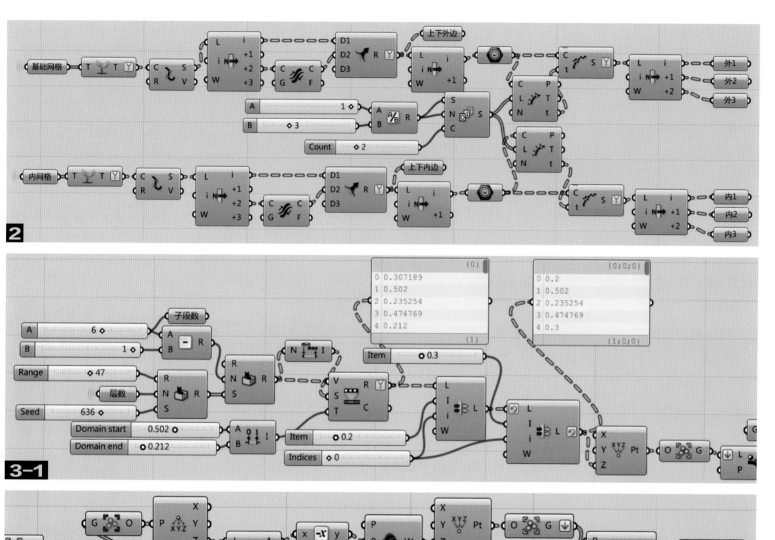

下一步按照竖向三段，分别完成。

3-1、3-2.编制移动数据。在每个竖段单元中，每层水平向5个窗口。

如果内外水平边线等分连线会形成大小相同的洞口，为靠近图片效果，各等分点需要间隔向相反方向移动，才能产生扭向不同。

由于每间宽度不同，需要移动的数据值各自不同。为此需要设置随机数值，作为基本移动数值。

为控制移动量不过大，也不过小，需要控制其数值范围。

同时固定第一列和最后一列移动量，以仅反映扭向，保持上、下宽度一致。

通过间隔设定负值，来改变移动方向。

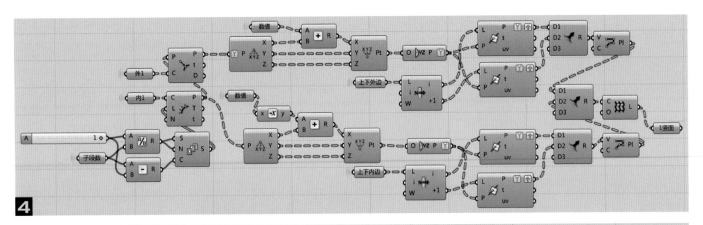

4

这里为使用编组命令，将数值设定为点的 Z 值，借用点编辑完成对数值的编辑。

4. 形成 1 竖面横向窗间墙。对内外区间线等分成段，其分割点的 X 值加入 3 产生的数值，形成新点位，以此建立 YZ 平面，与上下外边、上下内边求交点连线、成面。

注意在内边使用数值时，需要对数值整体改变正、负符号，以反映不同移动方向。这样第一列和最后列扭向不同，宽度相同，其他则反映随机变化。层间及层内均实现扭向间隔变化。

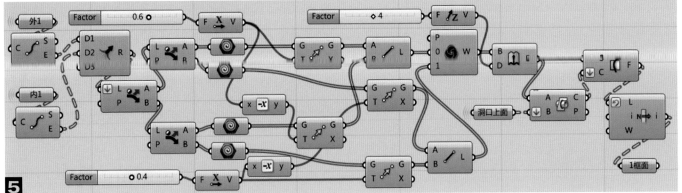

5

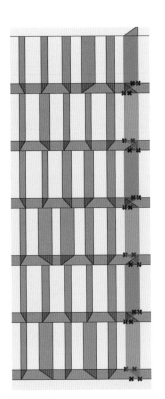

5. 完成 1 竖面右侧边框。图片中该边框较宽，扭向不同，类似 4 中最后列。

通过利用内外线段端点，进行内外分开，同侧隔层取点，点位移动，对应连线，同步提升成面，与洞口上面相交，交线分面，顺序选择，选出 1 框面。注意移动距离要考虑内外点本来就不对应的情况。

6. 汇总三段形成整体。第二、三段完全可以复制第一段（3~5），只需要更换输入、调整映射数值区间。

第三段不包括自己段的框面，因为大的边框已经完成。这里不再赘述这两段。

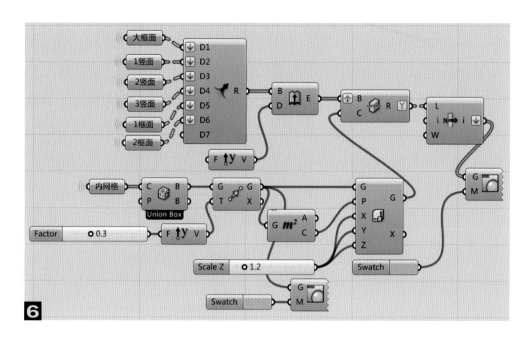

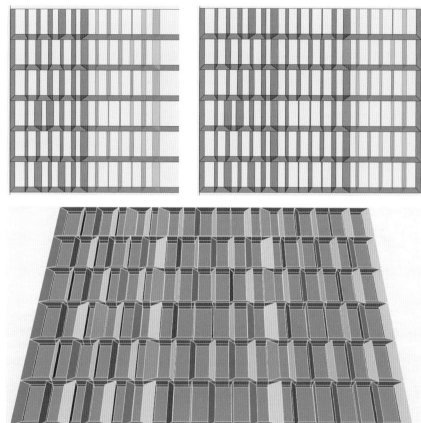

把上述结果汇总，统一向 Y 轴拉伸，然后用略退后的范围面切割，可快速获得有厚度的形体。

通过上述操作，就基本完成了这个立面的上、下沿和个别转向墙，有兴趣的读者可以继续完善上述模型。

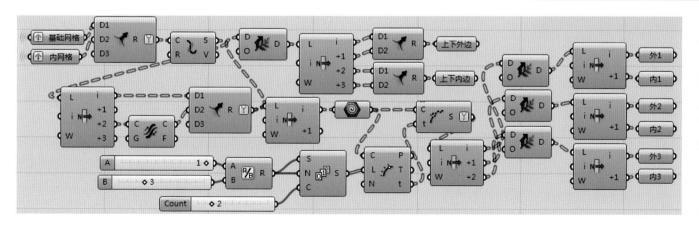

本例表明，数据结构的建立是非常重要的，除了命令逻辑，实际上数据逻辑也可以直接对图形产生影响，使用恰当会降低命令的使用数量，有时面对解决复杂问题的情况，起到四两拨千金的关键作用。左侧的命令组和 2 的作用是一样的，是将形成边线过程进行内外统一处理，但与 2 比较，不如 2 逻辑结构清晰。所以有些时候，不需特意采用复杂的树形结构，这便于效率提高和可读。

案例 57　凹退面内弧形凸阳台立面

某建筑的上部形成了一个凹退曲面，每层与平直立面相接部分，形成锯齿状错位效果。在凹退曲面中，设计了竖向弯曲线性分布的阳台，上、下阳台部分的两端呈现缩小化趋势，似乎宣示着某种莫名的感觉。

1. 形成基本要素。在 XZ 坐标平面内，设立工作范围四边形。同时制作椭圆，移动到合适位置，向四边形立面投影，与左竖边线形成闭合环线。获得四边形范围内的面上线，作出楼层边缘线或层位线。

2. 形成凹退曲面的控制线。对层位线等分点。使用椭圆闭合线筛选其内部点，对点的 Y 坐标值通过图

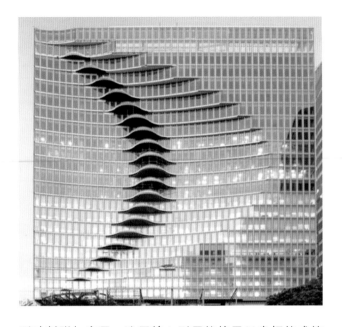

形映射附加变量。这里输入引用值使用 X 坐标值或等差数列均可，重要的是保持数量对应。然后将变位点编织回原序列，连线。这就形成了凹陷的层位线。

3. 制作阳台位置线。在每条凹陷层位线上，选择一个点，设定该点的定位数值，通过图形映射呈现弧形变化，将其连线。然后对凹陷层位线等分点，向新形成曲线求最近点。通过该距离筛选出用于生成阳台外凸线的点，并对这些点进行移动。

4. 完成阳台段。如果给定一个固定数值作为筛选门槛，那么筛选出来的点在线两侧宽度是差不多的。如果给一个变动的数值，即每条线都有一个自己的筛选数值，该数值两端小、中间大，那么就会形成两端筛选出来的点范围小，中间的范围大。因此，需要一组对应的数据，可以通过图形映射来制造出这样的数据。

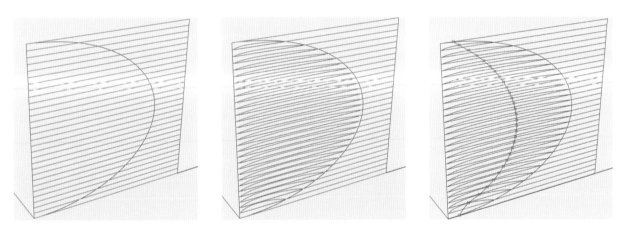

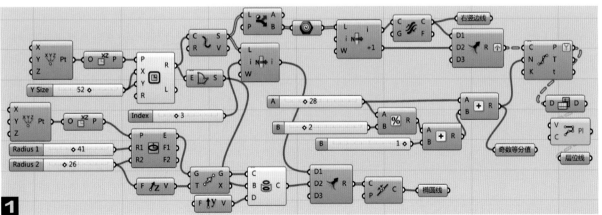

1

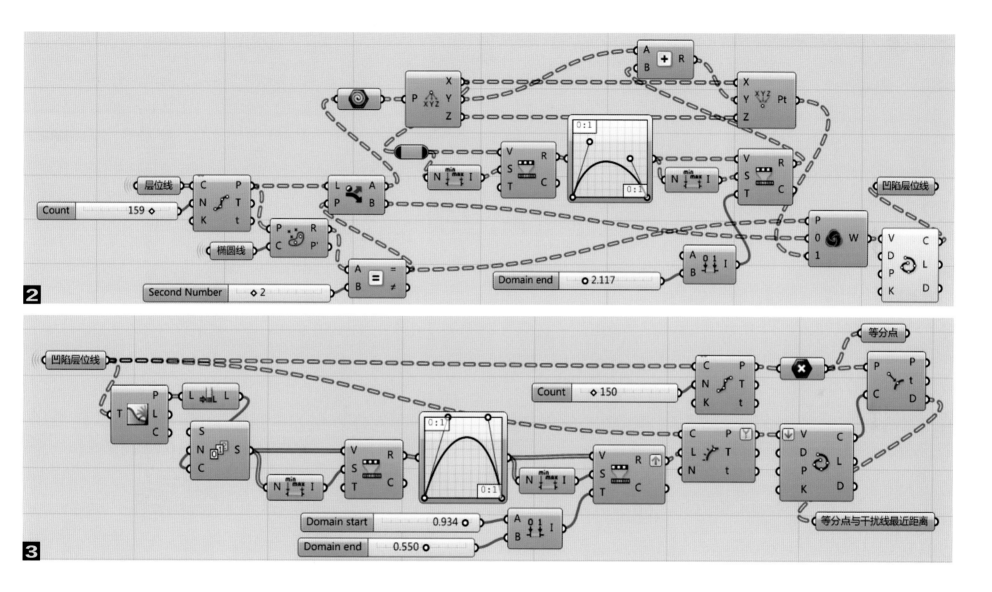

用等差数列作为输入。将小于这些对应数值的等分点选出,也将距离选出。

对这些点的Y值增加图形映射的值,这些值来源于它们的距离。距离大的,位移小;距离小的,位移大。

在此基础上,对其最大值加以变化,使中间的位移最大值相互之间最大,两端的位移最大值最小,这样就形成了范围不同、外凸距离不同的阳台分布特点。更为重要的是要将这些点再放回到原有序列中,使用编织命令,其规则为按距离筛选,将Ture、False端归位,这样就形成了新的层位线上顺序点。

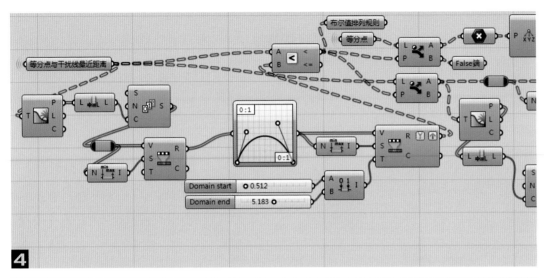

4

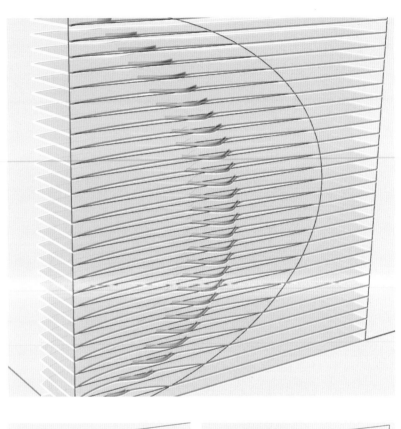

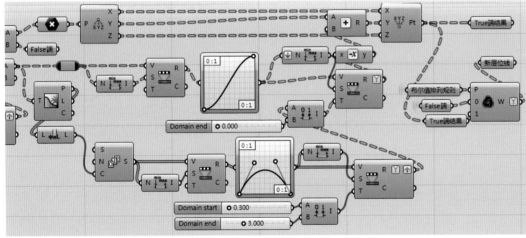

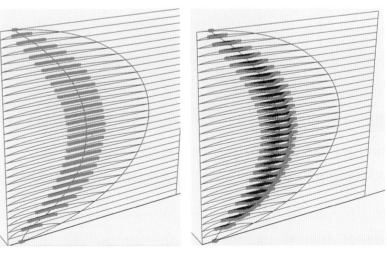

5. 形成阳台栏板和楼板。使用阳台段点连线（去除头尾数据），偏移，适当缩短长度，避免与墙面交叉，形成栏板。利用新层位线上点连线，用凹退层位线顶层线代替阳台顶层线，挤出楼板。

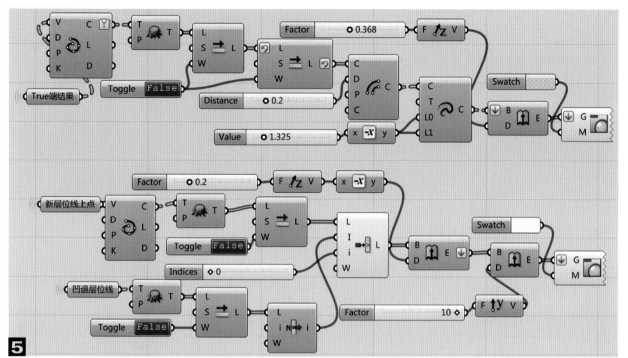

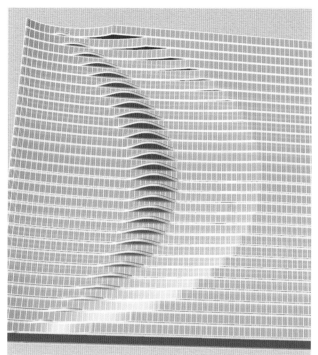

5

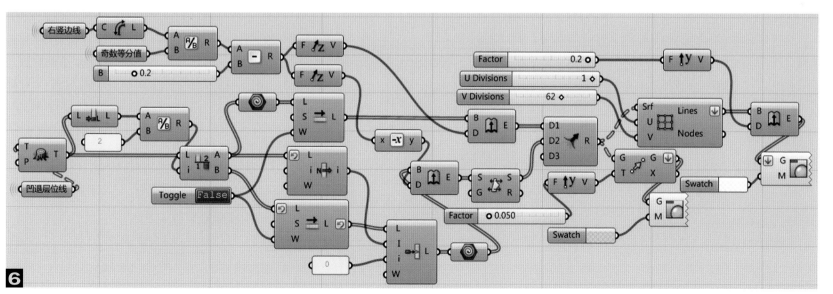

6

6. 形成层间幕墙
和竖梃。上半部
楼板外挑,下半
部墙体内退,分
成上下两部分。
上面的线向上挤
出,下部的线向
下挤出。注意将
分界线考虑进去,
挤出高度预留
楼板厚度。利用
Lunch Box 加 竖
梃。

案例 58　立面对角弧线扭曲建筑

可以将该建筑看作其中的一个棱角在底边移动到了另一个相邻的棱角位置，从而导致面的变化，其正面上边是内凹的弧线。这里设想移动后棱角与背侧另一个棱角以弧面构成，以便维持结构落地要求。

1. 建立基本形体。通过原点建立正方形，按照层高及层数提升，形成各层边界线。侧面首层变形起点（选择点）通过线上点定位，便于后期调整，设定其为中点，实际上是背侧的转折点之一。分别提取一系列部件。对其正面顶边线进行中点外推曲线化。

2. 建立正面斜曲线和三角正变形面。从正面竖边上设定下部点，打断竖线，选择右侧上部边，等分点、图形映射产生变量，调整点 X 值、连线。其中点的变形上限控制在最大值为一个边长。

用左侧边下部打断点代替变形后最下点，确保最下变形点位于左边之上，通过四边成面（实际只用 3 边）。

3. 建立变形面。将左下点（不动点）与选择点在 XY 面连线，旋转法线建立矢量，长度为对位置参数的图形映射，移动等分点获得 XY 面内曲线。

通过选择点获得所在的竖线，再将选择点端点加以替换。通过四个边形成弯曲面。

4. 形成变形面竖线。以类似方法，分别对形成的变形面求得竖线。

使用水平切割线命令，切割各自面。分别增加顶边。

等分点，转换矩阵，连线，形成各自的竖线。

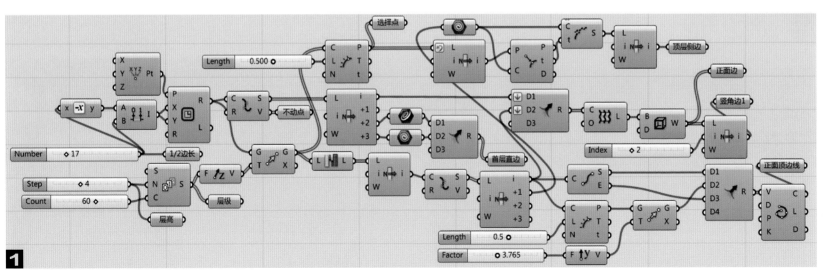

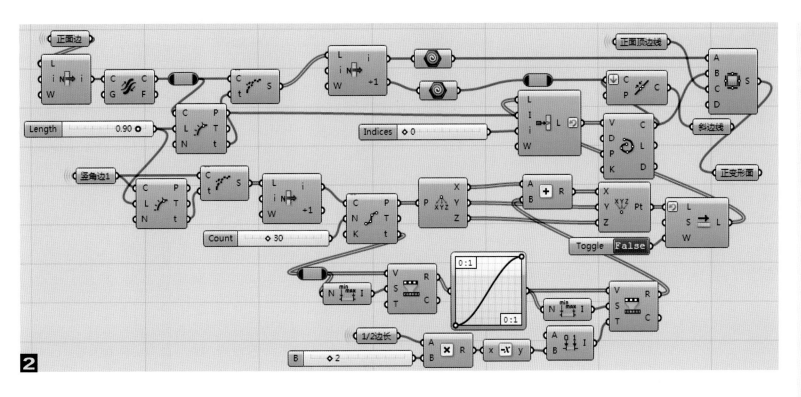

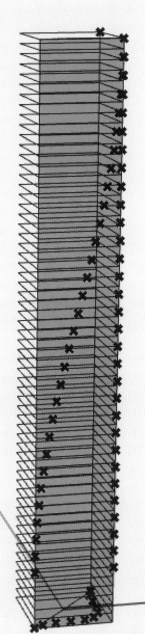

5. 获得变形面竖梃。采用类似的方法，对竖线等分点，获得法线移动连线，成面，再成竖梃。

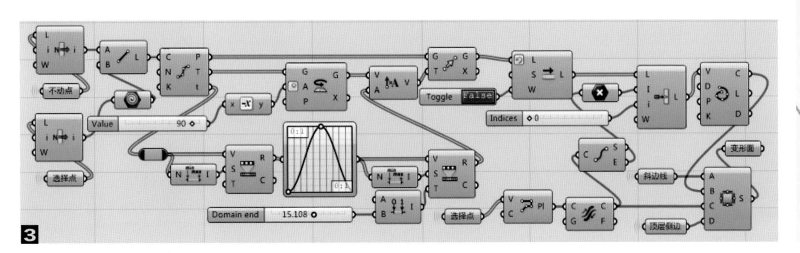

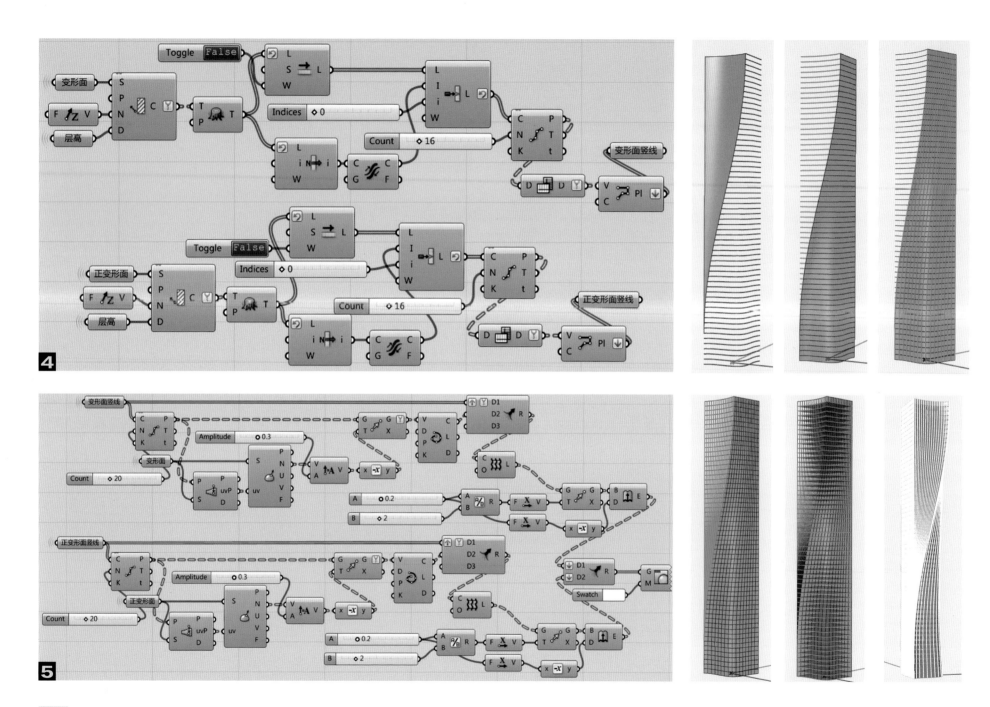

本例中，通过对几何体局部边和断面控制点的移动，将平面改造成曲面，将规整形调整为变化的非规整形，再一次展现了 GH 对几何体的编辑和塑形能力。

同"案例 52 开口建筑"一样，通过对既定几何体的局部元素的编辑来塑造形体变化，成为 GH 应用中的重要方面之一。

实际中，可以在其他软件完成的模型基础上，发挥 GH 擅长处理曲面的这一建模特点，重点处理那些常规手段难以实现的部位。

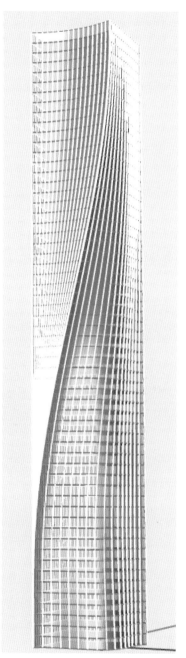

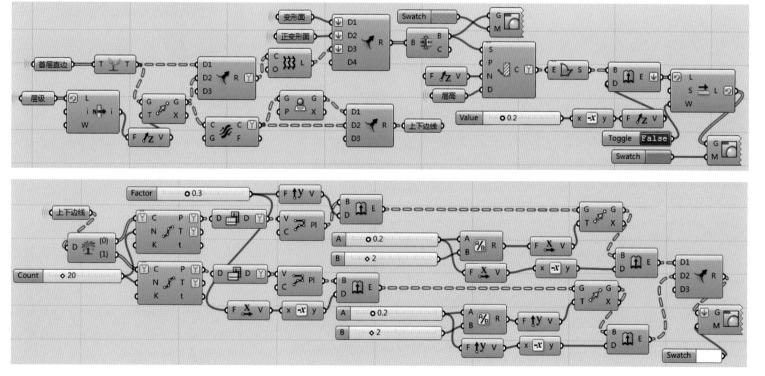

187

案例 59　三角面板非均匀凸起排列

如果不考虑色彩，只以形态来分，这里有都为三角形轮廓的三种基本单元，即平面、大单锥体和多锥体。其分布没有严格的规律，但是有些集聚，有些分散。深色部分上下相互间间隔一行，从上到下，分别为1、4、6个三角形单元，这里理解为深色单元内不论凸起，只以临近为原则。另外多锥体顶点位置都有所不同。

1. 建立基本架构和初步分组。首先在 XZ 平面内建立三角网格，经过对总体宽、高的映射处理，将 MD Slider 定位用于 XZ 平面，便于后期调整。目的是以该点为干扰点，根据该点到各网格中心距离，将整体网格分离出一部分，用于集聚部分表达。

2. 形成集聚部分大单锥体。先生成格数范围内的随机整数，借助袋鼠插件删除重复点命令，删除重复随机数。排除

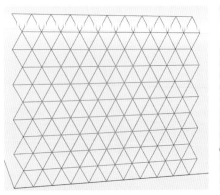 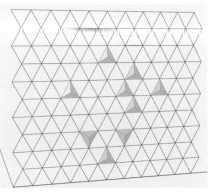 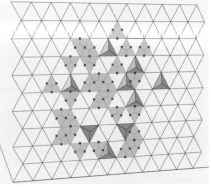

以这些整数作为序号的单元格（待用）。

打乱剩下部分单元格序号，设定并切断数组，形成两部分单元格，数据少的部分，通过中心点移动、四角连线、成面，形成大单锥体1。

3. 形成集聚部分多锥体。对于上述数据多的部分格，将其中心与各边中心点连接，切割各自单元格平面。

这里封闭边界可以直接连入曲面端。连接各小面内最远对角顶点，在其上设随机数值定位的点，注意控制其范围区间。

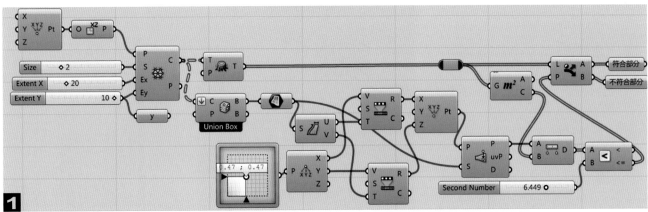

1

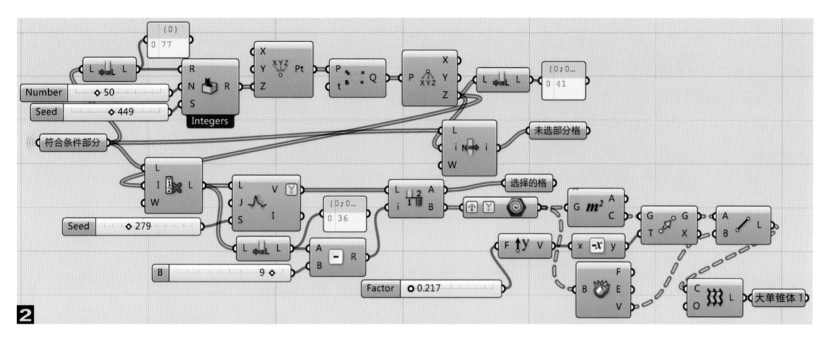

为与线段匹配并保持每个单元格内小锥体顶点分布具有一致性，需要复制相应数量的定位点。

提升该点，挤出到点，集合，形成多锥体1。

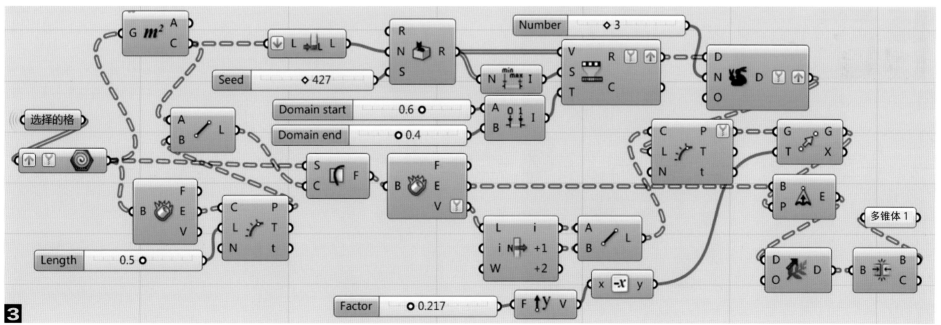

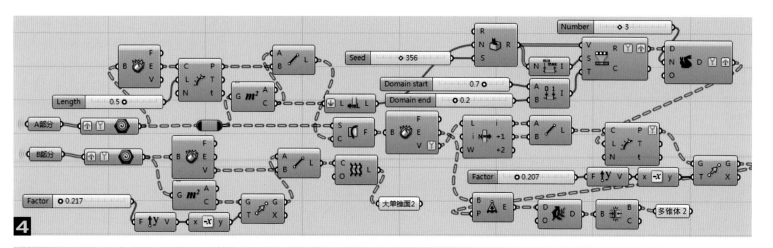

4

4. 其他部分单元格再分组。将 1 筛出的非集聚部分和 2 筛出的待用部分合并。

利用随机数筛选出一部分待处理，其他部分作为平面。

同前，筛出部分切断数组，形成 A、B 两部分。

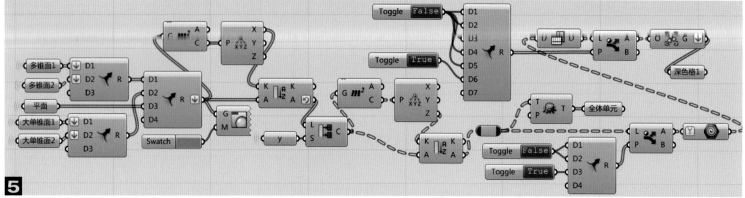

5

5. 完成形态制作和确定主要深色格。将各类完成单元格集合、中间过程着色。

这样形态部分都完成了，下面完成深色格的确定。使用开始设定网格的 Ey 值，以各单元中心坐标的 Z 值大小，将全体单元格分组。按照 2F1T 筛选，形成三行单元格。

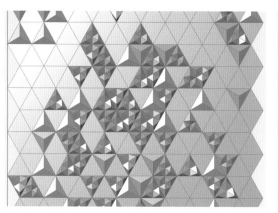

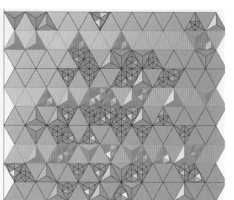

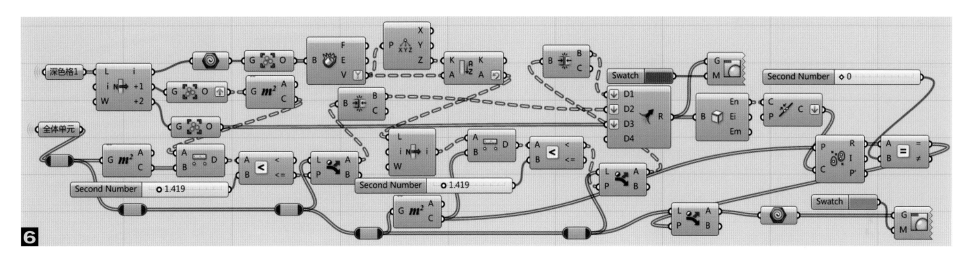

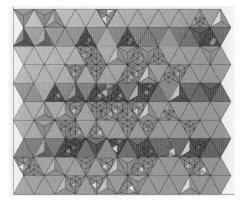

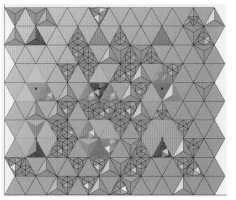

转换矩阵后按照 5F1T，筛选出深色格 1，编组。

6. 完成最后深色格确定。将深色单元格 1 的中、下格选出，
然后解组。

以中间单元中心到全体单元中心的距离，筛选出相邻的单元
格，集合完成中间部分深色单元。

根据 Z 值大小选出下部单元格的顶点，根据顶点到各单元中
心的距离筛选出相邻的单元。

将所有深色单元集合，着色。

利用这些集合体轮廓线（集合要连接成 Brep）与所有单元中
心点，做内外判断，获得非深色单元，着色。

这样就分别完成了形态与着色任务。

案例 60　水平上下波动条带立面

该建筑通过水平向周圈阳台实体栏板上、下边的上、下波动变化，塑造其形象。在维持水平实体带基本厚度的前提下，上、下边都是在基准线上的上、下凸形曲线，没有凹形曲线。上拱边与下拱边上、下段并不是有规则对位，上、下拱线起拱位置在线的方向上并不是连续的。

1. 建立基本框架及相关部件。首先在 XY 平面内建立倒角四边形。通过等差数列设定层间关系、层数，并移动四边形至各层。然后提升各层四边形，使每层板边处有上、下两条线。分别产生随机数，对上、下线组确定一个点位，并切断所在曲线，其目的是打乱上、下线组内每条线的的各自起始点。接着分别对上、下新线组按照相等长度分割，其上、下线组的分割段数要保持不同。同时，把后侧幕墙、幕墙分格、栏板玻璃等制作完成。这样就只剩下制作水平带了。

2. 完成上边变形线。对变成线段的每层边线进行间隔选择，对其等分点，对 t 进行正弦图形映射，控制输出最大值，改变等分点 Z 坐标值，连线，降路径，编织复位，连接，形成上边变形线。需要注意正弦图形映射框右下角没有控制点，容易导致末端变位点不处在原来位置，使后面复位连接不上，无法形成连续线。这时需要仔细调整映射框内曲线末端右下的位置，保证末位增量为零（Panel 查看）。也可以将其末位位移变量强制用 0 替代，即表示不移动。

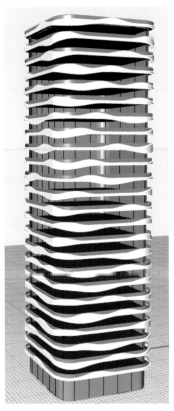

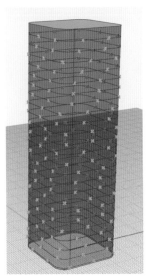
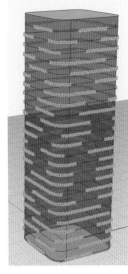
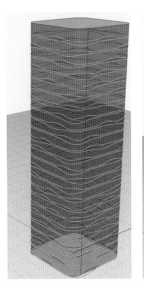
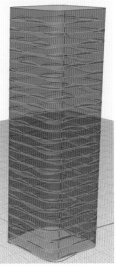

3. 完成下边变形线。方法同 2。

4. 完成条带。用上、下边变形线切割基面，按面积排序，选出需要数量的前部数组，即为条带面。然后按照各自中心缩小条带面，形成缩小条带面（内面），分别取其边线，连接成面，集合，着色。

这里需要注意，在形成内面的过程中，也可采用其他方法。但是在波动环线成面时，容易产生交错面，需要分别调整，这使其适变性较差。虽然通过缩小形成内面的方式可以带来每个条带的上下封面不水平，但是适应参数需要调整变化，且这种差异不影响总体效果，方案阶段是完全可以接受的。

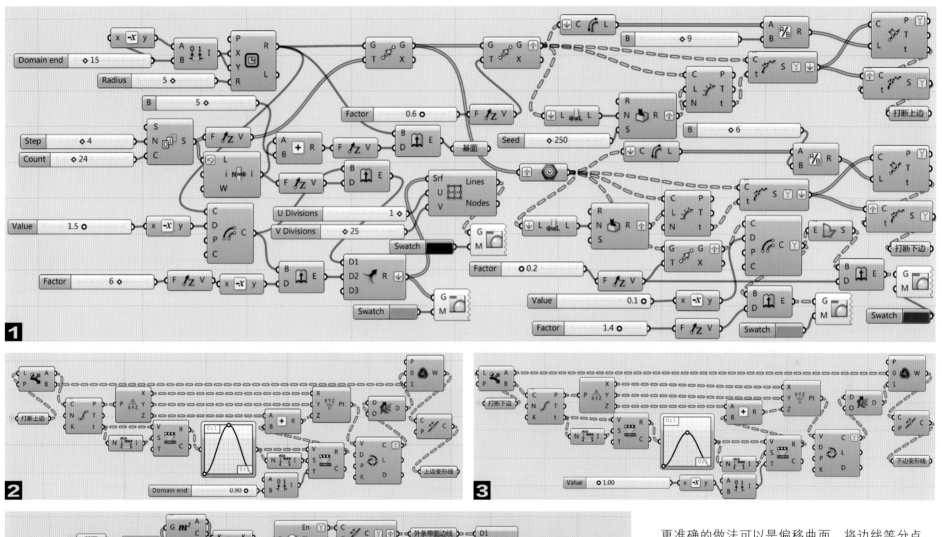

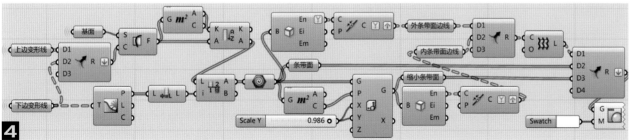

更准确的做法可以是偏移曲面，将边线等分点，求偏移曲面上对应最近点，连线，再切割偏移面，筛选出内条带面，然后再封边侧面。有兴趣的读者可以参照其他案例类似做法，自行尝试。如果最下边需要下拱面，则需要在开始时将基面向下延伸，以便切出该面。

案例 61　水平翻转遮阳板立面

这是一个带有倒小圆角玻璃方体的建筑，幕墙外带水平向遮阳百叶，其水平百叶在一个边界为曲线的立面范围内扭转为竖直百叶，扭转区长度较小。这种变化部分延伸至侧面。左下设入口。

1. 建立基本框架和初始元素。首先在 XY 平面内，建立倒小圆角的四边形。设定百叶内边位和中心线位。确定百叶竖向中心线间隔距离。提升中心线至各百叶高度位置。

2. 建立侧面变形区间。通过自然等差数列的图形映射，建立数量对应的两组数据，分别确定各层线的两个点。使之总体形态符合侧面扭转区域形状。注意对映射输出值区间的控制。然后打断各线。

3. 生成断面线和正面变形区间。对变形区间内的线段等分点，生成各自坐标系，取其Y轴建立竖直线，并延长直线，构成旋转后百叶的断面线。同时参照 2，使用在侧面变形区域外的线段形成正面变形区域。这里要使该区域向

另一个向侧面延伸，以反映转角处百叶翻转效果，并使用这些定位点打断各自曲线。

4. 生成全部断面线。其中间线段，采用与前述侧面变化区域内竖向断面形成的相同方法，形成该

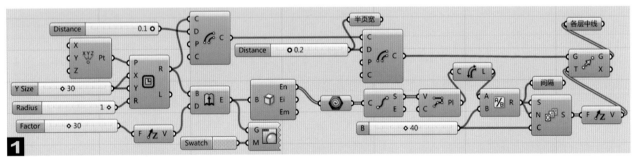

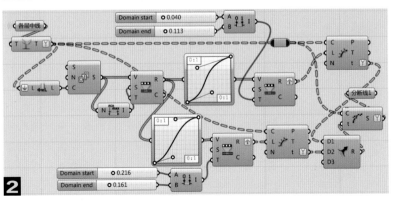
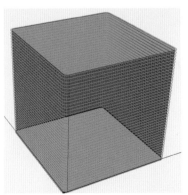
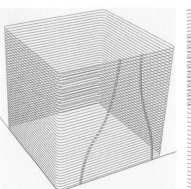
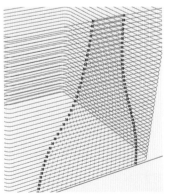

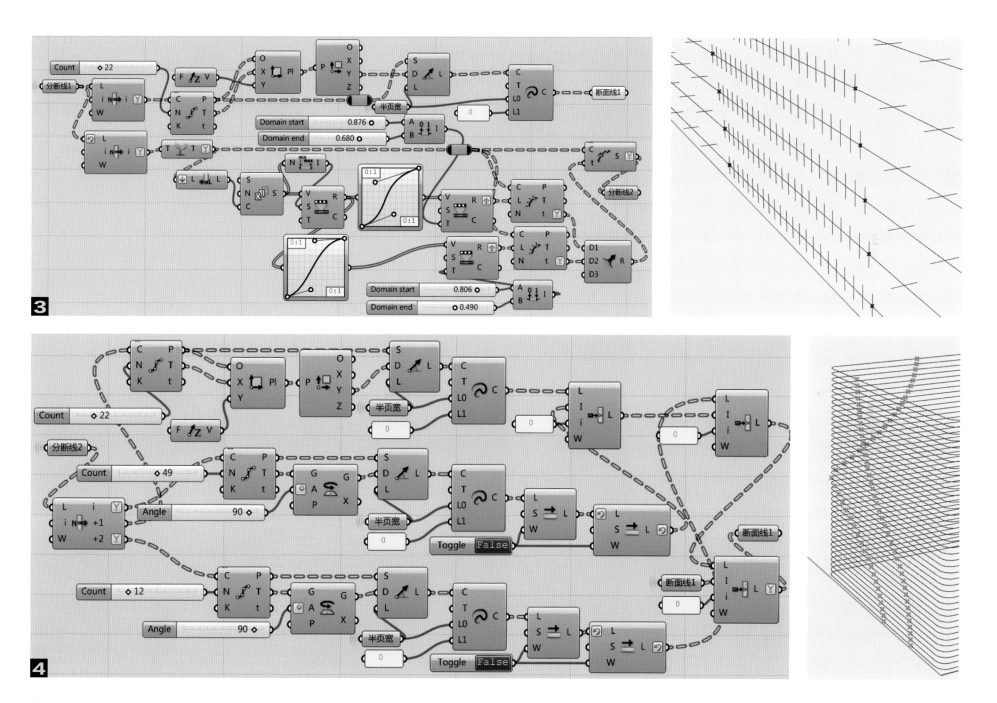

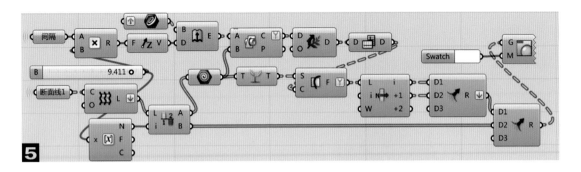

他段断面线（检查完排序）顺向插入数组端部，构成环线上所有序号及位置都连续的断面线集合，为成面作准备。

5. 完成抠出入口区域的全体百叶。在 Rhino 中 XY 平面内，依图片位置，绘制两条线段，界定入口区域。并将其引入 GH。挤出成面，使之高度满足入口要求。将断面线成面，选出需要切断的部分百叶面，求与入口边界限定的竖直面的交线，使用交线切割百叶，获得不通过入口处的全部百叶、着色。

区域的竖向断面线。另外两段通过等分点，旋转 t 值 90° 等与变形区类似方法形成断面线。但水平向断面线均需要去掉每条线上的首尾断面线，以便完成扭转过程所需的长度。然后分别按照顺序，将其形成一个针对每条线的、连续的断面线集合，确保每条线上的断面线，在序号上是顺接的，没有局部不连续序号。在此之前可以通过 Display/Point List 命令检查各局部断面线对应端点或中心点的排序，该排序实际上也是断面线的排序。根据各自排序状态，依次将其

本案例中，利用了剖断线成面命令的自然结果，实现了由水平到垂直及由垂直到水平面的扭转。可以设定各层百叶扭转前后的断面线距离，使各处直面上扭转部件标准化，通过平直的竖向面板或水平面板长度来调节与总长的关系，使制造难度降低。

案例 62　立面水平板缘起伏波动

通常建筑立面由水平和垂直维度的形式要素构成。在水平维度上的变化有很多方法，包括安排形式要素的前后起伏、间断或连续、合并或分离等，它们与垂直维度的形式要素变化相互交织，构成有层次的织体结构，产生简约与丰富的感受。右图中的立面是一种水平维度的板边缘，通过间断但连续地改变其不同层形状，产生在平直面上的起伏流动感觉。

每层的板边缘变化，可以理解为其上点位移的改变。层间连续、差异化的变化，可以视为某种物体对群体的连续影响，相对的空间位置不同，这种影响结果也不同，而且在多重影响下，效果是可以叠加的。

1. 建立基本面。利用倒角四边形设定建筑的平面假定轮廓，将其按照层数、层高进行多层复制。将边线炸开，得到其中每层一段直线，并将其成面，作为基面。同时后移该面作为真正幕墙位，着色。

2. 制造干扰线 1 干扰效果。在 XZ 平面内，绘制两条曲线，其局部可以靠近些，便于这部分形成各自干扰的叠加效果。将干扰线 1 投射到前面基面上。将各层楼板边线等分点，等分数可以大些。获得这些点各自到投射线的最短距离，然后进行筛选。由于线对每一层的干扰范围各自不同，因此需要不同的筛选条件。获得与楼层数量相同的 [0，1] 间随机数，排序，输入图形映射，控制输出区间，并设为树形结构，形成每一层一个的最短距离筛选值。对各层等分点进行筛选，选出小于该值的点，并调节图形映射控制点，使筛选结果满意。

3. 外移被干扰点。确定点在基面上的各自法线方向。利用等差数列制造与每层选出点数目相同的数字，进行图形映射，使输出结果控制在一个范围之内。该范围的上限取自选出点范围的板边线长度的几

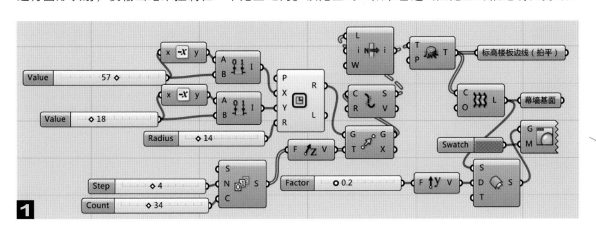

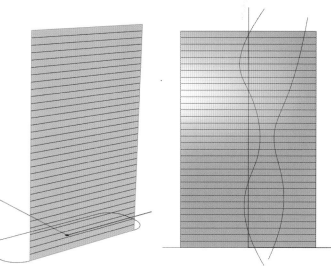

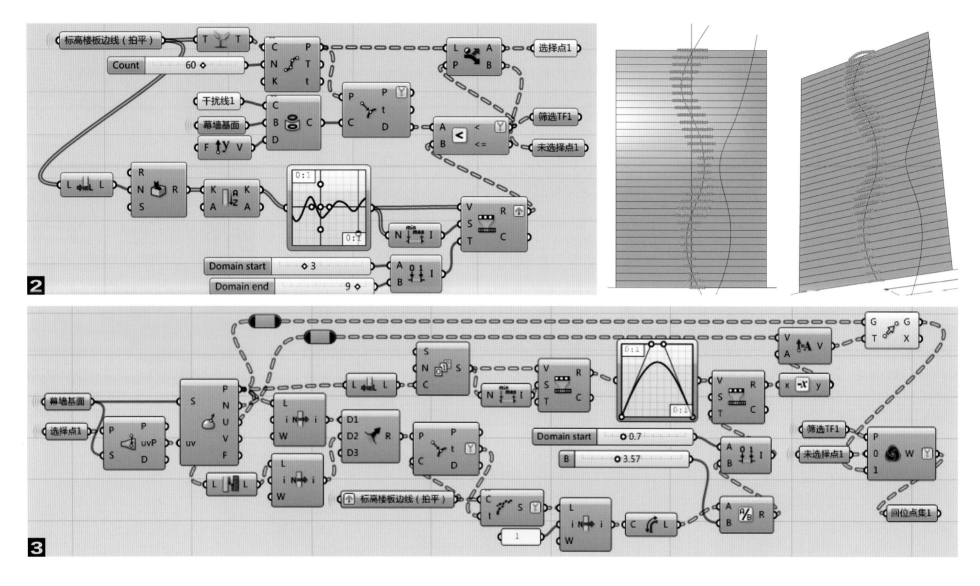

分之一，使之与选点宽度关联。按照法线向量移动点，并利用前述筛选 TF 规律，将这些点编织回各层，这样就将点变位，并放回原序号位。

4. 制造干扰线 2 干扰效果。采用与 2 类似做法，形成干扰线 2 效果。注意这时要使用干扰过的各层楼板边线。

5. 再次外移干扰点。做法同 3。

6. 形成楼板。将回位点连线，可见在局部两次干扰的叠加效果。

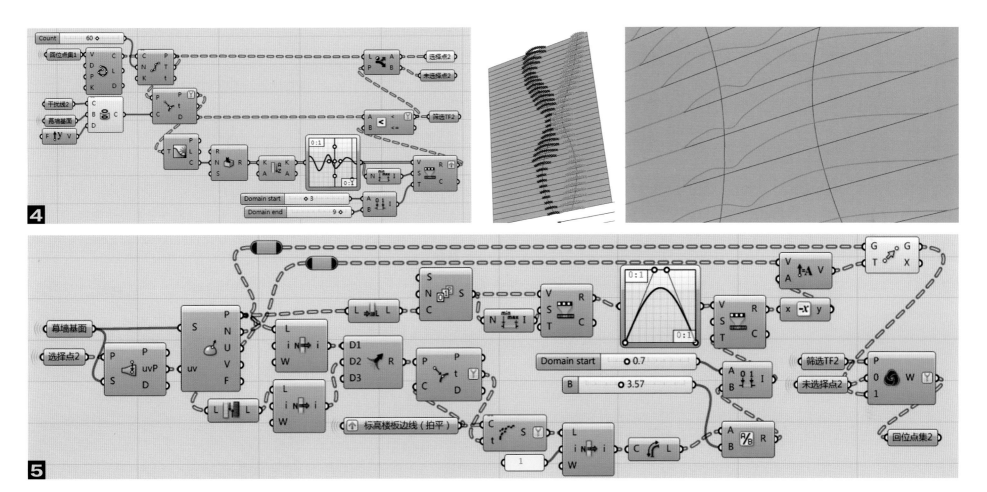

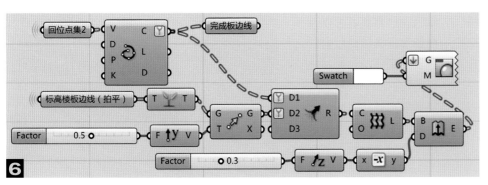

7. 凸出点连线。为了完成外凸阳台栏杆，需要知道其位置线，也就是要选出外凸点的连线。在上述完成结果基础上，对完成的各层板边线等分点，利用与原来位置 Y 比较，来筛选是否为凸出点。这里由于使用 3 阶曲线连接各点，会形成凸出部分点与直线点连接时产生变化，重新等分点位置可能会处在该区域，所以筛选前需要对 Y 数值进行处理，使之精确到整数。也可以考虑使用 Vipers 插件来完成。这样可以选出凸出点，并连线。

8. 确定栏杆位置线。由于每层边线上凸出点不连续，连线后会将间隔处也连

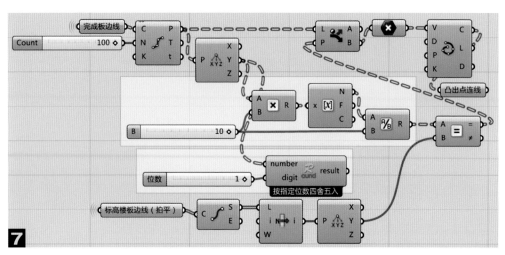

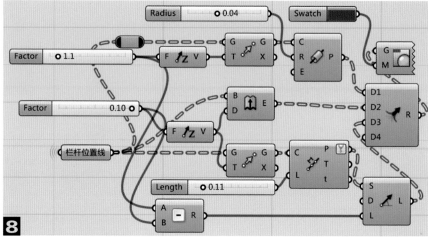

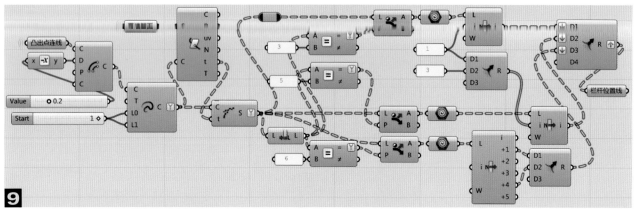

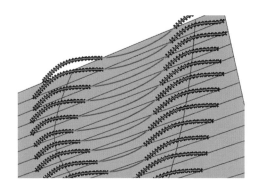

接成线。为此先将边线偏移至基本栏杆线位并两端延长，通过与基面相交来分段改线，选出需要的段落。在分为 3、5、6 段情况下各自选择制作栏杆的线段。

9. 完成栏杆制作。

根据设计需要，可以不断增加干扰线的数量，控制干扰线的长度与立面范围的对应关系，或再增加点干扰，通过不断添加干扰体，直到形成满意的立面效果。

这是一个阳台角按照某种规律外凸、利用阳台栏板形成起伏波动效果的立面。两种类型在竖直方向从下到上按照 5 层、4 层间隔交替重复出现，在水平方向按照相等宽度交替出挑。

1. 建立立面框架和分组。在 XZ 平面建立四边形，并提高起点留出首层高度。将四边形炸开，选竖对边，调整线方向，等分点，转换矩阵，连线。

等分点数量要与划分层数一致。按照大段分组，建立 Group，去除尾段，解组，再按照规律切开各组，形成 A（5 层）、B（4 层）小组。把前述尾段数据接入 A 组（5 层组）。分别对两组等分点。

2. 完成移动后边线。将 A 组等分点间隔选择其一，向外侧移动，然后按原次序编织回序列，连线形成水平向阳台边线。同时在组内矩阵转换变位点，连接形成变位点竖直方向小组内连线。再对未挑出原位点组内进行矩阵转换，连接形成原位点小组内竖直连线，后面

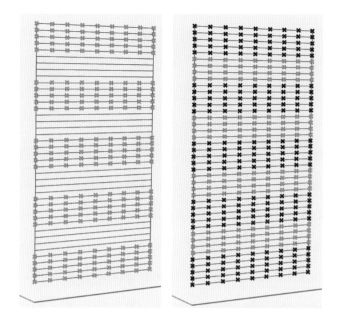

将使用该线生成阳台基本分隔板，但由于最边侧没有分隔板，故去除其首尾线。B 组做法基本同上，由于原位点竖线形成后，其均不处于最边侧，所以这里不需要同 A 去除首尾线做法。对 A、B 组竖线同类集合形成外侧阳台竖连线。

考虑到 4 层组与 5 层组交接层的阳台分隔板的交错，故延长中间层原位线两端，首尾层只延长一端，这样形成内侧阳台竖连线。

3. 产生栏板位置线。利用 B 组阳台边上点，获得外挑点到墙面线，偏移出边侧栏板位置线。同时利用 A、B 组阳台边数据偏移出这些侧位置线。调整接头处。

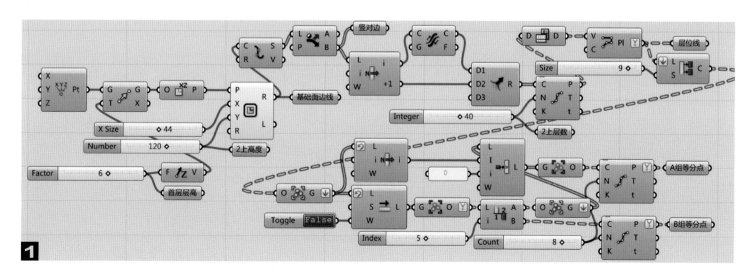

1

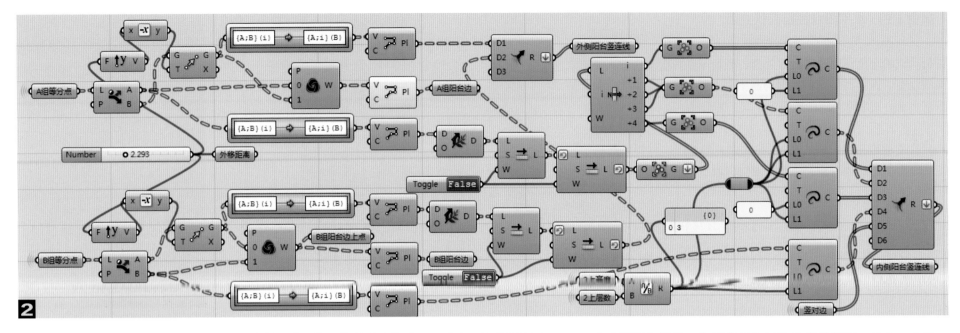

2

4. 完成幕墙面和首层柱。设定柱网起点，套管形成圆柱。将基础边线成面，后移，构成幕墙面，并使用 Lunch Box 命令增加窗分格线，略加厚，使视觉可见。

5. 完成栏板和楼板。使用栏板位置线挤出栏板面，着色，分格，格加厚。通过阳台边向幕墙面投影，获得阳台底板线成面。使用层位线拉伸形成楼板面。加厚，集合，着色。

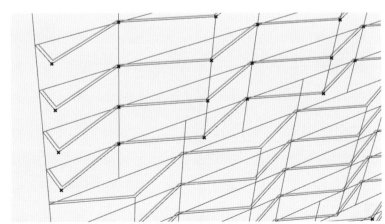

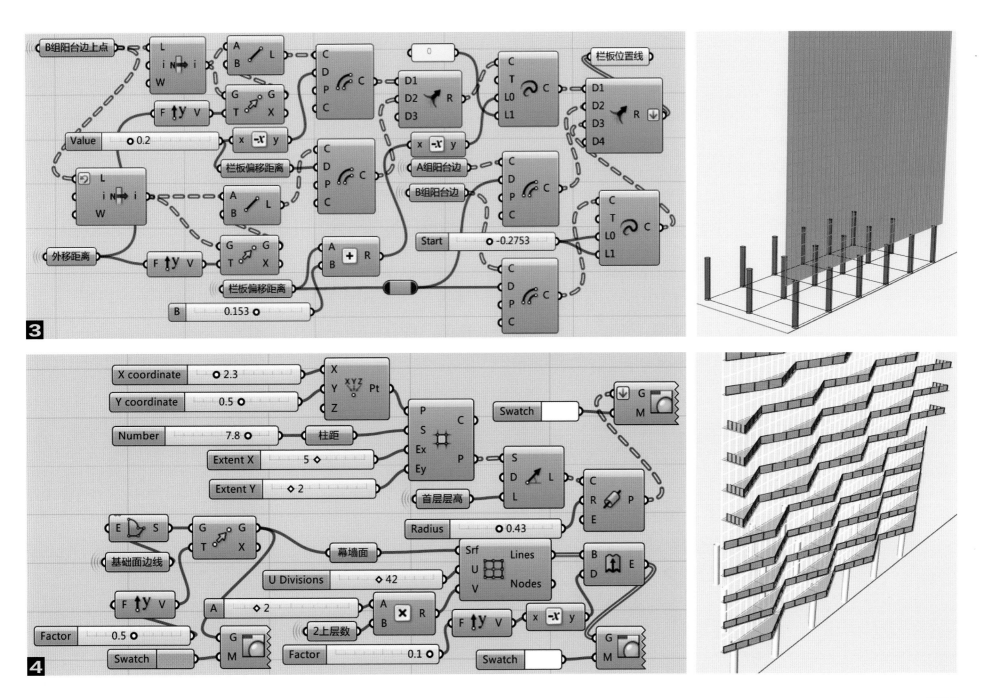

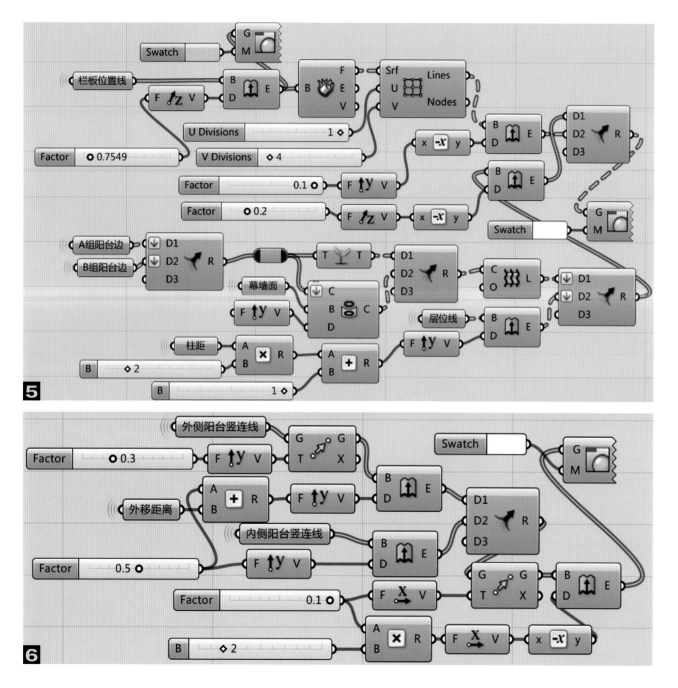

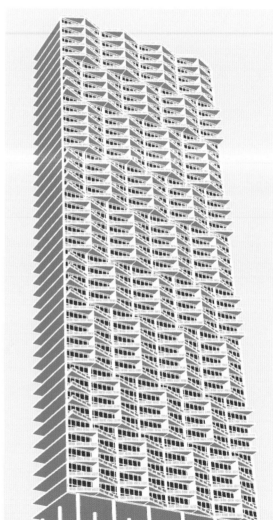

6. 完成阳台分隔墙。将阳台外侧竖连线适当后退板边缘，挤出隔墙，长度为悬挑距离和幕墙面后退距离之和。内侧阳台竖连线则挤出后者长度，对面加厚、着色。

案例 64　碎裂屏

这种由斜线组成的网格，其重点在于划分的格子尺寸差异不能太大，线不能过密，要保持一种线密度尽可能均等的效果。

1. 生成中部连线和上、下边线各分区用点。首先在 X 轴向设定线段作为下边线。提升作为上边线。制造 0、1 间随机点，注意强制添加端点，将其打乱顺序，分别作为上、下边取点参数，获得线上点，连线，形成中部斜线。对上、下边线分别按照 X 值大小排序。设定截断数组位置，将线上点分为左、右两组。在两段点总数值内，再随机产生一定数量的序号，进行抽选点。

2. 确定竖边间连线和分区连线。根据上、下边线端点连线形成竖边线。采用 1 的方法，形成线上随机点，打乱顺序后，各自截断出 2 个点，作为对边连线点。在打乱顺序后，也随机选择，同 1 抽取数量的点，分别与上、下边线上抽取点连线。形成各分区补充斜线。

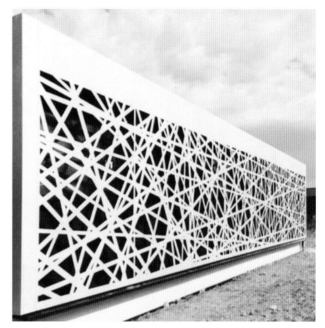

3. 形成大、小面。将边线集合，成面，形成外廓线，构造边框面，着色。

将连接斜线集合，去除重复线（袋鼠插件内命令），构成主体连线，切割边框形成的面。筛选出过小的面。将大面提取边长，连线，偏移，与边线成面，构成大面。

这里的偏移命令为自制命令，可在第 2.2.4 节封闭曲线偏移优化中找到制作方法。

4. 完成总体。将大小面集合，加厚外移。将主体连线向两侧移动，便于可见。

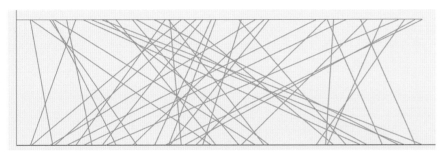

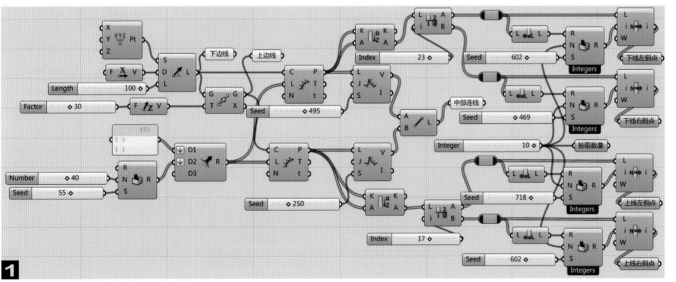

1

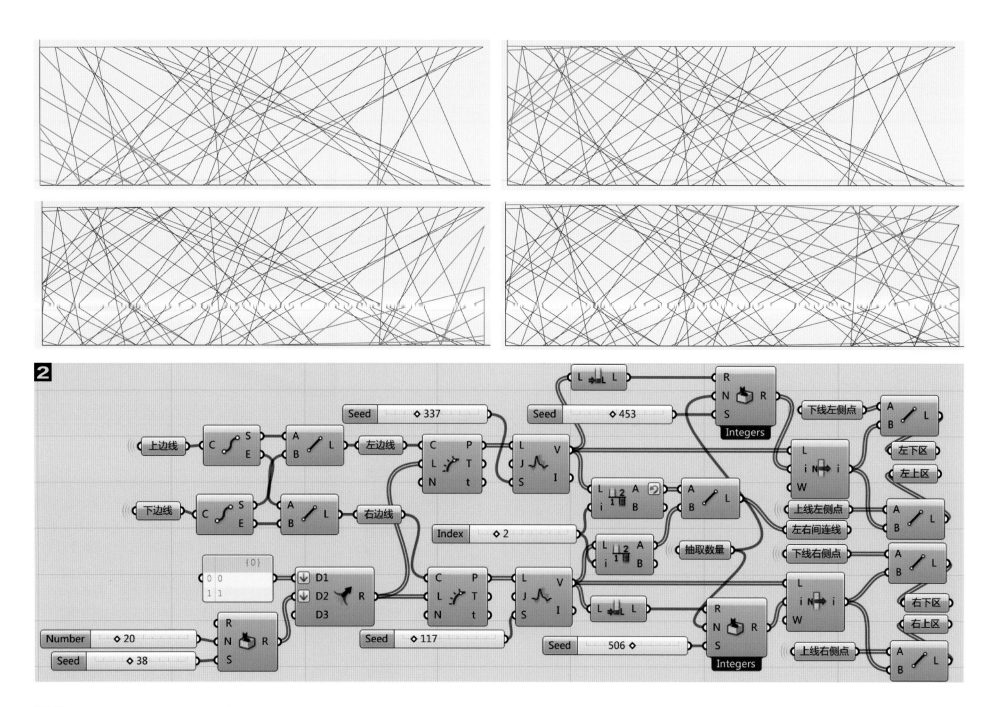

3

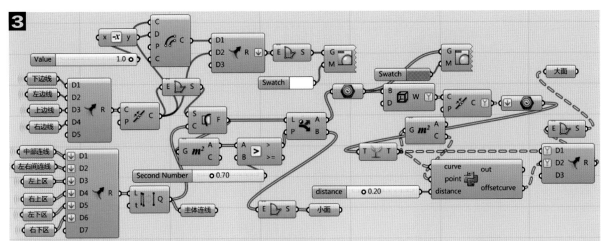

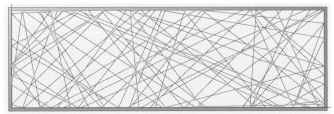

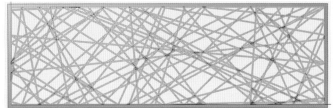

本案例的方法能较好控制各个区的线密度，从而控制整体密度。对于小面面积的排除选择值，在一定范围内可以放大，形成凸显节点的效果。如果将直线调整为曲线，如增加中点移动产生弧线，也会产生很有趣的变化。

4

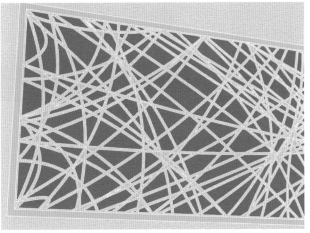

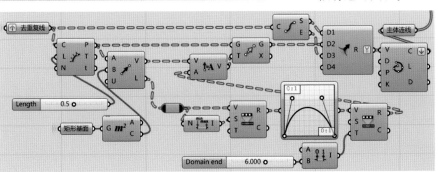

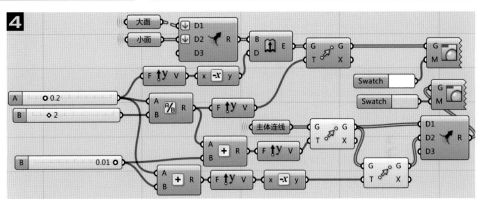

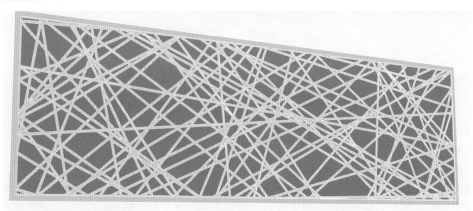

案例 65　竖直交错间隔起伏幕墙

该建筑下部的弯折幕墙呈现几个特点：首先，水平方向间隔交错；其次，每条竖直部分间隔外凸；再次，外挑距离由上到下逐渐变大，且外凸变化部分的上轮廓呈现曲折变化；最后，这两种竖条类之一总是作为外凸的起始部分。

1. 建立基本结构。按照三角形平面轮廓考虑，设定层高、层数，提升形成基面。截出楼层线，使用 Vipers 插件统一闭合曲线方向。形成楼板面。通过各楼层线与 XZ 平面交点打断楼层线，统一闭合曲线起点。设偶数等分点（参照横向幕墙分格）。这里先设为小的数值，便于减少计算机负载。

2. 形成 A、B 直面。将等分点间隔分离，转树形结构集合，连线挤出，降维数组，转换矩阵，去除底层，形成 A 部分竖直面。通过移动分离等分点其中一组序号，再转树形结构集合，连线挤出，降维数组，转换矩阵，去除底层，形成 B 部分竖直面。

3. 形成 A、B 折面。将等分点转换矩阵，建立以楼层线点位为起始主干的树形结构，并分成间隔两组。利用等差数列形成所有层

不同的出挑距离数值，并分成间隔两组。两组点位分别向外侧法线方向移动，A 组使用

A 组距离数值，B 组使用 B 组距离数值，再编织回各自点位序列。

连线，间隔选择，分组集合，成面，炸碎，移动序列位。移动序列位是保证各个折面是从下部向上部排序。这样就对全部立面按照上挑小、下挑大规则，进行了外挑折板化。

4. 确定截断数。选择一半楼层线上点（考虑立面对称布局）对应 A 折面数量，形成自然数列，通过图形映射改变这些数值使其位于总层数的两个百分比区间内，即变数最大和

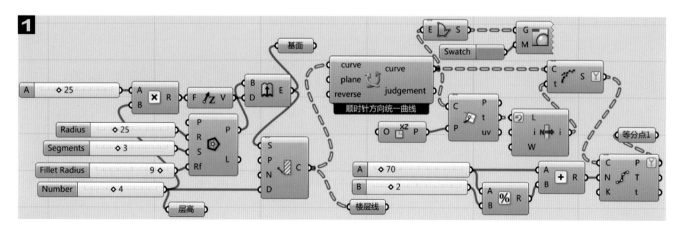

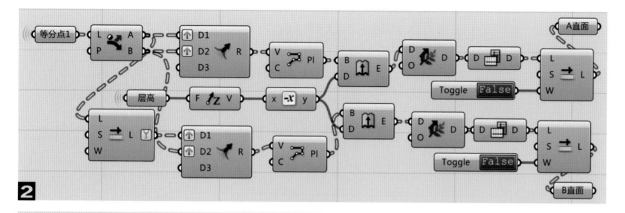

最小区间，也即预留最少层数和可达最大层数。取整、翻转、集合，对结果进行奇数化，以便统一立面上凸起折面起始状态，即从楼板处外凸。

5. 完成 B 组幕墙面。"截断数"减1，从"B 折面"中截取出"B 选择面"，使每竖条折面组上部第一个面是从楼板处外凸。

同时截断"B 直面"，获得没有折面的直面部分。

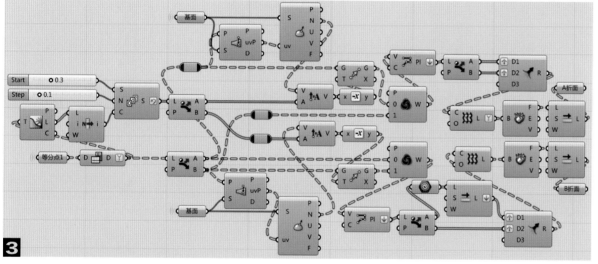

其后将楼层线下移，用所在平面相交完成的折面和直面。用交线分割每块幕墙，形成上下两块玻璃，按面积分类选择，着色。

6. 完成 A 组幕墙面。在用"截断数"从"A 折面"截出选择面后，去除下边一组（该组使用平直面），形成"A 选择面"。然后补齐该位置直面。同 5，完成直面选择和幕墙同层分格。

7. 完成两组侧面封边。从"A 选择面""B 选择面"中，选出四个不带重复点的顶点。

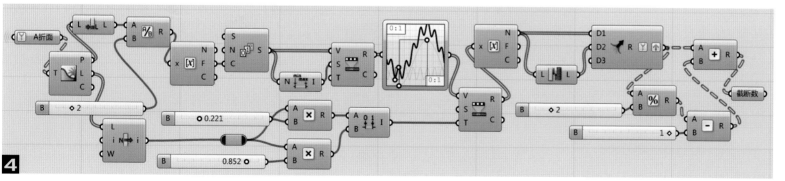

建立其所在基面法线方向的直线，求与基面的交点。

相应交点连线，成面，形成外凸幕墙侧面。这样整体就完成了。

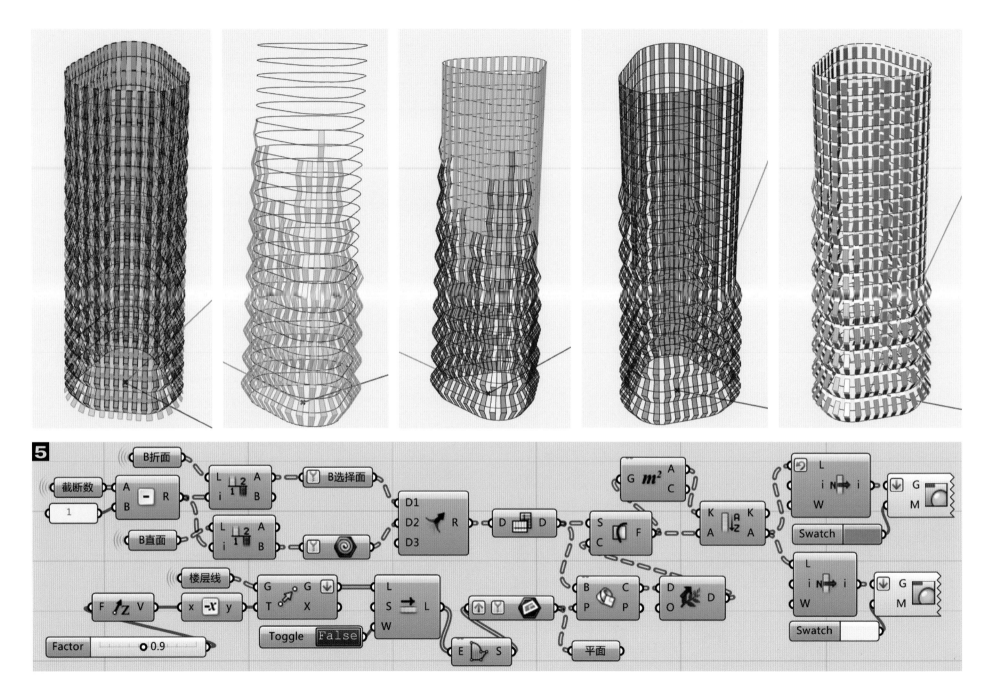

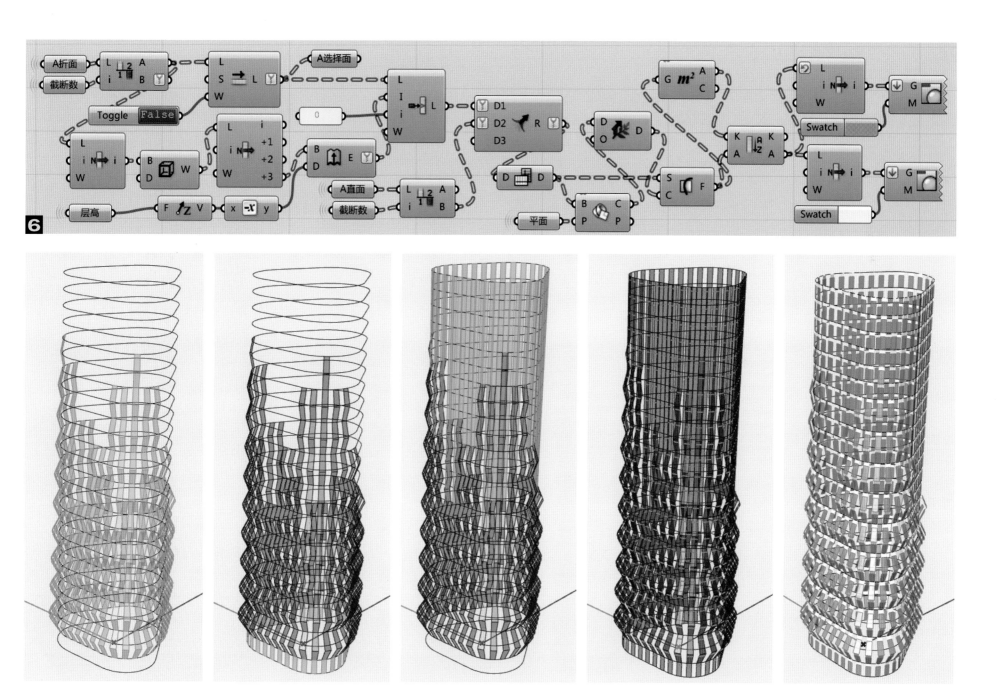

7

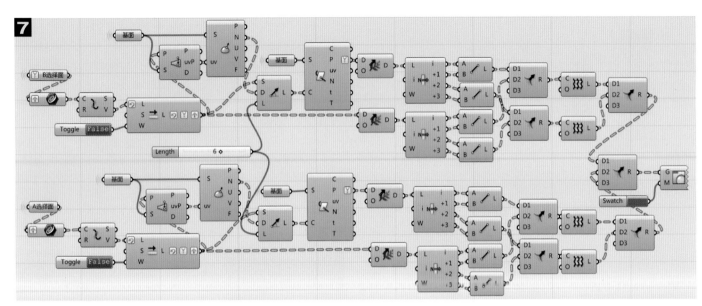

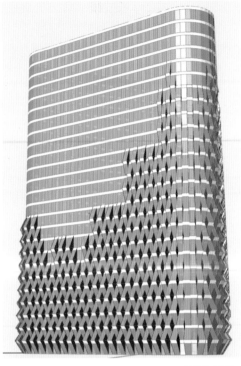

这时，可以将相关参数调大，把1中多边形R端数值和等分点1的等分点数都加大一倍，建筑基本形态就接近于图片所示了。

使用 Contour 作水平楼板线时，最高处切线会形成与其他切线不同的方向，造成后面等分点连线存在交叉现象，故须先统一方向。不用Vipers 插件，也可以手动选择有问题曲线，调整后再放回原序列中。

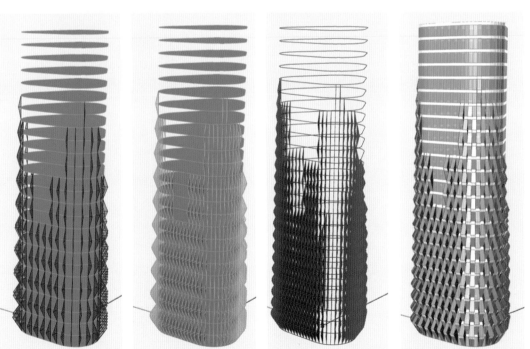

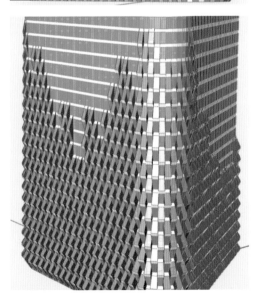

案例 66　圆环张拉膜

GH 对曲面类形体进行编辑能力强大，对于通过袋鼠插件模拟动力学作用也开辟了新的天地。张拉膜结构及形态变化复杂，一般软件处理起来容易缺少张拉后膜的自然形态感，通过 GH 可以实现较为理想的张拉膜形态。

这里简要介绍带中央支杆的圆环张拉膜形态做法。实际上按照此种方法，任何点位都可以设置支杆，任何点都可以改变标高。

1. 首先完成环面的制作。同时形成三个圆，内、外、中。

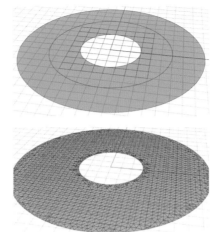

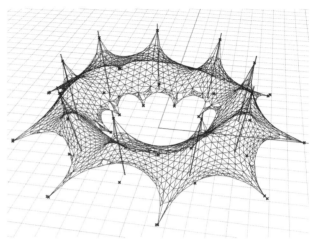

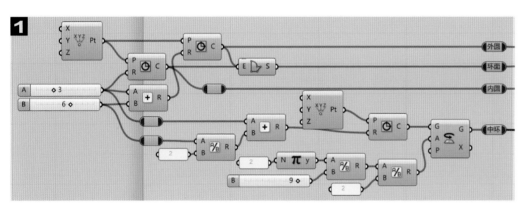

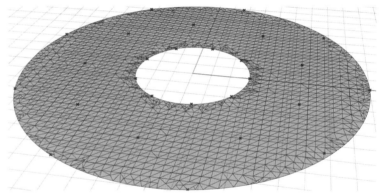

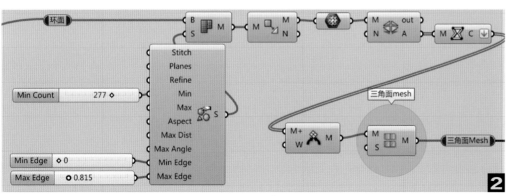

2. 由于力的传导需要依靠 Mesh 面的网格，因此需要将圆环面 Mesh 化，四边形划分，炸碎（用 M+ 插件，也可用 Mesh Explode），取边，连接，最后三角面化。

3. 确定圆环上等分点的最近网格点。这点很重要的，如果不是网格点作为锚点，将起不到固定作用，尽管最近网格点分布不是特别规律，这取决于网格密度。并增加对每组网格点的移动，先把其移动值设为零，否则在加力时，无法对不在 Mesh 面内的点产生影响。在加力后再增加移动值，就可以在受力状态下提升或降低锚点，从而改变整体形态。

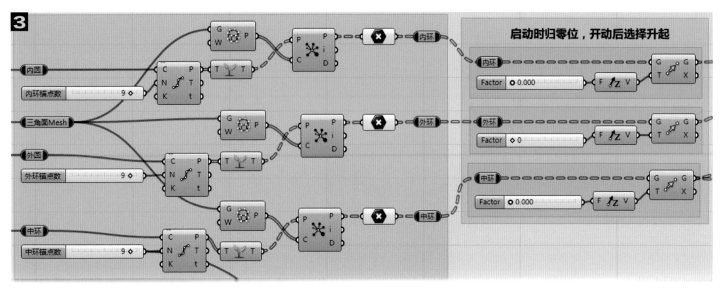

4. 制作中环锚点的支撑杆。实际是随着锚点升起，杆件也升高。支撑杆上端向外延伸一部分。

5. 这部分是动力核心部分。各类张拉膜均可使用这一部分，只要补充前面部分数据就能完成膜结构。可以称为张拉膜的动力室（含输出）。(1) 将 Mesh 网格接入 Springs From Mesh，设定内部张力。同时也接入几何体端。(2) 将各类锚点汇总接入锚点端。(3) 设置好布尔值（True 状态）和时间间隔 20 ms。(4) 输出端接 Face Boundaries。

在各锚点不抬升的状态下，将布尔值 True 改为 False。可见 Mesh 网格处在平面加力状态。

根据需要可以抬升各组锚点，呈现不同的形态。

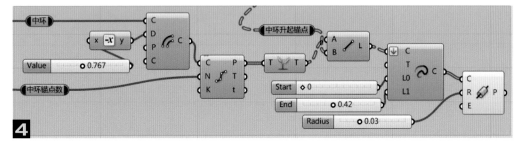

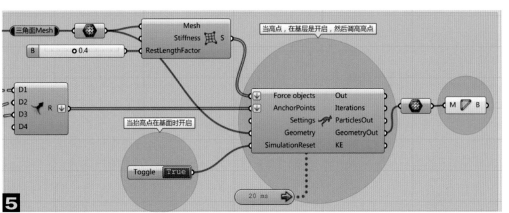

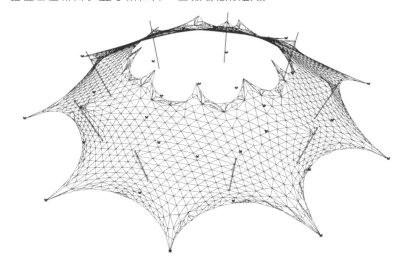

案例 67 中间拱张拉膜

张拉膜形态除了以锚点的形式进行固定外，也能以连续锚点排列，模拟线状固定效果。

1. 首先建立四边形轮廓，成面，然后将面转成 Mesh 面。控制生成的 Mesh 面网格密度、形状，便于传力拉伸后，有利于塑造形成的曲面。将 Mesh 面四边形分割，炸碎，取边，黏合，三角化网格。

取得整体 Mesh 面四边，将四边形化的各边顶点投射到整体四边，消除重复点后，就形成了沿着外部四边的初步锚固点。如果加力后需要抬高这些点，可以采用"案例 66 圆环张拉膜"结构升起的方法，在其后增加 Z 轴移动，未加力前数字设为零，加力后再增加 Z 值。这里提供另外一种方法，使得一次性就可

抬高到需要的 Z 值。

利用加力时的布尔开关提供的布尔值进行控制，实现两种状态。主要利用 Pick "n" Choose 电池块。当布尔值为 False 时，P 端输入 0，即选择输入端 0 端。当布尔值为 True 时，P 端输入 1，即选择输入端 1 端。这时我们把 1 给 0 端，把 0 给 1 端，就实现了当 False 时，输出 1。当 True 时，输出 0。

对于袋鼠物理引擎，当 True 时，是准备状态，当 False 时，是启动状态。这样把输出与 Z 值相乘，就实现了 True 时给引擎输入 0。启动后给引擎输入 Z 值。在布尔值变换中实现了两次赋值。P 端布尔值输入端无线连接到了物理引擎的布尔开关。

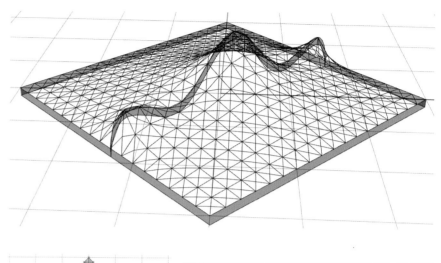

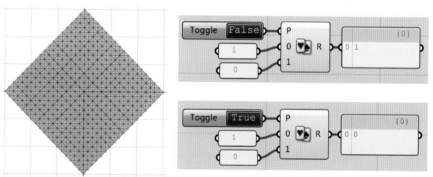

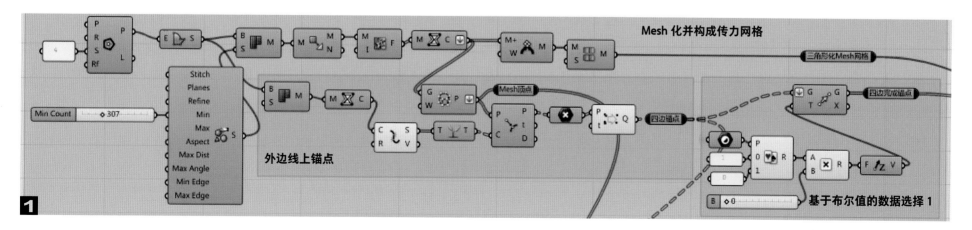

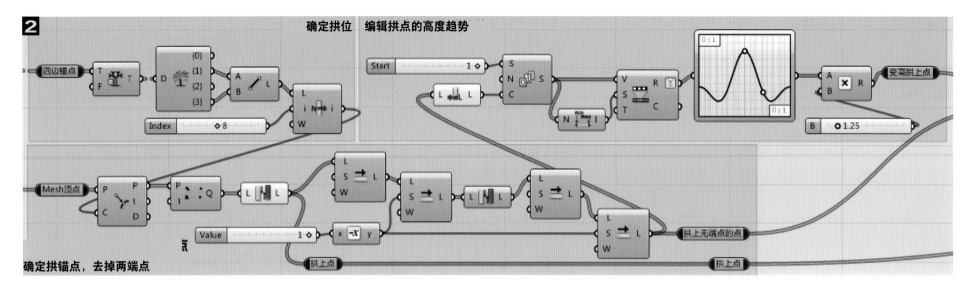

2 确定拱位　编辑拱点的高度趋势

确定拱锚点，去掉两端点

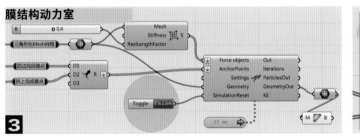

膜结构动力室

3

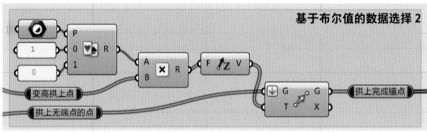

基于布尔值的数据选择 2

当打开布尔开关时，可一次性实现张拉膜结构的成形。当关闭时，立刻恢复待加力状态。快速实现两种状态转换。

2. 确立拱的信息。首先选定拱的位置，继续投射 Mesh 格点，以确保新形成的锚固点处在网格格点上。去掉两端端点，以便对其进行 Z 值调整，同时又保持周边连续。对中间这些点进行图形映射（可进行调换），然后增加由布尔开关控制的双输出，其结果作为锚固点。

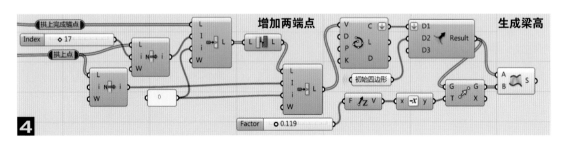

4　增加两端点　生成梁高

3. 可以称这部分为动力室。将三角网格化 Mesh 增加内力，将锚固点分类集合输入，确定其他要件，物理引擎输出为 Face Boundaries。注意布尔开关无线连接到前述两处。

4. 增加拱两端端点，生成拱以及四边形体。

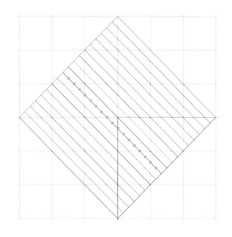

案例 68　水上运动中心——主体及连廊

已知在一个 500 米长、60 米宽的平坦海面堤坝面上，完成一个中央为 2 层办公功能、两翼为分隔堤坝面南北的室外遮雨廊的建筑。如下图所示。遮雨廊线中心应距离北侧堤坝边缘线 10 米。两层的中央建筑建筑面积约 3000 平方米左右。希望通过 GH 形成屋面连续起伏的总体效果。

1. 首先要建立一个反映实际尺度等基本条件的环境条件。即在 Rhino 中，建立堤坝面（10 米宽、250 米长）

和中央建筑的大致范围，使其尺寸和面积基本符合实际工程要求。

2. 按照各个角度形成各条曲线（蓝色线），考虑对称性，仅建一半即可。

注意各条曲线使用控制点曲线，端点需要重合（使用捕捉端点）。调节各控制点，使之趋向各图所示。

1

2

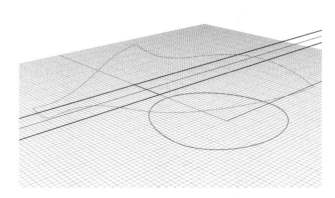

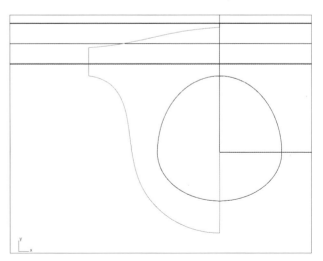

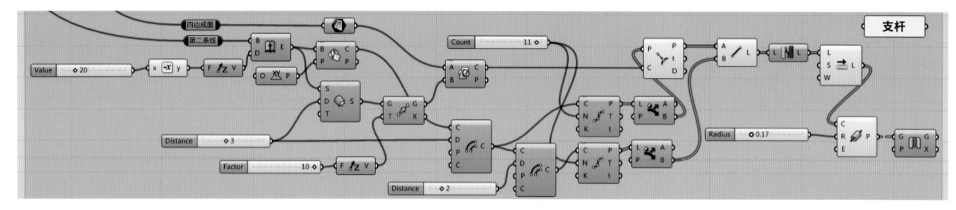

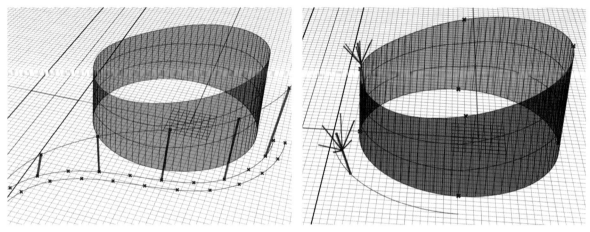

3. 北侧支柱。利用墙体面炸碎后的西北侧边，偏移取其中点，投射到屋顶下表面，并作连线。在连线上取到其上一点。然后以地面上的中点画圆，等分，将等分点投射到屋顶下表面。将投射点与上、下中心连线上的点连线，套管。主管比支管略粗。

4. 主体遮阳。遮阳应位于墙体外侧，故把墙体与屋顶下表面相交线偏移，成面，与整体屋顶下表面相交，获得遮阳所在面与下表面交线位置。该线向下移动，等分点，对 Z 值进行数据映射和图形映射，形成新的位置点，成面，分格。

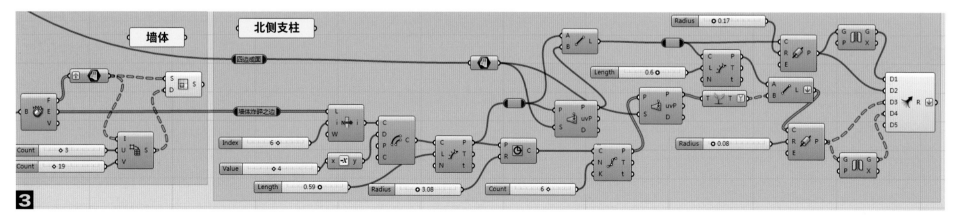

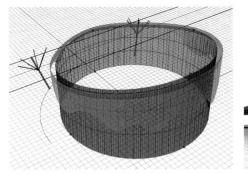

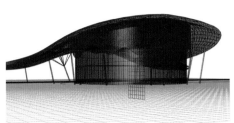

廊子采用中间单柱，两侧悬挑形式。由翼根部向外侧分为五段，第一段为屋顶上下摆动段，第二段是第一段向第三段过渡段，避免生硬连接，第三段为左右摆动段，第四段为平直不摆动段，第五段为半圆形结束段。

5. 第一段上下波动下表面。移动第 3 条线到该段末尾位置。将该曲线沿线中心点变短到适合廊子屋顶的宽度。等分点去掉两端点，对剩下点给予新的 Z 值，使其产生上下波动效果。再接回始末点，双轨成面。这样做的目的是保持形成后的廊子两端都处在较好的位置，易于与两侧建筑衔接。

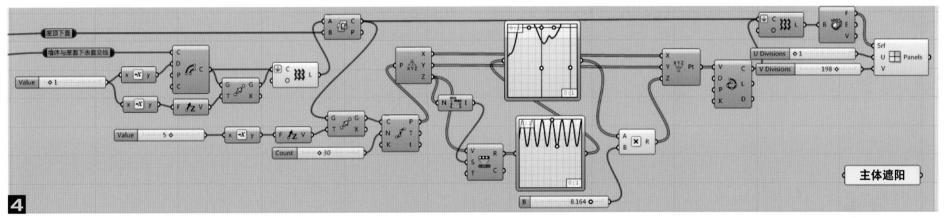

4

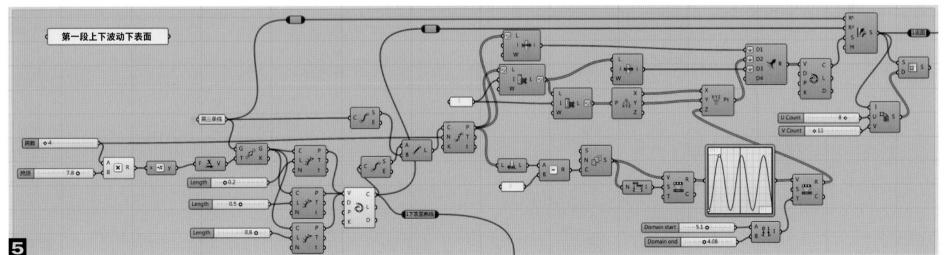

5

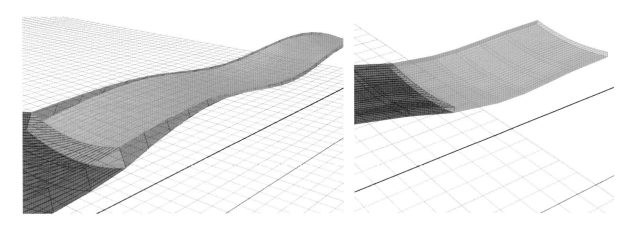

6. 第一段上表面及侧面。由于完成的廊子屋面下表面向上偏移后，上表面与中央体不能很好连接，而且希望屋顶厚度减薄，因此进行调整。用中央体上表面端线即第3条线对应的上表面线的起点，取代下表面偏移后边线的起点，重新双轨生成一个上表面，并将其与下表面边侧封面。

这样在第一段在塑造上下波动的同时，逐渐减少了廊子的宽度和厚度，实现了形态的基本过渡。

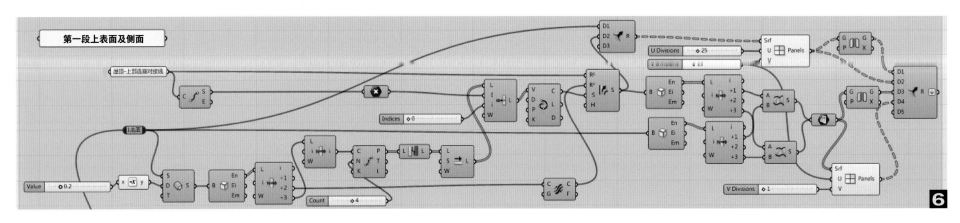

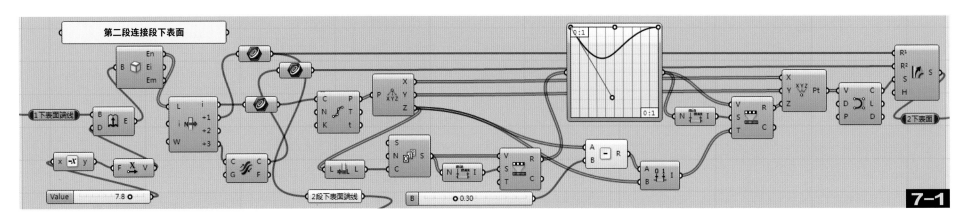

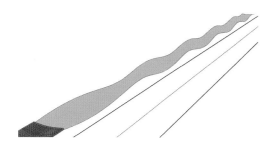

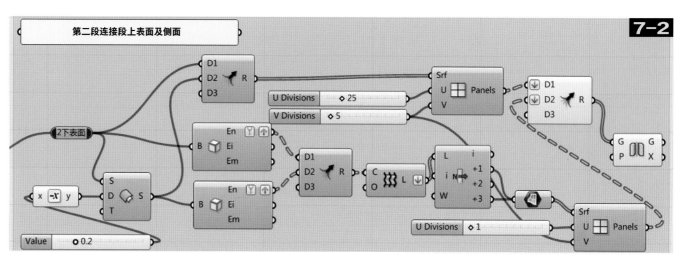

第二段连接段上表面及侧面

7.1~7.2. 第二段过渡段。将上一段端线拉伸一跨长度，获得其对边，对其对边之一进行等分点，对等分点 Z 值进行图形映射，顺接第一段和第三段（第三段完成后可调整）。偏移成上表面，形成侧面。

8. 第三段左右摆动下表面。首先获得上一阶段下表面端线的中点，廊子 1/2 总长度 250 米减掉已经使用的 X 值（X=0 时为对

称轴位置），再减掉 7.8 米跨的 6 跨（预留第四段平直段跨数），得到本段长度。复制中心点和端线，去掉始末数据，其他参与摆动。摆动就是断面线（复制的端线）沿着中心点的旋转。通过数列制造与断面线数量相同的周期性弧度值，进行绕轴旋转。将始

末断面线插入成面，形成第三段下表面。

9. 第三段左右摆动上表面及侧面。向上偏移面，取其边线成对形成侧面。

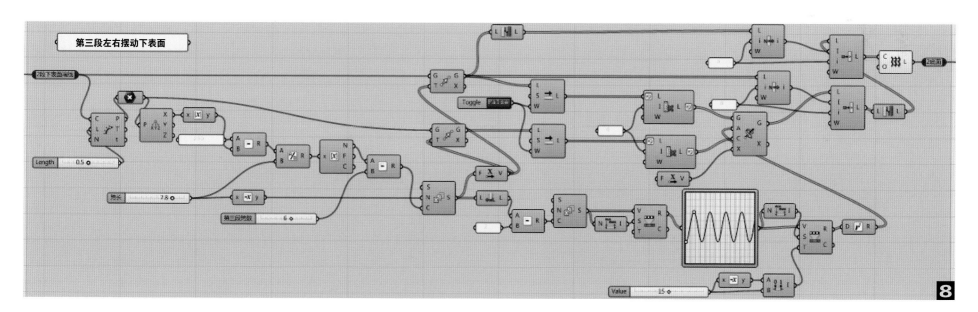

第三段左右摆动下表面

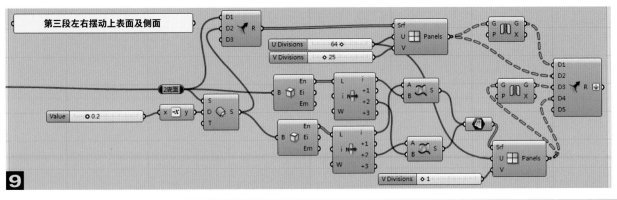

9 第三段左右摆动上表面及侧面

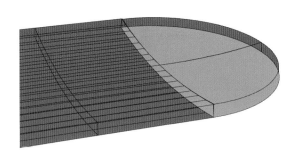

10 第四段平直段

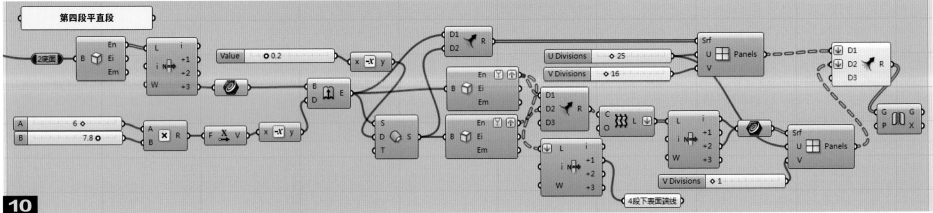

11 结束段

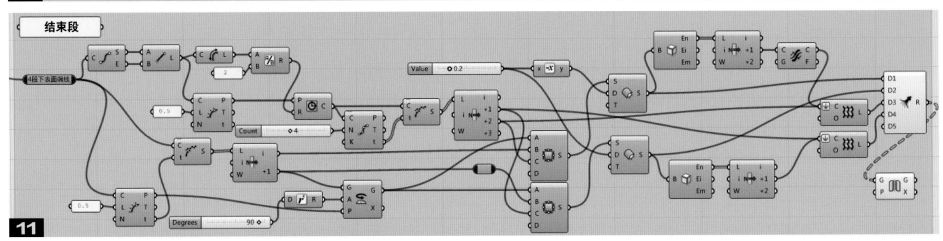

10. 第四段平直段。设置如图所示。

11. 第五段结束段。连接廊宽方向端点，获得半径值。以外端点平直连线中点为圆心，作圆，使其与侧面相接。将下表面端线在圆心处打断，旋转至 90° 方向位置。圆周长也四分打断，获得弧形边，利用四边成面（实际只有三边）。向上偏移后获得上表面，利用面的各边获得侧面，镜像。

通过五段各自不同的处理，形成由中间向两侧不断变化的廊子屋顶，反映滨海环境波浪的意象。在上述过程中，柱跨、跨距、厚度以及分格数值等是可以相互关联的。

12. 廊下柱。获得总廊长度，按柱跨等分。取出第一段 5 个点，成面，交于第一段下表面成线，得最近点，与其他点集合，生成垂直线并套管成柱。这样就初步完成了整体的概念性设计。

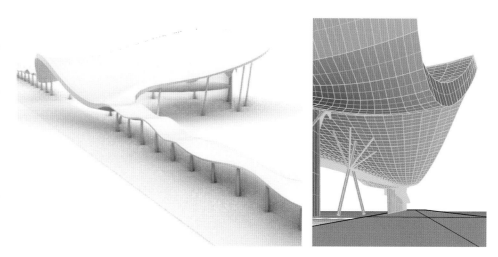

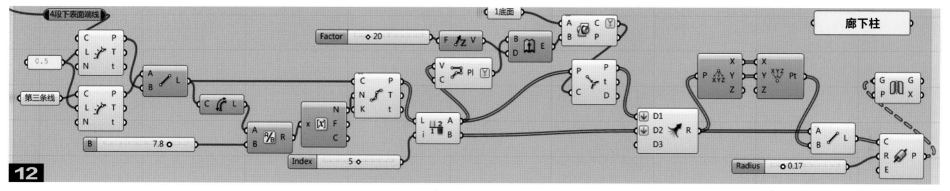

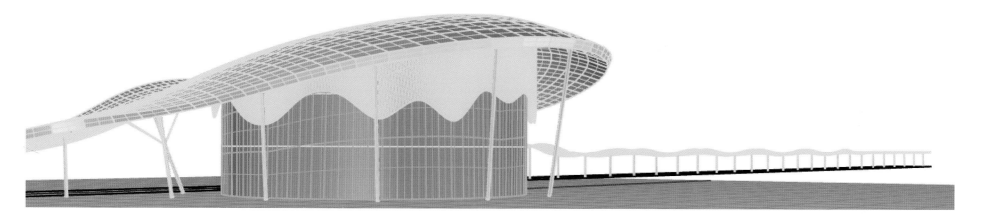

本案为塑造一个碗形设施。人们可以坐在内部的看台上，观看场内外风景。周边墙体曲面上翻，两侧留有空洞，方便人们进入，北侧高起，上部留有水平空隙。北侧外墙设有渐变图案化外饰。内部地面设有放射性图案。

1. 首先确定三个同心圆形。外圆控制总范围，使之适合用地。造型主要从内圆开始，中圆、外圆作为辅助。找到外圆开始点，与圆心连线，与中圆、内圆形成交点，连接这两个交点，等分点，然后利用图形映射制造新的 Z 值，将新点连线，这就形成了曲墙的断面线，利用它形成碗的基本形态。

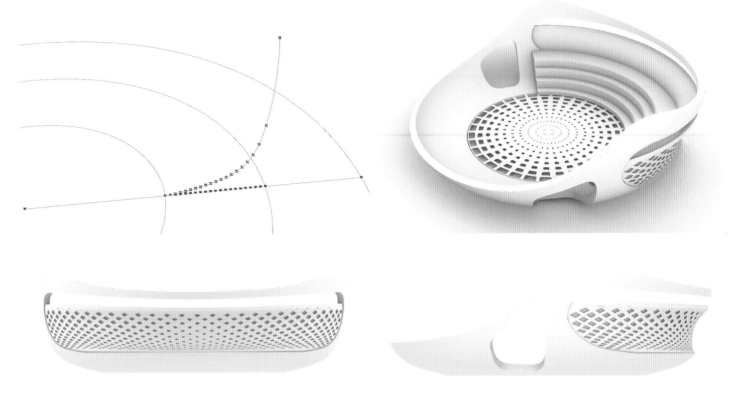

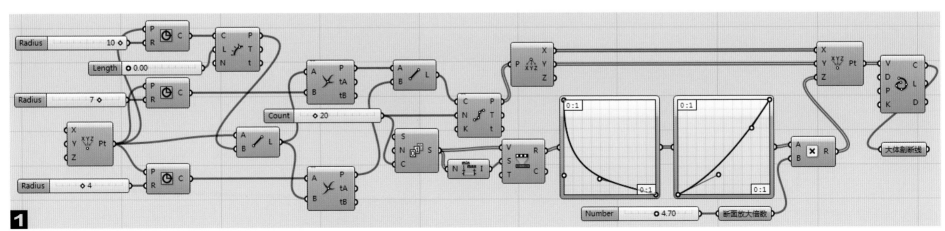

1

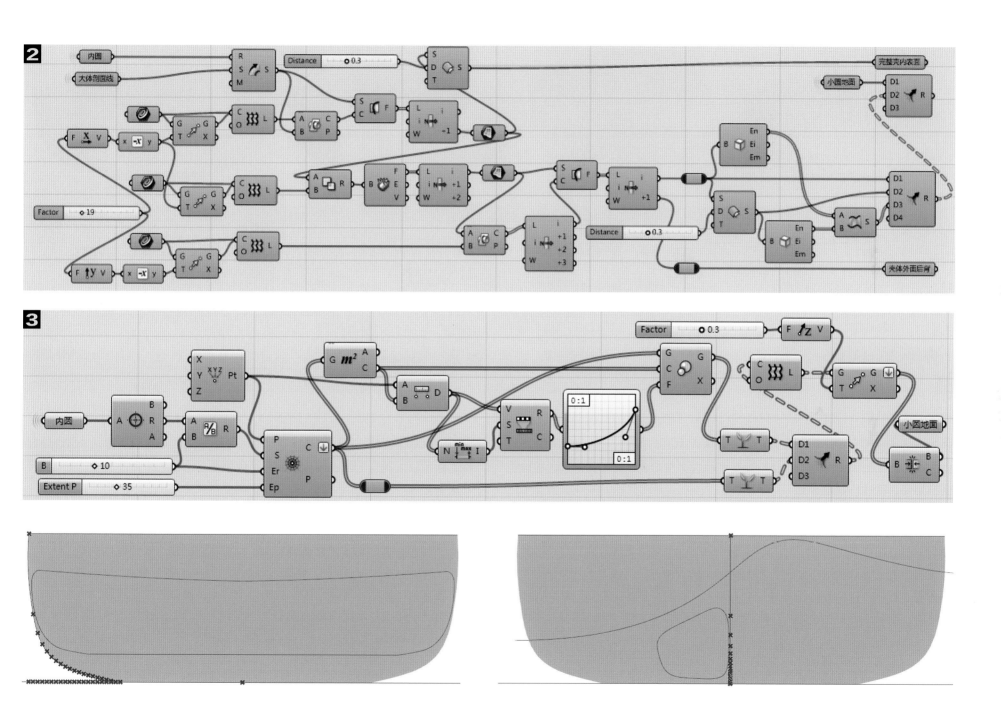

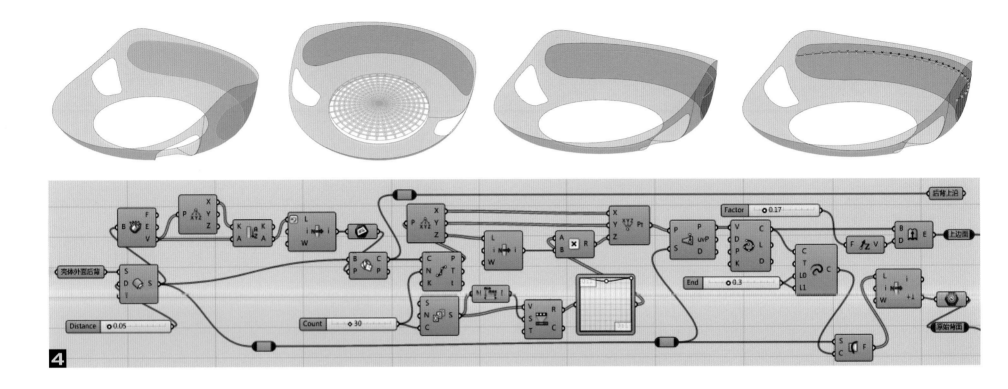

2. 切割基本面。使用内圆和剖断线，作单轨扫面。在 Rhino 里按照图式式样形成 3 条曲线（已内置保存），利用这三条曲线各自形成的柱面，对基本碗体先进行切割，再进行布尔运算，再切割，这个过程中顺序可自行安排，直至形成基本形态。将壳体外面后背单独选出，以备后面形成北墙。同时用基本面偏移形成完整壳内表面（未切割前），其他部分加厚，封边面。

3. 编辑小圆地面。根据小圆尺寸匹配放射格网，使之正好覆盖小圆范围。根据小圆圆心到各个格中心的距离确定缩小倍率，使用图形映射处理，然后与原有格成面，连接，形成放射变化图案。将形成的结果汇集到 2 的成果中。

4. 划分后背面。将后背面向内少量偏移，形成退后面，炸碎后根据边线上点的分布特点，按照 X 值筛选处中上部位点，作水平面，与退后面形成交线（后背

上沿）。将该线等分点，利用图形映射改变点 Z 值，并连线，形成中间略微下垂的曲线，以适合上部造型。把连线两段延伸后，切割退后后背面。形成了下部还未继续处理的"原始背面"，上部面隐藏形成空洞。把新连线向上拉伸成面，形成"上边面"。

5. 原始背面处理。将 4 的原始背面取边，重新生成面，形成略内凹面。炸碎该 Brep，取出上部 Surface 面，使用 Lunch Box 插件的菱形分格，划分原始背面。这里使用整体原始背面的立体中心作为干扰点，对菱形单元根据其中心与干扰点距离情况（图形映射成缩小倍率）进行缩小，并与原来格成面。原始背面炸碎形成的 Surface 面"中背面"与其他面进行偏移，"上边面"封边面。引出偏移后"中背面"为"中背面偏移"（未进行菱形分格，内外侧不同）。将各类面汇总，这样就完成了北侧墙体部分造型。

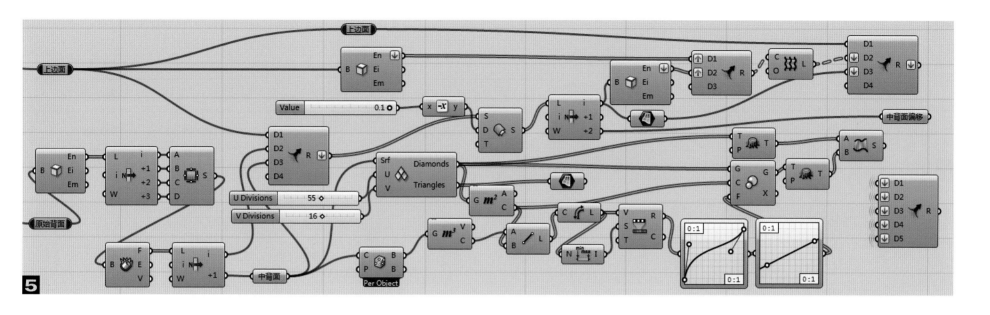

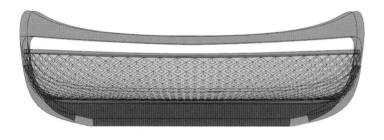

需要注意的是，利用切割后的面的四边再次生成四边面时，面的形状与原来的面会有很大的不同，本案利用了这一特点，形成反弯的形状，能够契合碗的这部分形态。

6. 制作看台。由于后背面内凹，为防止看台探出后背，需要修正看台遵循的圆。使用时，发现"后背上沿"不是圆弧线，现将其近似模拟为圆弧线。进而获得圆，投射到 XY 平面，再提升到需要位置。以此标高圆为基础，向外按照 5 级，每级 0.45 宽度扩大圆，形成看台初步的后边界投影位置。设定看台起始点位置。利用三点成圆弧，设定"小圆座椅弧线"，在座椅区形成每级高

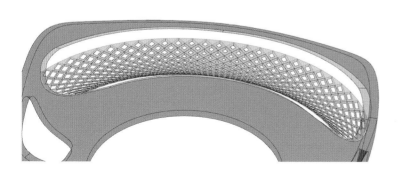

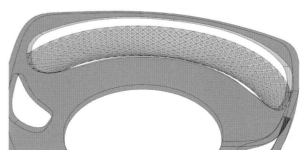

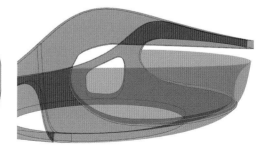

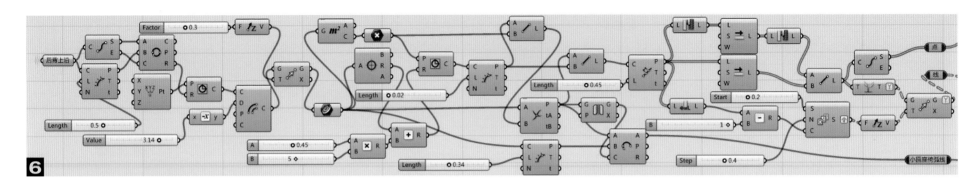

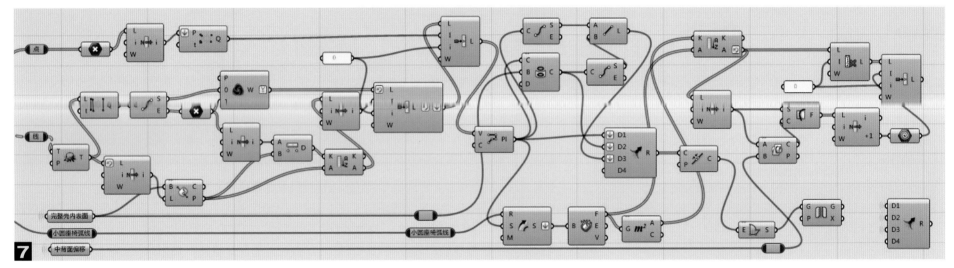

度 0.4 的看台标高线。

7. 完成看台。根据 6 的数据，先形成看台座面部分连续线。通过最上座面线，获得与"完整壳内表面"的焦点，依据与座面线端点距离筛选出最近点，这样获得最上座面与内表面的一个交点。将其补加到已有的点集中，连线，扫出座椅面。

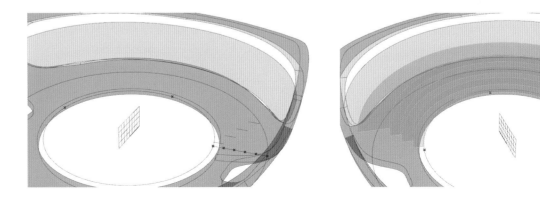

将向"完整壳内表面"投射，获得看台侧面与其交线，并补齐前部欠缺连线，再通过镜像，形成看台两边侧面。

但是看台上表面，凸出"中背面偏移"，即北侧墙内表面。通过炸碎看台，依据面积大小筛选出看台最上表面，求得与"中背面偏移"的交线，用交线切掉多出部分。最后，将看台各部分完成面等集合。

实际设计中，整个过程并不是一蹴而就的，而是渐进完成的。

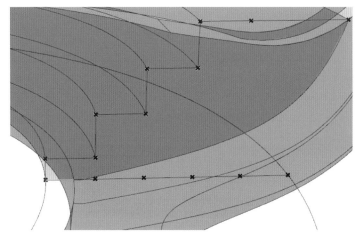

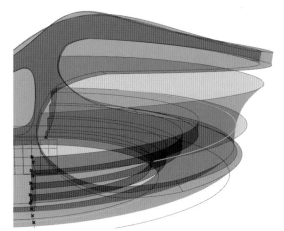

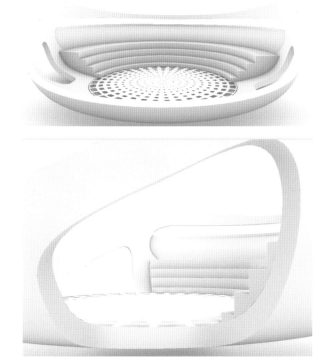

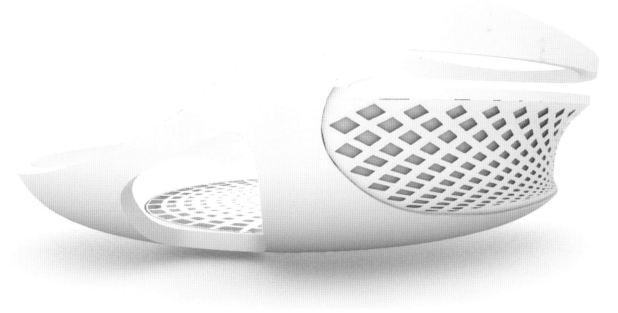

GH 有着强大的对于曲面的编辑能力，但在实际中，码太多的电池块并不是首选，会降低工作效率。Rhino 和 GH 相结合才是更高效的办法，特别是在概念设计阶段。哪个快速就应该先用哪个，深入推敲时，可以逐步转成有意义的电池组。

本例中，用到的塑形曲线实际上是在 Rhino 中先确定的曲线，基本确定成型后，在调整中逐步将将曲线改为电池组描述，这样避免工作界面来回调动，有利于调整效率的提升。

这个瞭望塔主要由两个部分组成。其一是塔身，另一部分是外壳。Rhino 确定曲线的办法比较简单。这里直接给出用电池组描述曲线的方法，从中可见，如果一开始就用电池块，是比较麻烦的，而且还难有具体的工作方向。

1~4. 分别制造 4 条曲线。使相互间共用顶点。这可以在 Rhino 中先形成近似曲线，然后再转为 GH 多点连线。

第四条线是先简单形成直线，然后等分点后对等分点的坐标值进行调整，从而形成曲线。2、4 曲线位于 XZ 面上，便于后面进行镜像。

作为可视化编程软件，每个点都是在 Rhino 界面可见的。在替换 Rhino 曲线过程中，可以根据视觉判断点位的合适程度。一般情况下，调整维度最多不超过 2 个。电池组代替后可以提供准确的尺寸等数据，便于深化。

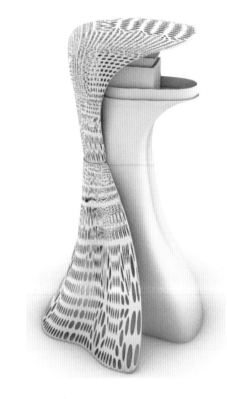

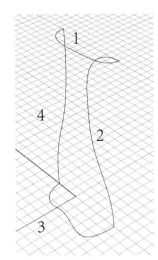

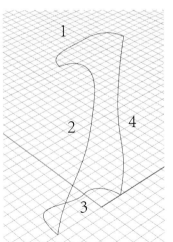

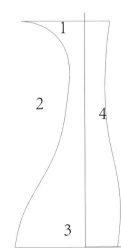

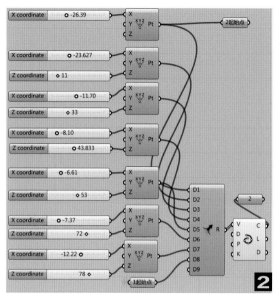

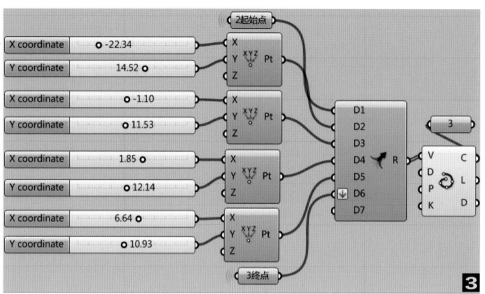

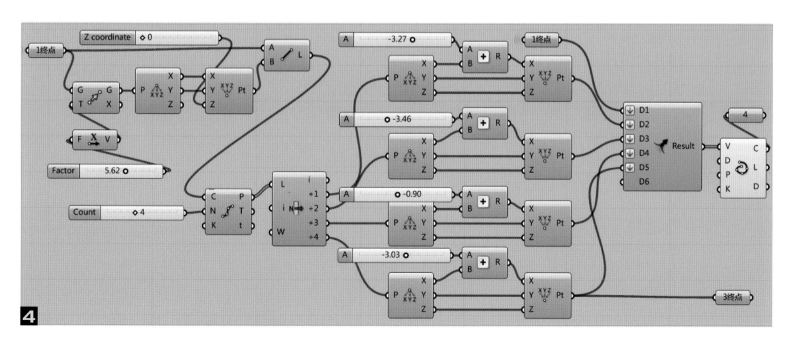

5. 生成塔身。先将四边按照逆时针或顺时针顺序成面。这两种不同顺序生成的曲面，形状是相同的，但会有不同的属性，对后面取参数顺序有不同的影响。四边成面时，不要隔着交叉排序，否则会生成非预期曲面。镜像后构成完整塔身。使用 1 号线生成楼板以及栏板。

6. 通过楼板边次第生成墙体、屋顶板和檐口。

7. 生成外壳。在 Rhino 中生成三条曲线 w1~w3。为了更好地生成曲面，需要将 w1、w2 在中点处打断，分别形成 A、B、C、D 四断线。

需要注意的是 Evaluate Length 在线段参数化和非参数化状态下 t 值是不同的。对于同一条线，按照 0.5 长度取点，前述两种状态会得出不同的点位置。与打断结合时，需要同步参数化或不参数化。

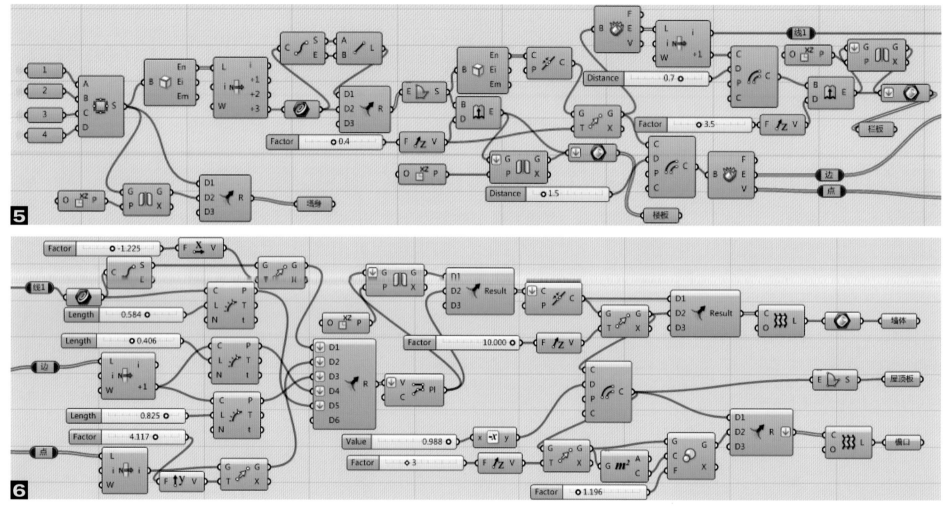

为了获得更好的曲面，需要将上部壳面，再次分割成两段，形成上断线和下断线。

8. 由于连线复杂，将各段分别表述。在 A、B 与 C、D 连接处设置下断线，取得一半曲线。在 A、B 的 0.7 长度处，通过该位置水平面与 B 线交点绘制三点圆，获得上断线。分别在上部壳体的两个部分形成壳面并集合。这里 0.7 部分头部的壳体，会产生不光滑面，打碎后重新生成，可得较好面。

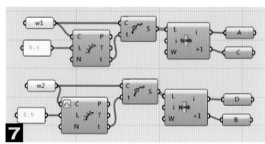

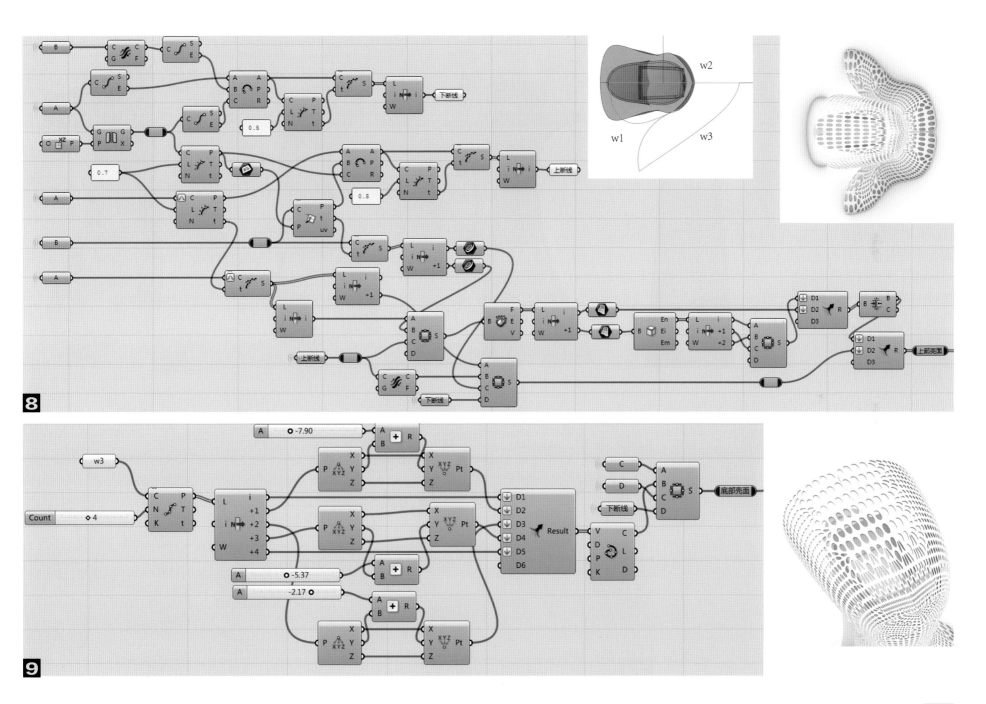

9. 完成底部壳面。这
一部分采用线化点进
行 GH 界面内调整模
式，以方便调整下部
形态。

10. 最后将其合并镜像
后，进行 Mesh 化处
理，完成效果。

曲面弯曲度变化较大
时，适当分面有利于
每段曲面舒展顺滑，
但是要选择合适位置
并注意衔接处平顺过
渡。

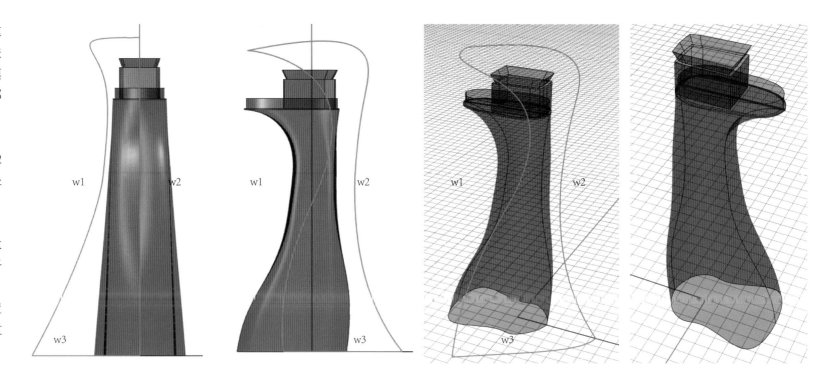

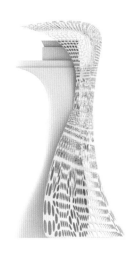

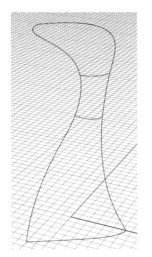

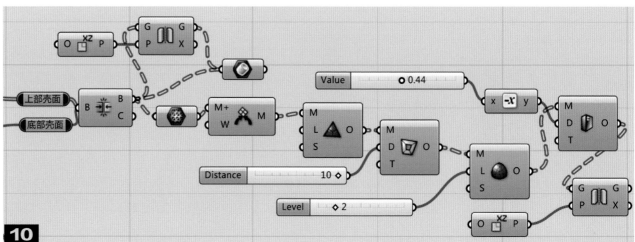

二、命令与逻辑建构

计算机是人类改变世界的一种工具，计算机内运行的软件也成为完成某个特定类型任务的助手。通过计算机提供的人机交互界面，软件执行特定而具体的命令，完成某个具体的微任务，再形成微任务的逻辑组合来达成目标。命令成为完成任务的最基础单元。

在 GH 中，命令不再是按顺序输入的字母，而是可视化的类电池模块，它们直接根据左侧的输入数据产生右侧的输出数据，绝大部分同时在 Rhino 中做出结果，显示虚像。这种特定格式下，只有使用提供的命令才能驱动软件。所以针对初学者学习的大量 GH 教程就是教会大家学习这些命令的功能。但是很多人学习完上述单个命令后却发现不知如何使用。

人们是为了达成一个目标而使用一种工具。GH 需要人们根据其命令能力去逻辑建构一个解决问题的程序，在这个程序中，通过各类参数和命令达成最后的目标。

命令的组合使用的基础是需要逻辑建构程序，从广义上讲，也可称之为算法。

逻辑建构程序将完成的大任务转化为小任务、微任务，大部分情况下，在微、小任务完成中，才能直接使用 GH 命令。如果把基本命令当作语言学中的单词，那么这种逻辑建构程序就是句法。我们要表达的意思就是要用 GH 完成的目标，表达意思的语句及其内在逻辑（句法）就是所说的逻辑建构程序，语句中的每个单词就是 GH 的基本命令。当人们只知道单词意思，不知道要表达什么意思以及如何组句、没有句法的时候，确实不知如何表达。

在 GH 中，为了更广泛的适应性，大部分提供的命令是最基本的命令。其使用存在着常用组合，它们构成了一些词组。甚至在广泛使用中，会形成针对某一领域的更多固定命令组合，来完成一个特定功能，类似形成专有词汇。掌握这些基本命令的扩展，使人们更容易使用，更利于便捷地达到目的。

逻辑建构程序是将目标与这些命令或命令组连接起来的桥梁。GH 参数化设计思维能力就是包含建立这种逻辑建构程序的能力。一方面需要一般性的逻辑分析能力，符合计算机运算的严密性；另一方面也需要了解 GH 所能解决问题的能力，保证逻辑建构的程序单元确实能为 GH 处理完成。也即这种逻辑建构是基于对 GH 掌握的基础上的建构，而不是普通的逻辑建构。这种了解越深入、越广泛，逻辑建构程序的层次越少、越简洁，构建速度越快。这样，对 GH 的实践认知与逻辑建构的交互作用，会不断推动和提高逻辑建构程序的生成水平。缺少这种逻辑建构，就无法跨越抽象命令与现实目标的鸿沟。

通过 GH 进行的参数化设计，其表现形式有着自身的特点，其解决问题的途径和效果在一定范围内呈现出一定的规律。这些工作方式经过不断完善和归纳，就呈现出特点鲜明的逻辑建构模式。它们与完成的目标趋势保持一致性，使人们更快地建构起达成目标的逻辑。

命令（包括固定搭配的命令功能扩展）和逻辑建构程序构成了 GH 用于解决具体问题的两个重要组成部分。

2.1 命令菜单的设置理解

一个软件的功能通常可以从命令菜单的组成中反映出来，理解其设定的内容可以更好地加以记忆和使用。GH 菜单内有些命令组在其他的类似软件中不太常出现，会使初学者感到无所适从，不知道为什么需要这些与其他建模软件完全不同的奇怪命令。

其实如果使用一段时间后，我们就会慢慢理解这些命令的特殊内容和其存在的必要性，以及更深刻地理解软件运行的特点。

GH 软件的特点之一就是嵌套在 Rhino 中。这样的特点是便于在两个软件中互动。主要表现在 GH 可以从 Rhino 中引入几何体进行加工。因此必然设有相应的命令，这就需要设置 Params 大菜单。这里按照数据类型和几何特点设有较多的引入命令，同时也将另 些特殊输入性设定命令结合在一起，就形成了最开始的菜单。

GH 软件设定的目标之一就是使使用者通过可视化节点来实现逻辑的建构，通过设定参数来完成模型并加以修改。那么在借助于 Rhino 显示其成果的时候，需要呈现的是一个虚影，以便不断更改，不断显示过程中最新的图形，并通过开关来控制其显示，避免重叠。只有最终满足要求后，再通过命令将其固化，否则屏幕就会被很多过程结果占据，使新结果难以显现。但这样就导致一个问题，就是鼠标无法拾取过程的虚影，不能像其他类似功能软件，以鼠标 + 键盘的交互手段来进行人机互动。

指定物体除了通过鼠标点选物体，GH 给出了另外的方法，这就是建立序列。类似数据库的结构，通过建立编号提供数据位置，通过序号来提取数据。就像建立一系列抽屉，将数据装到抽屉里，按照抽屉编号来指定抽屉内数据。这些数据可以是数字，也可以是几何元素。为实现这一指代体系，就需要建立 List 菜单的有关序列命令。

在 List 菜单中，有对序号（Index）和内容（Item）的功能命令，以便满足各种对序列的编辑，从而可以便捷地选择所需要的编辑对象。这样确定指代数据以及选择就转化为对数据序列序号的确定和编辑。

但是编辑的对象是复杂的，当有多种、多层次对象时，在不同的构造层次中，需要保持序号指代的唯一性。因此，诞生了树形的数据结构。类似于一个单位在城市中的通信地址，建立城市—区—道路—地址编号的寻址结构。通过层级来不断划分层级元素群，直到到达最后一个层级。也就是说通过分层或是通过树形的分支来不断细分路径。这样就可以解决具有复杂层级的形体或多元素的确定。因此需要设立 Tree 菜单。

由于 GH 具有在一些编辑命令完成后自动增加分支的内设特点，该菜单如 List 一样，也提供了对层次或是分支的编辑命令，以实现自如的控制分支状态。

在能够控制底层序列排序和分支自如的情况下，还要满足对象与对象间的组合配对，来完成数据间的操作，这就需要确定规则。根据两组底层数据序列对应组合的可能性，无外乎以短数据序列优先（包括了等长数据序列）、以长数据序列优先以及平等交叉对应这三种情况。因此，构成了数据序列计算配对的规则。

完成上述三个内容，就实现了对编辑对象的指定和底层数据间的配对计算安排。

除 List 和 Tree 菜单外，Sets 菜单提供了序列间的组合关系（非计算关系）。Text 菜单作为特殊数据类型提供字符的序列、编辑功能。由于数据序列不仅仅来自几何形体，Sequence 菜单提供数学产生数据序列的可能以及特殊编辑命令。上述这些命令组进一步完善了 Sets 大菜单数据指代、序列建立与编辑。

完成了灵活性数据指代、配对等处理，下一步就需要进行计算。虽然几何形体的变化也是一种计算，但是不是简单的数值计算。这里 GH 划分为数值计算和形体几何性质改变的计算。

数值计算就需要 Math 菜单，Math 菜单提供各种基本的数学计算、相关常数以及数值区间等表达方式和计算工具。

形体几何性质的改变需要指定方向，否则无法在不使用鼠标的情况下，在空间中确定所需的方向。这样反映坐标系框架的 Plane 和向量 Vector 菜单就是必要的。GH 将其与点类命令合并形成了大类菜单 Vector。

当设定完输入类、指代数据及编辑等基本条件后，才能依据几何体的特点，按照点、曲线、面、Mesh 面的顺序，提供针对几何体的生成、属性提取和编辑命令，分别形成各自大菜单。同时在其内也添加了关系相近的特殊命令组。

相交是几何中重要的相对关系，是几何元素组合衔接的重要基础编辑命令，在 Intersect 大菜单中，将各类几何元素相交收于一单元。

除相交外，另一个重要的几何元素编辑命令单元就是 Transform 大菜单，提供移动、旋转、缩放等各类基础性改变空间位置、状态类命令。同时也结合了几何元素排列和编组等辅助命令。

相对于与几何元素有关的那些菜单命令，比较难以理解和使用的部分主要是指代性的数据序列处理，特别是树形数据的编辑。由于序列配对计算遵守着内设的规则，故数据序列排序、数据结构变得十分重要。如果对此加以忽视，其计算结果与期待会大相径庭。这与其他软件有较大的区别，经常会使初学者十分迷惑。但是这样的设置也带来该软件的巨大优势，就是可以快速进行针对几何元素群和数据群的编辑，可以更好地揭示群变化的魅力。

我们试着理解这样设置菜单的缘由，不管其是否反映了软件制作人员的初衷，至少其可以串联起各个菜单，会为我们记忆这些初看起来很特别的菜单、理解命令分布和正确使用创造有利的条件。

2.2 常用命令及相关知识

不考虑插件，GH 命令总体上大约有 760 多个，常用的命令（因人而异），一般在 200 左右，占 1/3 不到。能够掌握这些常用基本命令，就完全可以具备一定的建模能力。对于那些不常用的命令，除一些特殊功能外，大部分根据命令左侧输入端提示，都可以自行掌握。

除了传统的依据菜单排序学习外，为了更便于使用，可以按照自己熟悉的知识体系来分类掌握。这里按照数学几何的点、线、面、Mesh、Brep、向量和数，以及单一序列、多组序列（树形数据）、显示、通用编辑等来组织列表，对常用的命令和部分命令组进行归类（详见附录：常用命令说明表）。这其中也涉及一些相关数学知识和其他需要注意的重要知识节点。

1）缺省坐标系框架与对象坐标系框架

GH 使用 Rhino 中缺省坐标系。其原点和 X、Y、Z 方向，与 Rhino 中的一致。未特别指明的情况下，上述内容均为缺省坐标系框架下状态。

对象坐标系框架指基于几何对象的坐标系，即几何对象的某点为坐标原点形成的直角坐标系框架。该坐标系框架依附于具体的点，不同的点具有不同的坐标系框架。

使用涉及坐标系框架的命令时，应注意区别坐标系框架所指。

2）线的类型

线可以分为直线和曲线。直线可以看作曲线的一个特殊类别。一般比较容易理解。曲线相对比较复杂一些，通常涉及一些数学概念。

（1）样条：如果把结点设想成固定的圆柱形金属辊轴，在其间放入薄金属片，自然弯曲后得到光滑变化的形状，这个形状就称为样条。这是样条最早的定义。

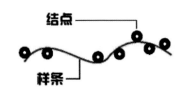

（2）样条曲线（Spline Curves）：通过给定一组控制点而得到一条曲线，其大致形状由这些点进行控制，这样的曲线就叫样条曲线。实际上，是通过数值计算，逼近控制点形成多边形（过点折线）的光滑参数曲线段构成。改变顶点或控制点位置和数量，就会改变曲线形态。

（3）B样条曲线（B-spline Curves）：最早来源于贝塞尔曲线，即用于描述最简单的自由形态曲线，但其描述方法在局部修改性等方面存在较多缺陷。后经数学函数的替换，人们拓展了贝塞尔曲线，使之易于修改，更容易确定曲线形态，形成了被称为B样条曲线的新型曲线。

其可以根据顶点（控制点）分段分别来进行数学描述曲线，并且具有在分段处的良好连续性、使曲线通过指定点等一系列优势。从其数学描述上看，B样条曲线可以看作由很多段曲线连续连接而成，因此存在段数的概念。每段曲线使用控制点的数量就是其阶数。阶数越大，每段控制点越多，曲线弯曲越精细、越圆滑。阶数越少，每段控制点越少，曲线弯曲越直接、越平滑。

（4）NURBs（Non-Uniform Rational B-splines）曲线：即非均匀有理B样条曲线。"非均匀性"是指当把控制节点施以权重，使控制顶点影响力范围能够改变，彼此不均等的情况。"有理"是指可以用有理多项式来进行表达。这样的B样条曲线就是NURBs曲线。1991年，国际标准化组织(ISO)颁布的工业产品数

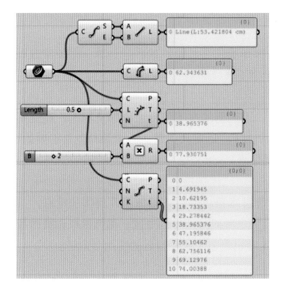

图中所示为XY面内曲线，t值作为线上点的参数。其与线的实际长度无关。使用时需要注意。

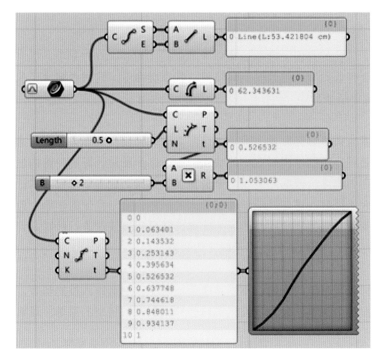

据交换标准 STEP 中，把 NURBs 作为定义工业产品几何形状的唯一数学方法。

3）线的属性

（1）线段的方向：参数化的线段具有方向，即从起点到终点。该方向可以调转。当线段生成面时，其方向能起到控制面属性的作用。

（2）t 值：小写"t"会经常出现在 GH 命令的输入和输出端。其表示点位于线上的参数。根据该参数可以确定点在线段上的位置。在概念上类似于描述该点顺延线段距离起点的远近，但其又不是实际距离。即使将同一条曲线参数化后，获得的其中点 t 值为 0.526532，也不是 0.5。

其等分点 t 表现为连续折线分布，说明点与点之间数值不是呈现一个固定比值，与等分概念不同。因此，在曲线状态下，其不能直接作为线性有比例点位使用。

如果把间隔 0.1 的等差数列作为 t 值，其点位并不与等分点位重合，每个线段距离也是不相等的。而将看似不是等差数列的等分点 t 值用于切分，其线段长度却是相等的。从上述对比中，可见 t 值的不同。

（3）线上点的法向平面：曲线上点与该点切向量垂直的平面为该点的法向平面，其内有从该点发出的无穷多个法线或是法向量。对于二维曲线，有时可以在该平面内旋转切向量 90°，获得离开曲线的法向量，即垂直于该点切向量的向量，其方向向内或向外。

4）曲面上点的 UV 参数和法线

曲面拥有长和宽两个内部维度，可以沿其内部维度（长度和宽度）测得参数，这两个维度分别被称为 U 和 V。曲面上每个点都有 UV 两个参数。

法线是指基于曲面上点，垂直于曲面的虚线。UV 方向决定曲面的法线方向。

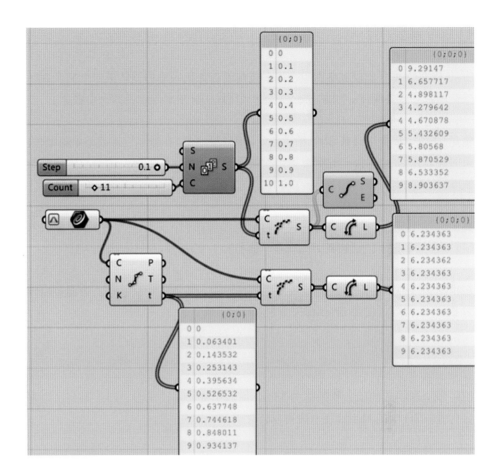

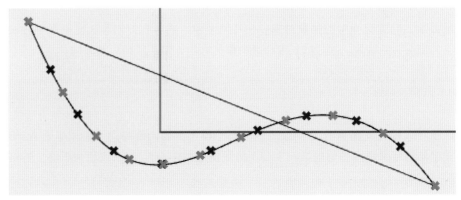

5）Brep 概念

Brep 指两个或两个以上曲面组合的多重曲面。如果多重曲面构成一个完全封闭的空间，它也是实体。如果 Brep 只是一个面，GH 中则表示其为一个曲面。

虽然 GH 中，提供了一些 Brep 编辑命令，但数量不多。在数据引入或结果输出时，有时会使用 Brep。但一般情况下，为便于更好地编辑和控制，中间阶段会避免生成 Brep。

其他软件生成的几何体或曲面，有时会是多重曲面，只有使用 Brep 才能引入 GH 中。编辑时，需要将其分离成单一曲面。

在相交编辑中，使用 Brep，能很好地获得对组合物体的相交参数。曲面可以作为 Brep 的类型，使用 Brep 相关命令。

6）Mesh 面概念

使用多边形组成的面，一般称为 Mesh 面。一般使用三角形、四边形或两者混合构成。GH 中的 Nurbs 面一般可以转化成 Mesh 面。

7）向量

是数学上向量空间中的抽象对象。在几何学里，其具有方向和长度，形象化表示为带箭头的线段。线段的长度即是向量的大小，箭头所指为其方向。

8）点积

点积可以视为向量 A 在 B 向量上的分解（投影）的向量方向（点积等于 A、B 长度与相互夹角余弦值的乘积）。当相互夹角为 0~90° 时，点积为正值；当相互夹角为 90° 时，点积为 0；当相互夹角为大于 90° 时，点积为负值。如果其中一个向量已知，可据此判断另一个向量相对方向。

例如，面的法线与 Z 轴进行点积，如果其值大于零，说明其与 Z 轴夹角小于 90 度，反之则大于 90°。也就是说其在 Z 轴的分量方向上与 Z 轴相同或相反。可用于判断面的朝向。

9）序列

序列（Set）是非常重要的概念。GH 中无不充斥着序列，序列内容（Item）可以是数字，也可能是几何体、字符等内容。其目的是将内容 Item 进行排序或分组排序，每个内容都具有一个序号（Index）。通过对序号的编辑，可以编辑参数在相互计算时的次序先后以及彼此对应关系，实际上指代着几何形体或字符之间的编辑关系。

其建立的基础是对应序号间的基本计算规则。

（1）权重短序号组：按照短序号组序号内容与另一组序号相同的组内内容进行计算，超出短序号组序号长度的其他序号内容不进行计算。

（2）权重长序号组：按照长序号组序号与短序号组相同序号进行内容计算，不足的序号以短序号组最后一个序号内内容代替，保证长序号组所有序号内内容都有短序号组的对应者进行计算。

（3）交叉序号计算：无关乎序号长短，本组每个序号内内容都与另一组所有序号内内容进行一次计算。

因此，序号对应实际上是暗含参数、几何体之间的对应关系。相对而言，编辑序号实际上就是指挥谁与谁进行计算，谁与谁发生几何体改变的关系。

GH 中包括单一组内的序号编辑，也包括多组情况下的序号编辑。单一组的为基础，多组的可以简化为单一组的序号，相应增加多组的编辑能力。

10）多组序列（树形数据结构）

由多个序列构成的有一定隶属结构的组序列，可以称为多组序列。

多组序列由两部分组成：

（1）底层序列：每个底层序列都是一个单一序列。

（2）树形路径结构：基于数据来源，形成越来越细分的分支路径（Path），就像树木的分支一样，才能到达底层序列。它使参数位置具有唯一性。

每次数据分支构成同一个层次。当层次内分支只有一个的时候，该分支或层次可以简化取消，而不影响参数位置唯一性，但有可能影响同层次内编组。故在编组前，应尽可能对编组数据先简化路径。

11）选择

在设计的过程中，会同时产生很多几何体元素，怎样选择出要进一步编辑的部分，变得十分重要。否则设计过程无法进行下去。

（1）True、False 判断：GH 提供了很多判断的命令，这些判断的命令一般可以用于选择或分流数据。其基本模式是判断数据流的 True、False 状态。有时使用其对应的默认值参与计算，即 True=1，False=0。形成判断常用以下各命令，它们都返回 True 或 Flase。①大于、小于、等于：用于比较数字情况，如距离、角度等。②闭合曲线上、范围内或外：R 值为 0，在内；为 1，在上；为 2，在外。结合大于、小于、等于命令使用。

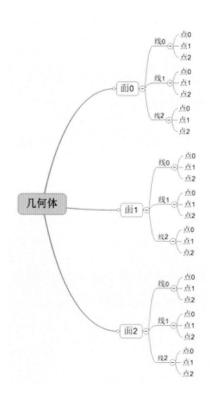

（2）序列编辑：众多序列的编辑命令，可以在需要选择时使用。例如序列分组、序列切断等。

（3）向量：主要用于根据方向不同来分流数据。一般通过法向量用于选择不同朝向的面。①与缺省坐标系某面平行时，直接使用轴向量表示方向。②不与缺省坐标系各面平行时，需要使用面的法向量与某个已知轴向量的点积来求得分向量方向，然后加以判断面的法向量方向。

（4）同时多条件的选择：通常使用与门、或门、非门命令，对True 进行筛选，然后再对数据分流。

通常也可以通过先判断一个条件，再判断另一个条件的方式来解决。例如，在点群中，要求选择在某一闭合曲线内的点，且与某一已知点的距离为 10 的所有点，可以先后选择，也可以使用与门同时选择。使用与门无疑可以简化算法。

与门：输入端都为 True 时，输出 R 为True，否则均为 False。输入端数量可以通过放大显示命令电池，点击 + 号增加。

或门：输入端只要有一个为 True 时，输出R 即为 True，当输入端均为 False 时，输出 R 才为 False。输入端数量可以通过点击 + 号增加。

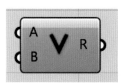

非门：改变输入端布尔值。输入端为 True时，输出 R 为 Flase。输入端为 Flase 时，输出 R 为 True。

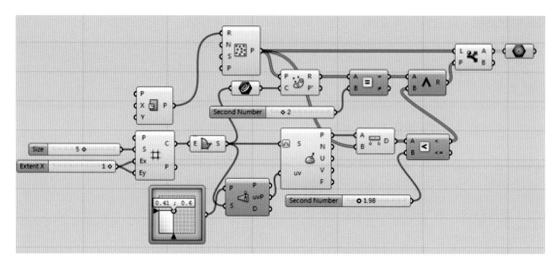

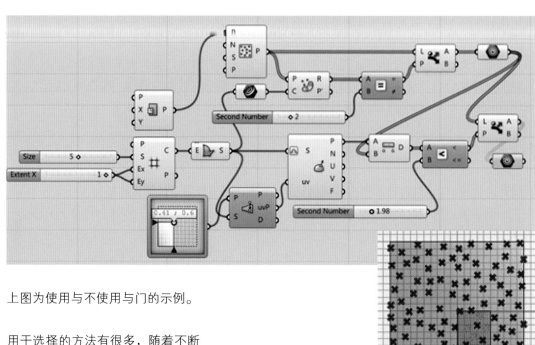

上图为使用与不使用与门的示例。

用于选择的方法有很多，随着不断尝试，可以总结出更多的模式。

12）特殊命令使用

（1）Sporph：需要被放置对象（G）、被放置对象依据的基础面（S0）、目标面（S1）以及 S0、S1 的 UV 参数、布尔值（放置对象到位后变形与否的开关）。

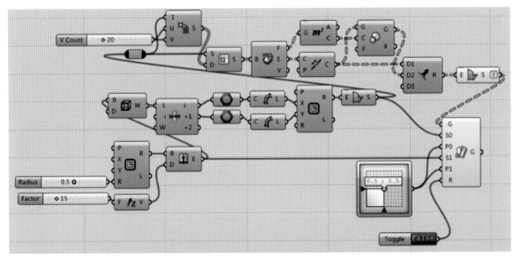

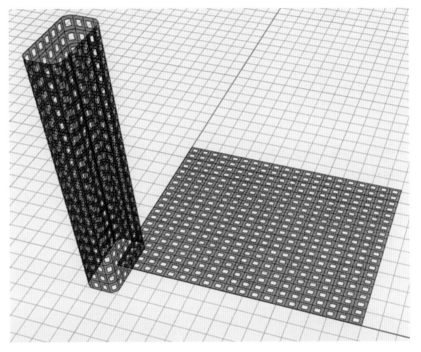

（2）Taper：这是一个类柱体端部变形命令。需要基础类柱几何体、基轴、开始变化处变化程度（半径）、末端变化程度（半径）以及三个布尔值。基轴不必须是几何体中轴，可以偏移或改变长度。

这里 S0、S1 端实际上需要输入的是（A，B，C）组数，用点坐标也可以代替。改变其值似无影响，但必须有该值才能正常使用该命令。

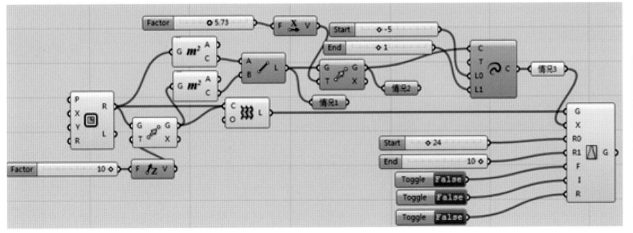

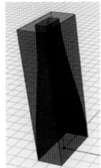
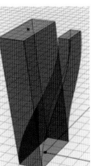
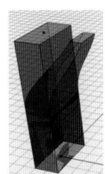

2.2.1 顺序调整

在实际工作中，有时会遇到对路径及元素序号的调整。在使用网格命令时，其内置顺序序号和实际要求完全不同，必然涉及序号、数据的重组。下面提供几种完成右例的具体示例方法。

1. 直接取排法：调转矩阵，直接将路径展开，把需要调换的排数完成其内元素调换。这种方法比较直接，可视性好。只是当排数较多时，分解路径太多。而且当排数改变时，受到分解路径命令电池不能自动更改的影响，而导致结果不能自动更新。对于造型十分确定时，可以采用；一般在变化态时，少用。

2. 编组取排法：该方法的主要精髓是在于通过对末端路径整体编组，简化路径，从而实现编辑顶层路径的便利，顶层选择完毕，进行内部元素调整，再编组返回。如果不编组，同样的命令只会编辑末端路径内内容，而无法编辑顶层路径。当具有多层路径时，编组是很好用的方法。

3. 双排序号元素提取法：依据其双排具有的规律性，进行双排分割，再按照部分序号提取同规律的元素，调整完必要元素后重组。

这种方法，特别适用于同规律元素个数与组数不对等的情况下，可以有效分离元素。

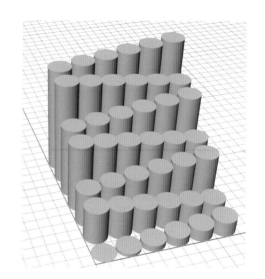

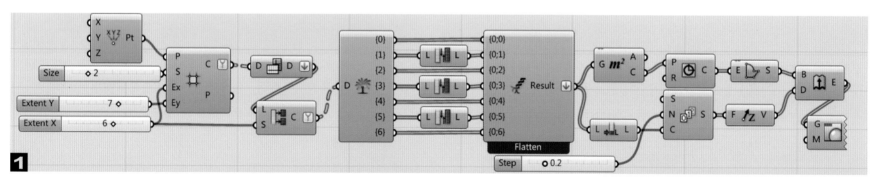

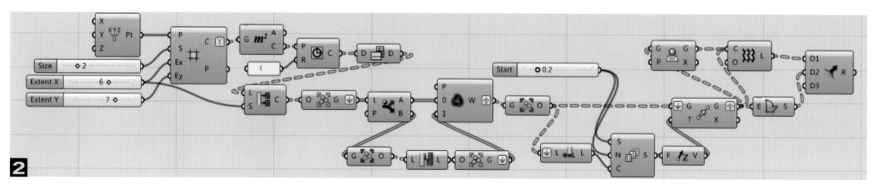

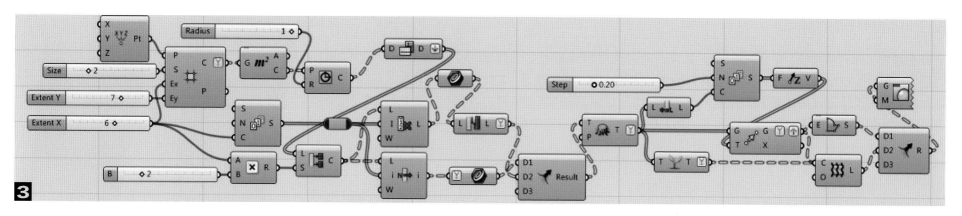

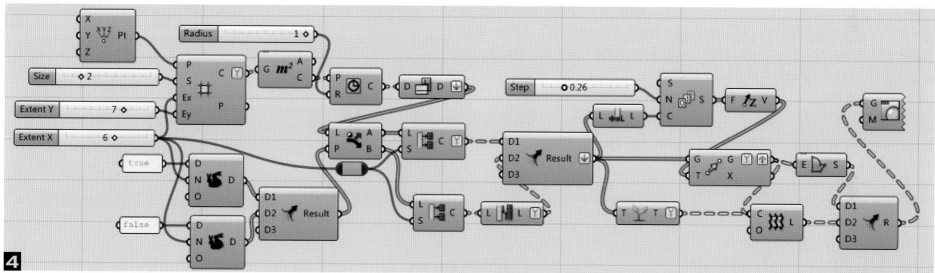

4. TF 分段元素提取法：通过 True 和 False 的编组设定，一一对应提取，再分组，有些类似于直接取排法，但是这种方法可以避免直接取排法的不随动问题。逻辑判断的好处是规避了具体序号的编辑。

类似效果还可以通过很多方法完成，上面是以编辑图形为主，也可以考虑图形顺序不调整，而去编辑高度值数据的顺序，上述方法也是适用的。

6	6	6	6	6	6		36	37	38	39	40	41
5	5	5	5	5	5		35	34	33	32	31	30
4	4	4	4	4	4		24	25	26	27	28	29
3	3	3	3	3	3		23	22	21	20	19	18
2	2	2	2	2	2		12	13	14	15	16	17
1	1	1	1	1	1		11	10	9	8	7	6
0	0	0	0	0	0		0	1	2	3	4	5

2.2.2 相邻配对 1 及自制电池

经常会遇到一序列点或线，希望把相邻的形成一组，以便点点之间连线或线线之间成面，而整体上连的线或生成的面又是紧密相连的。

这种情况存在两种状态：封闭（首尾相接）和不封闭（首尾不相接）。下面尝试使用一个电池块满足这两种状态。

图 1 显示的是封闭状态下的相邻配对算法和结果，也就是 True 状态，这时数据长度不变化，只要 组数据向后移动个位置，再重组即可。

图 2 显示的是不封闭状态下的相邻配对结果，也就是 False 状态。

当 True 时，全部数组都有 2 个数据。False 时，最后一组有 1 个数据，其他都有 2 个。也就是说 True 和 False 时，其区别是最后一组有 1 个或 2 个数据。

不封闭时，常去掉多余数据，以便于其后数据操作。

把上述逻辑扩展，当 True 时，配对后数据尾部裁剪 0 个数组。当 False 时，配对后数据尾部裁剪 1 组数组。其他的作为输出结果。如 0 电池组0所示。

可以将这个通用算法作为自用模块，放入 GH 菜单中。

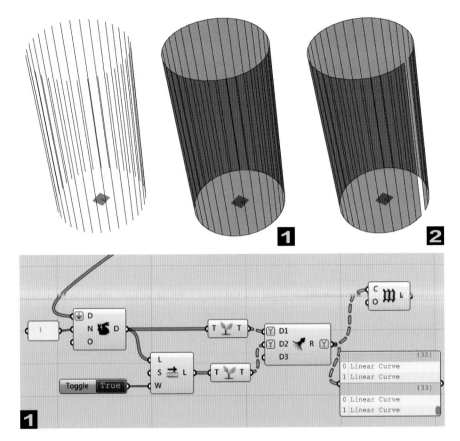

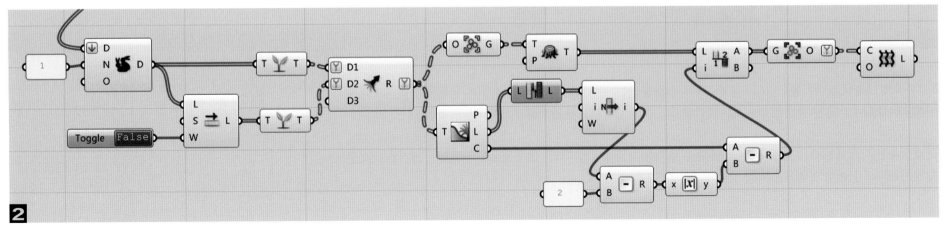

246

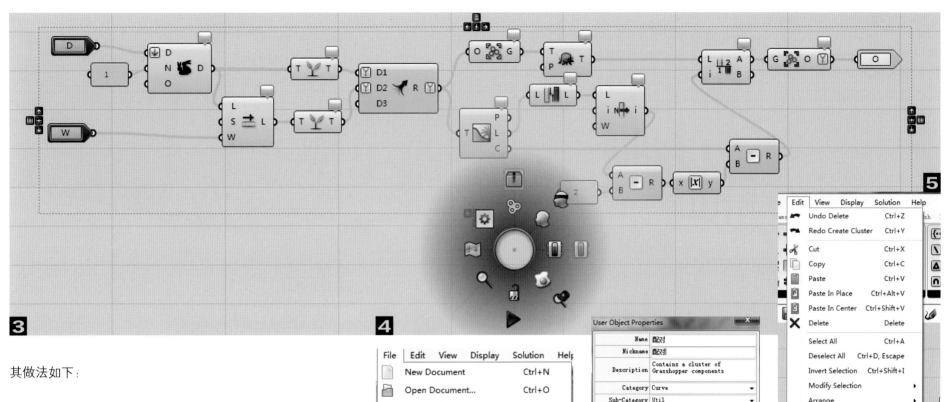

3

4

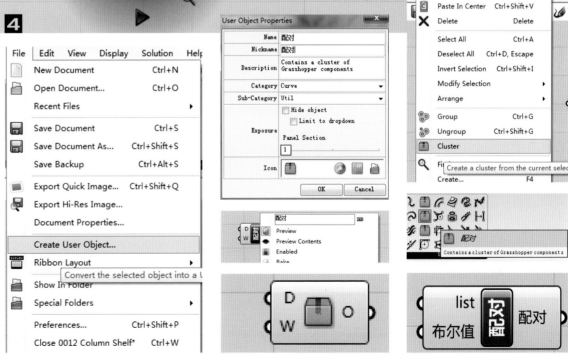

其做法如下:

1. 复制这组电池块。

2. 使用输入和输出电池块,代替两端相关数据位置。

3. 全选后,下拉菜单 Edit/Cluster 或鼠标中键下压菜单选择 Cluster。生成 4。

4. 选择 4 电池块,在下

拉菜单 File/Creat User Object,选择 Curve/Util,可以填写相关信息。

5. 利用电池自身的输入、输出端编辑功能,可以最终完成电池块。

将来可以在需要时随时调用。

2.2.3 相邻配对 2

要生成右图效果，首先需要把相邻竖线配对，对每对线进行相同的竖向分割并连线，每组分割比率需要不相同，然后成面。

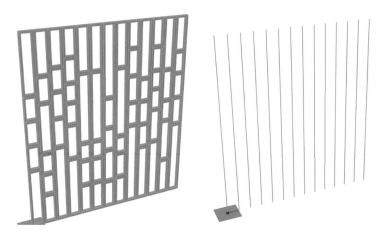

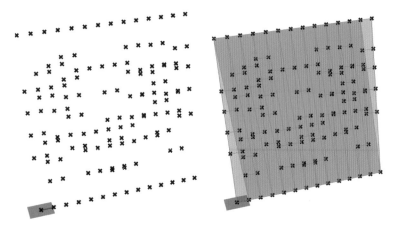

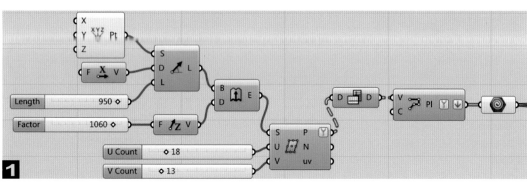

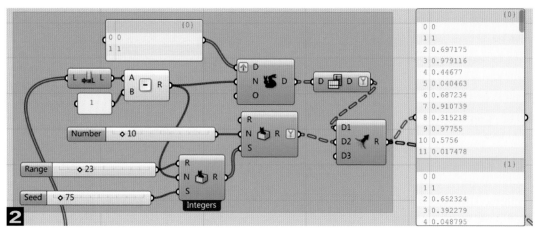

1. 先形成等距竖线。

2. 形成各组分割点数据集，包括首尾点。

3. 利用前述配对 1 电池块配对，并应用数据产生分割点。按照从下到上排序。

4-1. 对每组竖线内的左线点\右线点进行配对成面。

这里使用配对 1 电池块，得不到想要的结果，原因是配对 1 可以对单层树形数据处理，当存在两层数据结构时，配对后其改变了数据结构，从而造成匹配错误。

4-2. 使用配对 2 代替配对 1 成面。

5. 完成最后部分。

可以变动设定数据，生成多种密度的格构。

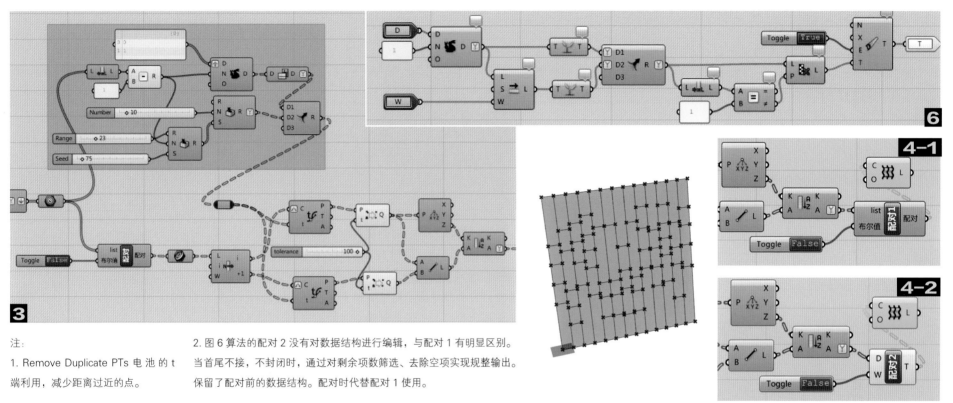

3

注:
1. Remove Duplicate PTs 电池的 t 端利用，减少距离过近的点。

2. 图 6 算法的配对 2 没有对数据结构进行编辑，与配对 1 有明显区别。当首尾不接，不封闭时，通过对剩余项数筛选、去除空项实现规整输出。保留了配对前的数据结构。配对时代替配对 1 使用。

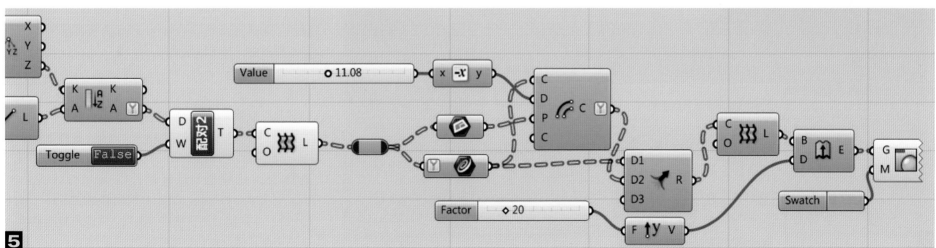

5

2.2.4 封闭曲线偏移优化

GH 中关于曲线偏移有如下图方法一、二的两个电池块 Offset Curve (Offset) 和 Offset Curve Loose (Offset(L))。当曲线不为封闭多边形时使用还正常，否则会失效或发生偏移失败问题。

以下列 Voronoi 为例，结合一些研究，推荐一个新的自制电池块。

首先，确定稍微复杂一点的情境。在一个给定平面区域内，设一定数量二维随机点，并使之生成以 Voronoi 多边形为单元的图形。对其单元进行偏移尝试。

方法 1：Offset Curve（Offset）报错，并提示偏移失败。
方法 2：Offset Curve Loose (Offset(L)) 可以执行，但角部偏移线存在互交。
方法 3：利用 GH Python Script [Maths<Script] 添加上图语句。

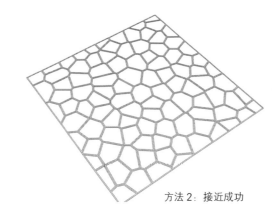

方法 2：接近成功

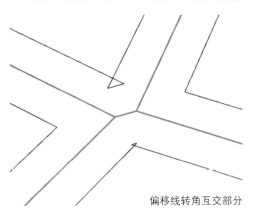

```
11  import rhinoscriptsyntax as rs
12
13  a = rs.OffsetCurve(C,P,D)
```

Python：增加语句

注：其使用 Rhino 脚本语言来执行偏移。C 为待偏移曲线；P 为待偏移方向侧的一点；D 为偏移距离。

偏移线转角互交部分

其次，将输入端名称相应更改。则 a 端就输出偏移线。通过使用方法 3，封闭多边形偏移完全成功，偏移线转角不再出现互交现象。该命令块除了能够完整实现封闭多边形偏移，也可以实现非封闭曲线的偏移。

同理，可以借用 Rhino 的 Offset Surface 命令，来形成曲面偏移（Brep）GH 电池。

提示：编辑完成的 GH Python Script 电池块可以存入下拉菜单中，已备以后使用。

方法：

1. 选择已设置完、运行正确的电池块。
2. 按照 File<Creat User Object... 选择，在弹出对话框中，Category 选择 Curve。Sub-Category 选择 Util，选择 OK。这样电池块就存入 Curve<Util 下拉菜单中，与 Offset Curve (Offset) 和 Offset Curve Loose (Offset(L)) 同组，方便使用时选择。在弹出对话框中，自己可做其他设置，如图标等。

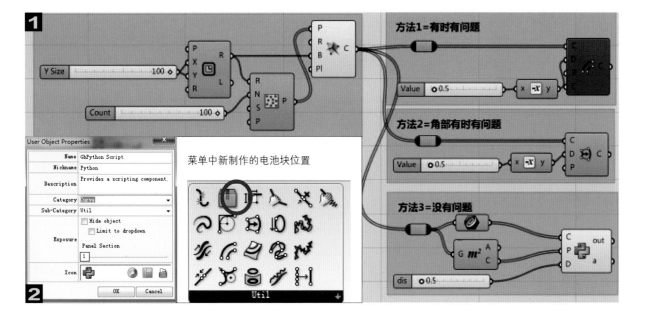

2.2.5 数据映射与图形映射

数据对于图形而言，有时需要的是一种度量数值，如矩形体的长、宽、高，一般情况下带有量纲。但有时不是关注于某一具体度量数值，而关注于数值之间的关系，或是一种相对结构。这种相对结构有可能支配着图形元素的相对空间位置等各个方面，这时，它们是可以没有量纲的。某一组数据，总会有上下界限，使之在界限内保持着数值彼此之间的关系或结构，当维持这个结构且要调整到一个更大或更小的区间时，需要的就是映射。其核心特征是虽然改变了数值，但不改变数据之间的相对结构关系。

区间内数值或数组映射到新的区间时，数值会保持着与区间上下限的相对关系；而数组不仅如此，也保持着数值之间的关系或结构。这样可以将这种蕴含着某种信息的数字结构，应用到不同的形式生成方面。GH 中可以使用 Remap Numbers 命令来实现。

在对数据编辑的模式中，图形映射是经常使用的一种。主要通过 Graph Mapper (Graph) 命令来实现，其核心作用是将输入数据（作为 X 值输入）经过图形对应的公式计算输出二维面内的趋势值（作为 Y 值输出）。其内设众多的图形作为映射工具，一般情况下能够满足各类数据调整需要，必要时也可以多重映射叠加，直到达成理想数据结构。

该命令的输入端，一般要求 [0，1] 的数据。当输入不是该范围的数据时，可以通过改动命令内区间来实现。但实际上人们发现，这种内嵌式修改在调整参数时会很不方便，容易在外部参数范围改变后，忘记修改命令内参数范围。因此，一般是通过控制输入端数据在 0~1 之间，而不是去修改内部范围来应用，这样不管外部数据如何变化，确保该命令总是正确运行，避免不断调整内部区间。

这样就导致了其输入端之前的数据必须进行一次数值映射，使原始数据先行进入 [0，1] 区间。由于图形映射的输出也在 [0，1] 区间，因此输出端同样需要数值映射，使图形映射后数据满足最后的数据要求。这样，把原始数据图形映射

成所需要的数据，就形成了一种较为固定的命令组合。

映射是数据结构的映射，当相同的数据结构进行映射时，即使输入数值不同，其映射后结果是一样的。如输入的等差数列数值，尽管等差不同，其映射后结果都是一样的。

由数据映射和图形映射构成的图形映射组模块，对于一维数组是可以直接使用的，对于多维数组通常其架构也是相同的，但是需要注意相关命令的局部设置不同，其意义就不一样了。

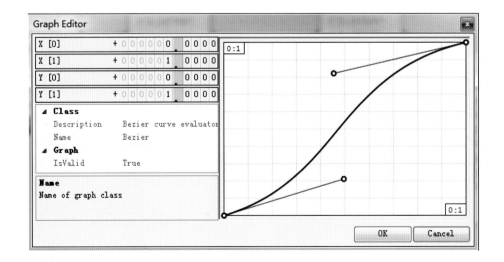

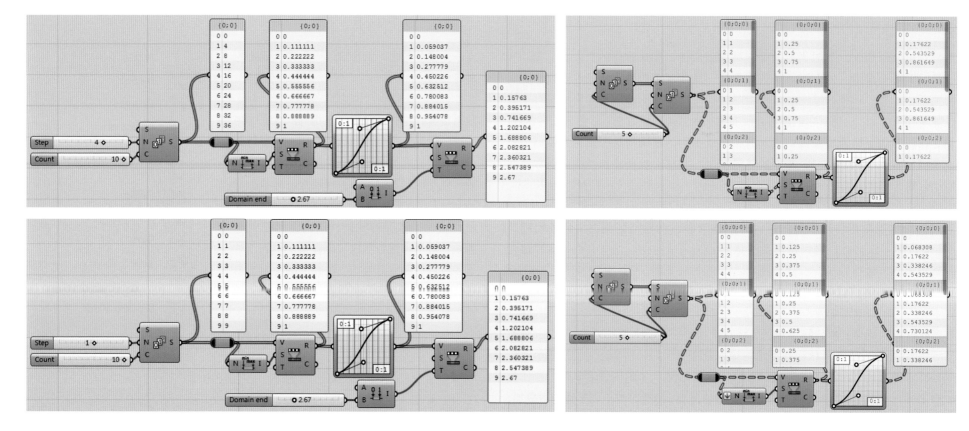

特别需要注意的是图形映射的输入端和输出端的最大、最小区间是否拍平问题。

当不拍平时，获得的是每组内的最大、最小区间。也就是说图形映射保持的是每组内的数据结构，而不是兼顾组和组之间的数据结构，将这个各自的最大最小对应于 [0，1] 区间。即使这一组的最大值还没有另一组的最小值大，映射也会将其按最大值处理。映射后，各组之间的最大值或最小值均趋同，改变了原有的组和组之间的数据相对结构，只是保留了组内的数据结构。

当拍平时，获得的是全体数值的最大、最小区间。映射后，所有数值都保持着彼此的数据结构，只是分组不同而已，实际上组内也保持着原有的数据结构。这里就不是每组对应 0~1，而是全体数值对应 0~1。原来最大的数，还是最大。

左侧两图主要说明相同的数据结构映射后结果相同，和具体数值没有关系。

右上图为最大、最小区间不拍平时情况。获得的是每一组内最大、最小区间，并把它们映射为 [0，1] 区间，即使 0 组最大 4，没有 1 组最大 5 大。但是数据映射都映射为最大 1。图形映射按此进行，实际上就是对每一组进行图形映射。

右下图为最大、最小区间拍平时情况。这就表明是用全体数值的最大、最小区间，映射各组数值，维持了总体数值的结构关系，尽管具体数值分布在不同的组内。这两种情况产生的结果，实际可能都是需要的，使用时应注意其区别。由于图形映射后通常需要进行数据映射，因此图形映射组模块在形式上，就形成了前后有数据映射，中间为图形映射命令的基本结构。

2.2.6 利用 True、False 的拆分与编织

使用 True 和 Flase 对已有的数组进行拆分选择，是常用的命令。拆分（Dispatch）命令缺省设置（P 端）为 True\False。实际为 True、Flase 的无限循环。在必要的时候，也可以设定自定义的 True、False 排列规律进行选择，总之 True 对应数据放在 A 端输出，Flase 对应数据放在 B 端输出。

通过 True、Flase 选择是较为容易的，但有时需要将选择的数据再放回原来的序列中，即将 A、B 端数据再合并，保持原有的序列，这里称为编织（Weave）命令。

如果使用缺省设置，可以直接使用编织命令，配合拆分来实现编织。这里编织命令的 P 端，缺省为 0、1 排列。可以理解为 0 端在前，1 端在后，分别编织为一个序列，也可以理解为是拆分的逆操作。

但是当不是缺省值时，怎么办呢？如右下图情况。在实际中，通过人为设定或是排除性选择，都会形成 True、Flase 判断结果。例如，当某个参数大于某个数时，其返回的是 True、False 数值等。这样形成选择规律通过拆分是可以将数据分拆分开，同样使用编织也可以在 P 端输入这个拆分规律，然后将来自于拆分的 A、B 端数据（通常进行过编辑，顺序没有改变过）分别输入 1、0 端，恢复原有序列的顺序。

这里需要注意的是，通常 A 端对应 1 端，B 端对应 0 端，与缺省状态下相互连接的对应关系不同。通过试错也可以识别。True 与 Flase 的拆分与编织命令是十分重要的，实际中最为经常使用。特别是编织命令，编织的要素不仅仅是数值，也可能是点、线、面、体等。

例如，从一点集内，按照某种条件选择出一批点，对这些点进行各类参数改变，然后再把这些点放回到原有点集里，其后进行与序列相关的操作，如连线、成面等，编织的命令是必须要使用的，否则就保持不了原有的顺序，从而无法进行后续操作。

编织的最主要功能就是保持原有的序列。一旦建立起这种对应的拆分与编织关系，任何 True、Flase 的改变，编织都能将其编织回原有序列。

在右中图中，拆分使用的规律人为设定为 FFTT，编织时按此规律，设定返回原有的序列连线关系。在连线关系不变的情况下，这时假如改变为 FTFT、TTFF、TFFT 等，编织后的结果都为原有自然序列，只是拆分的 A、B 端输出数值发生变化而已。

拆分、编织数组，实际上完成的是整体分离成部分与部分返回整体的作业。这提供了对图形局部编辑最为基本的手段。

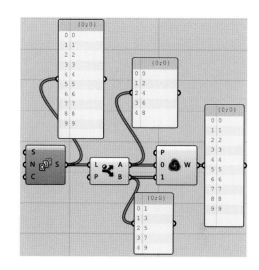

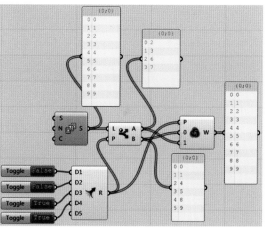

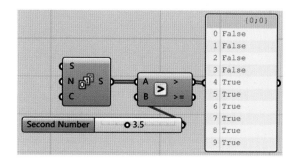

2.2.7 多维数组的编辑——降维、编组、转换

在建筑设计中，时常会用到多维数组，如批量对各层元素的统一处理，这时各个层的元素分布在各个组内，对其中一组的处理，同时就对所有组进行了处理，起到高效同步作用。有时在这些组间还会形成层间连续变化等。

多维数组固然可以起到提高效率的作用，但是嵌套层级过多，会使运算变得复杂，数据结构也容易出现不对应，经常会出现报错、死机等情况。一般情况下，嵌套不要超过3级，当多于该级别可以考虑分步处理，使算法保持简洁和清晰是十分重要的。当分支不多时，进行重复复制命令能够替代嵌套层时，也可以成为选择，毕竟这些还是容易实现的，且有时更便于修改。

Shift Paths 是一个经常使用的命令。它在缺省状态下可以实时裁剪掉多余的底层路径，因为有时在运算过程中，层级会自动增加，不实时调整数

据结构，将使后面的运算变得困难，但有时要注意先要简化路径再进行裁剪，以确保裁剪的是有效路径。其 O 端可以根据裁剪层级（路径）数进行设置，可以一次性裁剪到位。

Group 命令也是常用命令。一般情况下，用来打包组内数值，主要用于对顶层路径或层级进行选择。通过打包各组数据，可以将多维数组简化为一维数组，进而对其进行相关分组编辑，最后再使用 Ungroup 命令恢复真实数据。需要注意的是打包元素只能是物体。

Path Mapper 是很重要的命令，虽然随着 GH 的不断完善，当前其使用频率不是很高，但是有些时候它能起到关键性作用。最为常见的就是多维数组情况下的矩阵转换，通常用于2个路径层次，在分组不改变的情况下，对组内的矩阵进行翻转（表现为横改竖或竖改横的编组）。

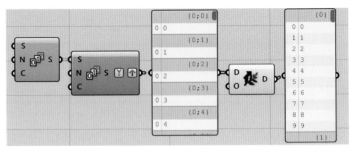

当缺省状态下，O 端为 -1。如果输入 -2，则会取消底层向上数的 2 层路径或层次。

上图中 A 表示顶层路径编号，也就是变化前后，顶层路径编号保持不动。B 表示第二路径，顶层之下的路径编号。i 表示第二路径下的具体数据编号。这种表达方式，可以理解为保持顶层路径序号不变，也即在其内部进行矩阵翻转，对 B 和 i 进行转换。

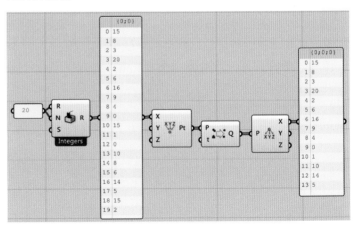

对于数字，直接使用 Group 命令报错。可以将数字转化为某个点的 X 坐标值，对点进行编组，拍平后选择，解组，提取出 X 坐标，实际上就完成了对数字的分组。

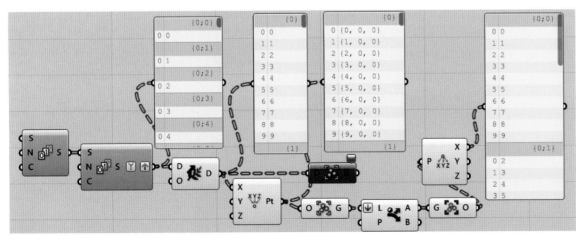

2.2.8 线上点的坐标系

线上点的编辑是最基础的手段，确定点的线上状态，特别是其固有方向属性是非常重要的。在 GH 中，有一些特别的命令电池块，用来判断点在线上的坐标系框架。

线一般可以分为直线和曲线，曲线有时又分为平面内曲线和空间曲线。当直线和平面内曲线与标准坐标面重合，那么对线上点的方向判断就变得很简单。

但是当不重合时，判断线上点的状态就必须借助于特有的命令电池。下面列出的电池只有最后一个是以矢量旋转线生成的新坐标系，在实际中经常用到。通过下面一个简单算法，可以比较这些命令的不同。

当线处在非特殊位置的空间态时，这些命令形成的坐标系统均是各自独立的，很少产生重合，表明其在使用中各自都有着独特的价值。

第一列则对平面内的直线或曲线有着清晰的结果预期，但到空间曲线就难以准确把握，因此这个命令电池块适宜平面内线上点状态判断。

中间列三组电池块，保持着稳定的、清晰的坐标系特点。

最后一列，矢量旋转线的坐标系，在上述状态下，不与其他命令效果相同，即使沿着 Y 轴旋转其性质也是一样的，只是轴的称谓发生变化。因此也是确定点状态的有力工具。

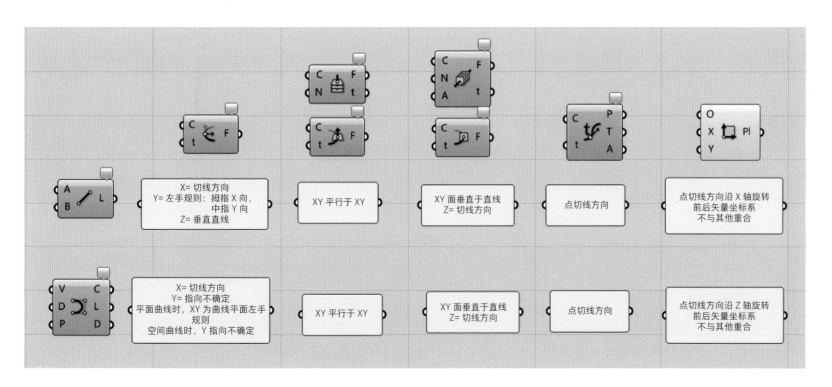

实际上，除了第 2 列，其他命令形成的坐标系统，大部分都是基于线上点的切线方向作为 Z 轴。它反映了点与线的位置和方向关系，因此第 4 列命令就变成重要的基础性命令。

通过使用获得切线方向命令，再结合 XY 面的确定，有时会更容易建立起基于该点的坐标系框架。

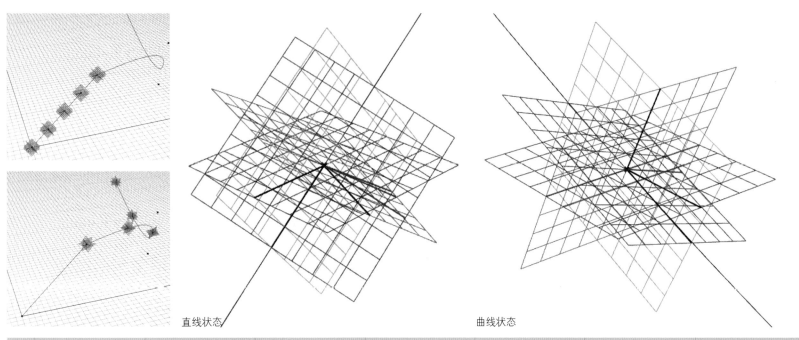

基于各命令形成坐标
框架的种类和特点,
实际使用时,是需
要仔细区别并加以选
择,以达到所需要的
效果。

线上成组形成多坐
系框架的有关命令,
其性质与线上单点形
成坐标系框架的生成
是基本一致的。

直线状态   曲线状态

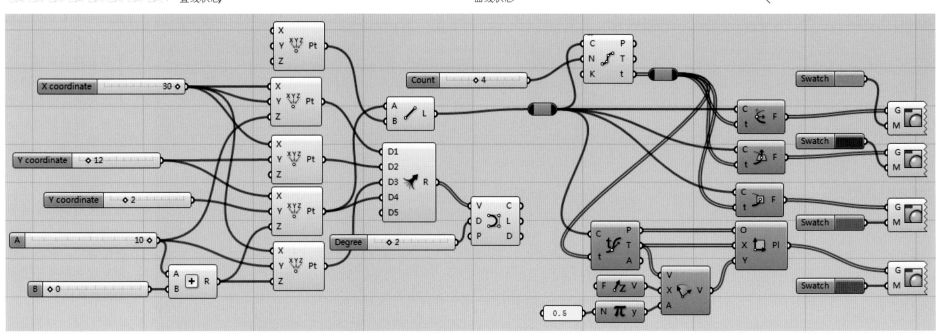

2.2.9 向量、法线等与方向有关运算

运用向量是最重要的确定方向的办法。常用的就是两点向量、形成向量、向量点积等基本命令。

两点向量是通过两个点求得一个点朝向另一个点的向量。它包括距离和方向，是描述相对空间位置或移动空间位置的全部参数。有时代表性的两点向量，决定了几何体的空间位置关系，也决定了群类元素的各自空间位置关系。这里连接顺序影响方向。

形成向量就是需要寻找什么方向作为向量的方向，什么数值作为向量的值，然后制造出需要的向量作为其他命令的输入。

向量点积的重要性在于点积可以看成是一个向量在另一个向量上的分量。如果一个向量与 Z 轴点积，那么结果可以看成其在 Z 轴上的分量，重要的还不是其数值，是其正负，正则向上（Z 轴向上为正），负则向下。这样通过向量点积就可以判断向量方向，以至于可以据此进行分类。轴向、法线、切线等方向都可以看作向量，这样通过点积可以知道面的朝向、线的方向等信息。

法线可以看作向量的一个特殊类型，特别是对于曲面，时常需要获得对应于每个点的法线。GH 提供的已知面、点求法线的组合是最重要的、最基础的工具。

向量在某个面内是可以被旋转的。这样那些固有的向量可以通过编辑变成多种可能的方向和数值。

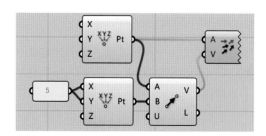

依靠两点获得向量，需要注意其连接顺序，形成的方向是 A 端到 B 端的方向。构造一个向量，要输入方向和数值。对于移动（Move）等命令需要输入向量，因此会构造向量是必须的。

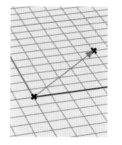

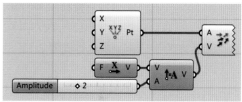

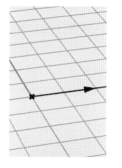

通过曲面及其上点，获得对应点的法线，是需要使用一个固定命令组合，必须牢记。通过点积，可以了解 X 轴上法线的分量正负情况，即大部分为负值，与 X 轴方向相反。只有局部曲面的法线指向偏右，反应为点积为正。点积应用实例可参见"案例 34 折板分色立面"。

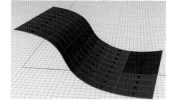

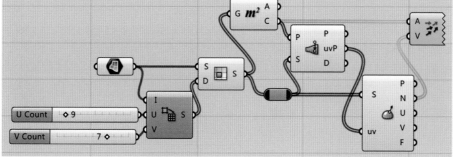

在 GH 中，向量是能够被显示的。清楚地显示向量及其变化，非常有助于识别向量、运算的不同及其特点，对获得需要的向量十分有帮助。

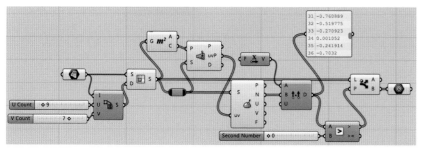

2.2.10 常用的命令组合

GH 中，每个命令根据其输入端要求和输出端状态，是可以承接其他命令输出和为下一个命令做好输入准备的，这样就可以形成富有内在逻辑的命令串，完成一个任务。它们大部分是比较直接的，很容易理解。但有些命令也存在着一些固定搭配，除了自身功能外，固定搭配可以完成更容易理解的输入到输出的结果。

它们涉及其他章节已经单独列出的那些命令组合，包括使用 True、Flase 的拆分和编织，曲面上点的法线获得，借助点删除重复数据，借助点进行数值数组的打包，数据映射和图形映射组合模块等等。除此之外，有些常用的命令组合也是十分重要的。

曲面 UV 分割小面。对于原始完整的曲面，如何设定 UV 并分割成小面便于编辑，也存在着这样的命令组合。即利用 Divide Domain 和 Isotrim 组合来完成。形式上类似于网格对曲面的切割。一般对其结果可以考虑炸开等进一步编辑，从而获得最基本的面、边、顶点等元素。

点在封闭曲线内外的判断。不管是单一还是多组封闭曲线的判断，其输出的结果并不直接，都需要进一步依据状态符号来分离原有点集，这样必然要求增加其他命令来完成最终判断。通常会结合等式判断和拆分来完成。

一组对象的掐头去尾。由掐头和去尾两部分组成，使用 Shift List 来完成，注意其使用反转数据的意义，保持原有排序结构。

渐变着色，常用两种方法。一种是均匀进行着渐变色，通过 Range 等分数据方式来对应渐变色板 Gradient 的代表色彩的数值。利用了 D 端 [0，1] 的区间，可减少命令使用，简洁高效。但是要注意到 N 端需要减去 1，以使数量匹配，避免等分后多出数值影响。

另一种方法是使用数据映射 + 渐变色板，确保 Gradient 输入端处在 [0，1] 区间，这是利用了数据映射输出端 T 端缺省 [0，1] 区间的作用。

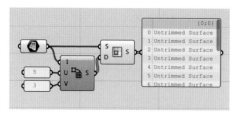

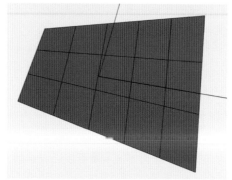

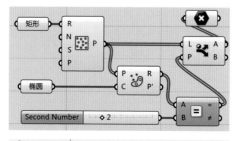

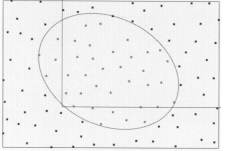

数据流开关。通过利用 Pick "n" Choose 命令结合 Boolean Toggle 可以实现对两股数据流的人为选择。这对于袋鼠插件生成张拉膜结构是十分有用的，很好地适应了初始状态和运算状态的切换。具体详见 "案例 67 中间拱张拉膜"。

袋鼠插件命令组合。该插件在很多方面都有非常成功的应用。在成形方面，值得关注的是对张拉膜形态的模拟和带有自动优化性质（力量平衡）的成形特点，其固定搭配基本可以作为一个命令来使用。前者可参见 "案例 66 圆环张拉膜"，后者可参见 "案例 11 圆环装饰画"。

其他各类插件的组合。GH 拥有大量的插件，鉴于插件多是针对某一特定领域的，所以其命令的使用条件限制相应比较多。其内部的命令固定搭配组合要求较高，需要针对不同的插件特点在使用中探索。

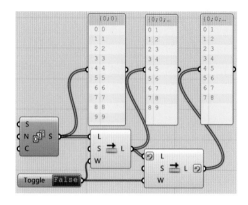

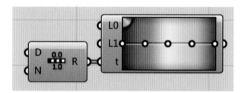

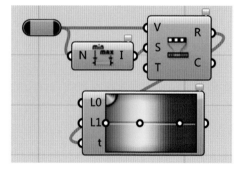

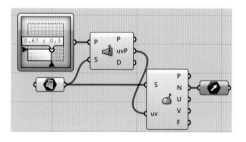

2.3 逻辑建构模式

当人们在认识现实世界时，面对前人不断累积的经验、实践中不断出现的事件，如果发生重复的描述、过程、事物、事件，那么就会认识到其彼此间可能存在某种关联，可能遵循着相同的隐含逻辑。经过人们对经验的总结和思维上的抽象概括，模式的概念便产生了。

模式实际上是一种方法的概括。其实质是对解决某类问题的方法的抽象总结和归纳。一种模式就是描述对某一类问题的解决方式，通过模式建立起来的认知，可以识别和解决那些类似的问题，使人们的经验结块化、系统化，便于记忆、掌握和应用。

模式类似于数学上的公式，但其又不似公式般严格，它是一种基本的、参照式的指导策略，它有利于快速认知问题的解决路径，成为高效解决问题的最佳助手。

模式是解决问题的一部分，不是全部，这是由问题的复杂性决定的。问题有繁简之分，有时一个问题可能就是一个基本问题，正好处在一个模式的解决范围内，可以迎刃而解。有时一个复杂问题可能被分解为很多个子问题，它们相互关联，彼此制约，模式作为一种基本规律或是一种概括，可能针对的是一部分或几部分，而不是实际问题的全部。有时需要借鉴几种模式分别加以解决。

模式与模式之间必然存在着区别，说明每种模式彼此之间存在着类型的不同。这可能发生在对同一层次的问题的解决上，也可能发生在不同层次问题的解决上。问题本身存在着范围和层次的区别，有些表现较为具体，有些表现更为宏观，其解决问题的模式自然也相应存在概括程度的不同。

即便是从归纳行为上看，不同范围也会得出抽象内容的不同。因此可能存在大的模式，也可能存在小的模式，前者是更大范围的抽象总结，后者则是对一个较小范围的抽象总结。甚至于大的模式之下，会形成不同的小的模式，以便更精细区分所面对问题的解决方法或类型。

对诸多模式的掌握，就可以清晰面对繁多纷杂的问题，结构化自身的认知体系，对非模式化的解决问题方式保持敏锐的识别，能够不断扩充、完善、调整已有的模式体系，创造良好的模式创新机会。

在进行形式解析的诸多案例中，GH 似乎有无限的潜力来创造出迥异的内容，这是形式创造者乐于追求的目标。但这种多样的结果是在有别于传统的逻辑建构方式指导下产生的，建构的素材和逻辑充满着软件自身的魅力。人们需要总结完善其内在规律，以便更深入地理解和掌握这一思考方法。

单纯从表现的形式上看，不少参数化设计的结果表现出结构的类似性，暗含着其方法有着类似的思路。虽然解析的过程存在区别，也因为具体问题的复杂性而产生细枝末节的差异，但在一定的层面上，总可以寻找出基本同一方向的逻辑建构规律，形成某种模式。

解析或重构一种形式总会与解决很多子问题相伴，它们有的是涉及思路方向的问题，有的是局部的问题。模式的层次性，在这里依然存在。

GH 提供了不算少的功能节点命令，有些命令的作用差异比较大，特别是有些命令具有单一的功能专属性。在这一层级上形成的模式，就是更高一个层面的模式。同时 GH 提供了很多通用的基本命令，这些命令组合也会产生不同的模式，那么在这一大类的层次之下，形成的类别方法更接近于具体问题，具有解决某类问题的代表性特点，这种的归纳和总结称为小的模式。

模式描述，一般具备以下几个要点 [1]：

（1）具备模式名称。主要用于指代和识别，方便交流。尽可能清晰、简短和富含意义。

（2）模式使用情境。提供模式使用的条件，可能解决问题的类型。

（3）模式的构成。也可以说是模式的内容，包括模式的解决问题步骤和基本结构、顺序。有时使用图解来图形化表述模式，有时使用描述性语言揭示隐含的模式信息，也包含着解决给定问题的内在逻辑。

（4）模式的关联。揭示不同模式之间的区别和关联。在区别中更深入理解模式的独自特点，在关联中识别综合运用的可能以及相互包含的特定情境。

（5）模式的案例。通过代表性的案例进一步说明抽象模式的应用以及面对实际问题的具体解决方案。

GH 下的每个命令，其实都可以算作一个小的模式。正像参数对于命令，这些命令的模式并未影响逻辑建构结果的多样性。同样在更大范围、更高概括层次上的模式，也不会形成结果单一性，只会简化和清晰逻辑建构过程环节，更好地使用于解决实际问题。

---

[1] 参照百度百科。

2.3.1 填充法

这种方法是指某类图形元素，在给定的位置批量填充的模式。某类元素泛指同一元素或是类同一元素，也或是不同元素，其表现为一种图形个体作为填充的具体内容。给定位置泛指预设的、带有框架的单元格或位置，这些位置规则指向目标效果。批量填充是指对图形个体以集群方式操作，将其安排到给定位置群。

这种方式适合于对线、面进行细分处理。它主要通过下列模式得以体现。

2.3.1.1 矩阵填充模式

模式使用情境：适用于可以划分为网格矩阵的平面或曲面。

模式的构成：

（1）网格矩阵。形成以某种基本格为基础的，具有一定范围的网格矩阵，其目的是提供填充个体图形的位置。网格矩阵可以采用多种形式，如正方形、矩形、菱形、三角形、圆形等。除 GH 本身带有的命令外，也经常使用 Lunch Box 等插件的有关命令。

（2）形成各单元形式。形成填充的不同单元形式类型。这些单元形式，可以在单元格上直接生成，也可以直接插入单元化图形。

（3）网格矩阵分区。按照某种规则建立筛选机制（或随机选择）划分出不同的基本格集群，其分区数量与单元形式类型数量匹配。

（4）填充。将单元形式赋予基本格集群或在单元格内制作。

（5）变化。根据需要进行变化。

模式的关联：通常适用于已知框架条件下的紧凑性分布，有时也可用于非紧凑性布局。

模式的案例：笑脸图案、旋转斜纹铺装、黄色锥体菱形格墙排列、凸凹石条纹排列墙面、折板分色立面、不规则开孔穿孔板、弧线形窗间墙立面、渐变组合商店立面、间隔扭向斜面窗间墙立面、三角形面板非均匀凸起排列、水平阳台栏板起伏立面。

2.3.1.2 点填充模式

模式使用情境：适用于依据灵活位置的点来填充点集、线、平面或曲面。

模式的构成：

（1）确定点位置。依靠面上点位置提供图形分布的基本结构。

（2）划分随机点成组。通过随机选择或其他方式确定点的分区。

（3）确定填充对象。形成基本填充对象图形。

（4）导入。通过参考点位置对应关系，使用坐标框架将基本图形导入面上点位。

（5）变化。该对象可以根据点分区进行属性变化，如缩放、色彩等分区变化。

模式的关联：通常适用于结构框架不是十分确定的非紧凑性分布，有时也可用于紧凑性布局。

模式的案例：飘落雪花。

2.3.1.3 排列填充模式

模式使用情境：将个体图形按照确定的排列规则排列，主要用于平面。

模式的构成：

（1）确定单元体（一个或多个图形组成）。

（2）确定排列规则。

（3）排列。通过移动进行复制。

模式的关联：通常适用于对同一单元进行复制，形成单元内在图形连续铺展的效果。

模式的案例：Y 形凸起图案、1/4 圆遮阳廊、倒锥形钢支架建筑。

2.3.1.4 排序填充模式

模式使用情境：通过编辑网格矩阵序号进行分区，使用基本单元图形排列情形。主要用于线、平面和曲面。

模式的构成：

（1）建立基本网格矩阵。

（2）排序调整。对网格矩阵元素序号进行分区操作，形成不同区域。

（3）按区域不同形成不同的单元形式。

（4）变化。到位后根据位置的相关参数变化，改变单元体。

模式的关联：通常适用于网格矩阵中呈现分区规律变化的情形。

模式的案例：三角单元表皮立面、类瓦图案单元铺砌立面、之字纹立面建筑、折面波浪竖条高层建筑、竖直交错间隔起伏幕墙。

2.3.2 流动法（流动模式）

流动是将外表面铺展为平面，进行加工处理后，再分面分别流动回外表面对应位置的模式。

模式使用情境：当外表面在转折处需要保持连续图案纹样的时候，一般使用该种模式。连续纹样可以是不变的单元纹样，也可以是微变的纹样。

模式的构成：

（1）展开形体外表面。通常在 Rhino 中，将体表面展开，并连续无缝排列。也可在 GH 中，绘制展开面。

（2）制作表面纹样。建立包含排列后展开面范围的平面，制作填充该平面的图案纹样作为被切割体。如果范围规整，也可在 GH 中直接生成所有纹样。

（3）切割。按照各向立面轮廓线切割整体平面图案纹样，形成对应的平面化图案纹样片段。

（4）流动。将切割后的图案纹样片段流动回对应的立面。

模式的关联：利用填充法的相关模式可以完成整体平面的图案纹样制作，展开各面无缝对接可以确保纹样连续。通过流动命令返回立面，形成转折面的纹样连续。借助 Rhino、GH 中命令都可以实现，结合实际情况，可选择高效便捷的方法。

模式的案例：镂空建筑。

2.3.3 几何干扰法

几何干扰法是 GH 使用中最经典的方法，其核心是通过干扰几何对象与被干扰几何对象的距离形成参数，来控制个体或集群的形式变化，包括缩放、移动、旋转等。常用干扰体可以分为点、线。

2.3.3.1 点干扰模式

模式使用情境：当干扰体几何特征为点时，需要形成的干扰效果。

模式的构成：

（1）确定被干扰体。制造出干扰前被干扰体的基本状态，一般表现为某些具有共同几何特征的形式集群。同时需要确定干扰的范围。

（2）确定干扰对象。明确干扰对象的分布位置、状态、数量等。

（3）确定距离。获得点或点集与被干扰体的距离，可以是点到点、点到线、点到面和点到体的各种距离或最短距离。需要根据被干扰对象几何特征来提取相应的计算距离的细分对象。

（4）形成参数。对获得距离进行数据处理，获得变化趋势。有时与距离趋势一致，有时则逆反。

（5）控制形变。将参数运用到被干扰对象的变化中，控制其形变。

模式的关联：适用于具有独立的局部圆范围干扰组成的特征情况。这种干扰效果可以追溯到干扰体所在一个或多个中心。

模式的案例：点干扰图案。

2.3.3.2 线干扰模式

模式使用情境：当干扰体几何特征为线时，形成的干扰效果。

模式的构成：

（1）确定被干扰体。制造出干扰前被干扰体的基本状态，一般表现为某些具有共同几何特征的形式集群。同时需要确定干扰的范围。通常需要提取被干扰对象的几何特征点。

（2）确定干扰对象。明确干扰对象的位置、状态、数量。线可以是二维的，也可以是三维状态。

（3）确定距离。获得被干扰体几何特征点与干扰体线的距离，一般使用点到线最短距离，必要时可以根据需要选择距离。

（4）形成参数。对获得距离进行数据处理，获得变化趋势。有时与距离趋势一致，有时则逆反。

（5）控制形变。将参数运用到被干扰对象的变化中，控制其形变。

模式的关联：适用于具有某一方向上线性连续干扰特征情况。干扰特征是线性区域的延续，可以追溯出干扰体的线性连续分布。

模式的案例：立面水平板缘起伏波动。

2.3.3.3 综合干扰模式

模式使用情境：适用于干扰对象为点和线综合干扰的情况。

模式的构成：

（1）确定被干扰体。制造出干扰前被干扰体的基本状态，一般表现为某些具有共同几何特征的形式集群。同时需要确定干扰的范围。通常需要提取被干扰对象的几何特征点。

（2）确定干扰的类型和干扰对象。确定哪些进行线干扰，哪些进行点干扰，一般先确定干扰范围大的类型，再确定干扰范围小的类型加以补充。

（3）确定距离。获得不同类型被干扰体与干扰体的距离。

（4）形成参数。对不同类型的获得距离进行各自数据处理，获得变化趋势。有时与距离趋势一致，有时则逆反。综合处理可以是叠加方式，统一形成一个参数，也可以是形成各自形变的对应参数。

（5）控制形变。将统一后参数运用到被干扰对象的变化中，控制其形变。也可以先处理一个类型的形变，在此结果基础上，再进行另一个类型的形变。前者通常适用于参数用于同一类型的形变，如都是移动或是旋转。后者通常适用于参数可能用于不同的形变特征情况，如线干扰用于缩放，而点干扰用于旋转。

模式的关联：综合模式可以理解为点干扰和线干扰的叠加使用，形成参数有可能使用在相同或不同的形变方式中。在多点干扰情况下，形成参数也有可能用于不同的形变要求。这些排列组合种类效果，需要依设计需要选择。

模式的案例：六边形干扰立面。

2.3.4 图像参数法

这是依托 GH 命令所形成的独有的使用参数的方法，是指从图像中提取参数，加工参数控制形变的方法。

模式使用情境：需要从图像中提取参数，利用参数。

模式的构成：

（1）确定使用的图像。这些图像可以是彩色或者黑白的照片，也可以是自行制作的反映一定建筑特征的图像。

（2）确定提取点集。确定的一定区域，使之符合图像形状比例，在其内设置点的分布。

（3）图像与编辑范围匹配。由于图像像素、尺寸不同，需要在给定编辑器中，将编辑区域与图像进行匹配。如果需要图像一部分，可以先通过裁剪图像来实现，GH 中一般采用图像全范围与编辑区域匹配。

（4）形成参数。将编辑区域的 UV 点赋予图像采集器（Image Sampler），这样对应于点位的数据即被提取。需要注意的是黑白图像是提取一个数值，反映灰度值，彩色图像是同时提取三个数值，反映三种原色值。

（5）控制形变。使用参数控制形变。

模式的关联：这是 GH 从图像获得数据的特有模式。

模式的案例：马赛克化图像、图像映射条纹、墙与树影。

2.3.5 数据微变法

是指通过制造具有一定变化的数字结构的数据，作为参数形成的集群形变方法。

不管是几何体，还是图像，其都是反映编辑对象的数据来源。几何对象反映空间位置有关信息，图像则反映色彩的数字化数据信息，其最后都是通过一定命令获得相关数据。这些数据可以随着空间位置信息的变化或者图像的变化以及更换而改变，其中介桥梁是形成一些排列有意义的数据。该方法就是通过直接制造类似的数据，来形成其后的形变。

模式使用情境：直接由数字结构支配的形变。该效果只有通过控制的数据来进行改变，既不是依据空间位置，也不是依据图像形成的效果。

模式的构成：

（1）确定数据的结构。根据效果推断出输入数据的结构，并通过数学的方法加以制取。

（2）形成参数。形成形变的对应参数，由于是制造的参数，其不带有编辑对象的分组信息，故需要特别注意数组的结构，应与使用的对象保持一致。有时这些参数是依据纯数学的方法，通过函数公式获得，也可能来源于某些具有特定含义的数字。

（3）控制形变并调试。由于是一次性制造数据，并不总是适合的，需要调试来调整到最佳效果。

模式的关联：该模式不考虑数据来源，只是直接制造出所需要的数据，几何干扰法和图像参数法是其特殊的形式。

模式的案例：瞭望塔。

2.3.6 切片法

主要是将连续形体切割成有规律、集群式片状体，通过轮廓边界拟合原有形体起伏变化趋势的方法。

模式使用情境：通过集群片状体表现难以现实制作的连续形体。

模式的构成：

（1）形成复杂形体。通过多种软件手段形成复杂多变的连续形体。

（2）确定使用切割面的切割方式。通过直接选用合适的命令，完成竖直切割或水平切割。或是产生所需要的切割面，集群切割，获得切割线。

（3）形成片状体。通过切割线，生成片状体。

（4）制造处理。通过对片状体进行编号、放平排列，为输出加工做准备。有时需要切割出片状体交叉安装交错插口。

模式的关联：该模式可以将不易加工制造的曲面形体通过切割成片状体的方式，在一定程度上反映其变化趋势，通常会使用在较大尺度的曲面变体上。

模式的案例：切片座椅、多凸球竖片立面、波纹竖片立面。

2.3.7 层叠法

是指在使用不同参数的算法所形成的几层类似纹样表面，通过叠加构成多层次表皮的方法。具体包括两种效果模式：一种是同位层叠法，一种是错位层叠法。

2.3.7.1 同位层叠模式

模式使用情境：建立多层次、同位变化的综合效果性表皮。

模式的构成：

（1）确定基本层算法。同位叠加通常使用单一规律的算法。

（2）确定同位变化规律。明确各层参数变化趋势特点，利用数组的集群操作特点，确定所需要的参数集合。

（3）调整叠合效果。考虑层间图案关系，细化调整各层参数以达到同位叠加综合效果。

模式的关联：这是通过一种算法，呈现同位层次性效果的模式。具有容易识别的图形组合规律的效果。

模式的案例：圆环装饰画。

2.3.7.2 错位层叠模式

模式使用情境：建立多层次、错位综合效果的表皮。

模式的构成：

（1）确定代表层算法。多层叠加可以使用单一规律的算法，也有可以使用效果与所依托的单层形式生成类似的算法，以达到综合表现的效果。因此，要确定其代表性层的算法。

（2）确定各层。明确各层参数变化特点，产生同一规律层以及其他规律层的数量，逐一加以生成，其错位来源于参数改变带来的自然错位或是具体安排。

（3）调整叠合效果。考虑层间图案关系，细化调整各层参数以达到错位叠加综合效果。

模式的关联：这是通过多种手段，呈现层次性错位效果的模式。具有复合性、多变性、非整齐性规律的效果。

模式的案例：圆环装饰画

2.3.8 内置法

该方法是使用 GH 特有的命令组构成的特有形式效果的方法。这里仅介绍 Voronoi 法和 Mesh 法，也许还有更多其他方法（多体球法、场法等）。虽然 Image Sampler 也是 GH 特有命令，可以形成细分的图像效果，但其主要的作用是形成图像来源的参数，其参数可以用于很多方面，难以构成独有的形式，如果将其看作参数生成方法，可以更好地拓展使用，而不是仅仅为了生成细分的图像。既然将其设定为图像参数法，这里就不再将其作为一种内置法。

2.3.8.1 Voronoi 法

主要是依托生成泰森多边形单元或单元体加以变形，构成特殊的形式，凡借助于这种命令的塑造形式的方法，都统称 Voronoi 法。

模式使用情境：形成碎裂状态或是泰森多边形的效果，或适用于生成不规则复杂形式的基础体。

模式的构成：

（1）二维命令。提供二维边界、点、基础半径和所在平面。

（2）三维命令。提供三维点集和边界盒子。

（3）输出结果的使用。输出单元或单元体的再加工。

模式的关联：该模式完全以命令内置方式完成，形成典型的泰森多边形组合特征。其二维命令也可以看作细分网格的一种方法，而适用于其他网格使用的环境，形成不同的效果。由于三维命令生成单元体较为复杂，难以建造，一般较少用于建筑设计领域。

模式的案例：泰森多边形凸起面、镂空板廊。

2.3.8.2 Mesh 法

形体 Mesh 化是一个非常重要的领域。基于 Mesh 的编辑功能有时十分强大，也十分独特，特别是对面的细分能力十分突出，这里将基于 Mesh 命令组的方法，统称为 Mesh 法。

模式使用情境：细分面及其编辑、与袋鼠等插件配合使用。

模式的构成：

（1）Mesh 面的生成。分为直接生成和转换生成。

（2）Mesh 面的几何元素的分解。提取 Mesh 面的基础相关元素，如边、点、面等。

（3）Mesh 面的细分。三角形、四边形细分以及程度控制等。

（4）细分后处理。包括组合、焊接、四边形与三角形转换细分、Weaver Bird 相关命令。

模式的关联：该方法主要是揭示 Mesh 面状态下，生成和编辑命令组的混合使用方式。应该说这属于一个大类方法，其下肯定会产生直面解决某一问题的诸多层次的模式，特别是其细分技术对于建筑形体可制作化具有积极意义。至于与其他插件结合而产生的编辑能力，如 M+、袋鼠插件，更具有解决问题的多面性。这些独有的、细微模式有待进一步挖掘。

模式的案例：瞭望塔、圆环张拉膜、中间拱张拉膜。

2.3.9 插件法

GH 用于建筑、规划、景观类和通用类的插件非常多，初步统计接近于总插件数的 1/2，即 850 多件。每套插件都是对 GH 基本命令的补充，熟悉使用常用插件会给实际工作带来很大的便利。这里插件法泛指使用除那些通用性插件以外的各类插件，发挥其独特功能的方法。

在这些有特殊功能作用的插件里，Kangaroo 和 Anemone 是比较常用的，它们可以较为容易地解决很多疑难问题。

Kangaroo（袋鼠）插件的主要特点是提供涉及动力学的有关解决方法。这里介绍基于该插件的张拉膜制作模式和外切圆制作模式。Anemone 插件的主要特点是提供循环作业功能，通常用于递归和循环。

2.3.9.1 张拉膜制作模式

主要使用 Kangaroo 的 Kangaroo Physics 主解算器，围绕该解算器配置输入端相关命令及格式，结合输出端设置，形成了一套固定的使用方法，用来制作张拉膜效果。

模式使用情境：制作各种形态的张拉膜效果。

模式的构成：

（1）Mesh 面的生成及细分。将张拉前基面转换成 Mesh 面，并细分为三角形的 Mesh 面。

（2）确定锚点集。在张拉前 Mesh 面的三角形细分节点中，确定锚点，成组拍平。

（3）设定 Stiffness 命令。将三角形细分后的 Mesh 面输入该命令 Mesh 端，设置数值给 Rest Length Factor 端，一般为 0.4 左右。

（4）设置主解算器输入参数。
①根据需要设置主解算器运行时间间隔，一般时间间隔设在 20 ms。②设置布尔开关。将布尔值输入 Simulation Reset 端。③将 Stiffness 命令输出，拍平后输入给 Force Objects 端。④将锚点集拍平后输入 Archor Points 端。⑤将三角形细分的 Mesh 面输入给 Geometry 端。⑥ Settings 端可以保持缺省设置。

（5）设置主解算器的输出：在 Geometry Out 输出端接上 Face Boundaries(Face B) 命令电池。

（6）调试。通过布尔值 True、False 转换，开闭主解算器。

（7）注意事项。使用三角形 Mesh 面是为了尽可能细分，适应不同方向力的作用以及受力后平滑形态。主解算器通过三角形边作为路径来分配力和计算力的

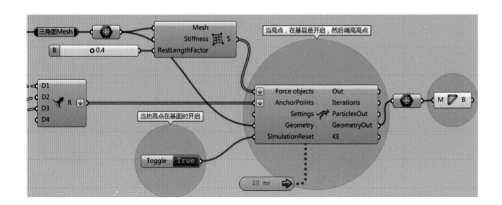

变化，当锚点不与该网络接触时，则无法参与计算。使用时应注意以下问题。

①高位锚点处理。当锚点中有处于高处锚点时，须在锚点平面状态下（Mesh 面）解算完毕后，再提升拟位于高处的锚点。需要注意的是，提升高处锚点后，在下一次主解算器运行时(True)，高位锚点需要返回到平面初始状态，参与计算后，再提升。否则离开 Mesh 面的点不参与解算器运行。为避免此类问题，可通过设置数据开关来解决该类问题，具体设置可见"案例 67 中间拱张拉膜"结构。②确定锚点问题。锚点需要是三角形细分 Mesh 面的节点之一。如果两者不重合，该锚点不参与计算，起不到锚点作用。有时为防止不重合，需要在指定点位进行选择最近节点作为锚点的作业，可确保锚点为 Mesh 面三角形细分的节点。

模式的关联：该方法主要模拟不同锚点状态下的张拉膜展现的形态。对于一般情况下的模拟是非常成功的，特别是网面的下垂受力的感觉较为真实。

模式的案例：圆环张拉膜、中间拱张拉膜。

2.3.9.2 外切圆制作模式

该模式主要利用 Kangaroo 2 的 Threshold 解算器，完成二维平面给定参照范围生成的相互外切圆圆群，其设定外切圆的条件是重要的环节。

模式使用情境：制作随机大小的外切圆群以及由此格构产生的其他效果。

模式的构成：

（1）二维三角形细分 Mesh 面的生成。可以由点生成 Mesh 面，也可以是细分

后，删除重复节点的 Mesh 面。

（2）Mesh 面顶点与相邻点连线。使用 Vertex Neighbours 命令，寻找相邻点，本节点与相邻点的连线，设为 A 群。

（3）中点连线。提取 A 群连线中点，分别将中点与节点和节点的相邻点连线，本节点与中点的连线设为 B 群，相邻点与中点连线设为 C 群。

（4）B 群连线设定。首先将其设为显示（Show 命令）物体。再次使用 Equal Length 命令，将 B 群线输入给 Line 端，其强度使用缺省值 1。

（5）B、C 群连线夹角设定。使用 Angle 命令，将 B 群连接 Line A 端。将 C 群连接 Line B 端，Rest Angle 端输入为 0 值。保留 Strength 段缺省值 1 状态。

（6）集合输入主解算器。将 Show、Equal Length、Angle 输出端拍平后集合输给主解算器 Goal Objects 端。Reset 输入端设开关，控制重启解算行为。On 输入端设布尔值，控制解算准备状态。

（7）设置输出端。在 O 输出端，选择出数量匹配的连线结果，并使之按照解算前数据结构排列，将其连线末端点（解算前 B 群连线的末端点为中点，如其前为起始点，此时应取输出端的起始点）取出，使用 Circle Fit 命令画圆。

（8）调试。在主解算器开启状态下，通过重启开关，可以让解算器运行，当运行到稳定状态情况下，关闭解算器，即获得基于前述 Mesh 面节点的相互外切圆的圆群。

模式的关联：该方法主要是生成相互外切的圆群。其特点是外切圆大小不一，但是彼此之间均外切，形成紧凑格局。需要注意的是，其依据的节点与生成的外切圆并没有准确的尺寸对应关系。但其可以成为一种以非规整圆结构化划分平面的新方法，通过利用这种紧凑圆群，可以衍生出很多具有随机大小特点的图形或形体的分布状态。

模式的案例：圆环装饰画。

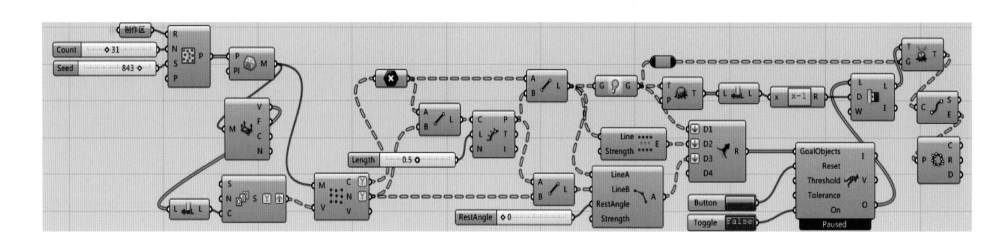

2.3.9.3 循环模式

该模式主要利用 Anemone 的专有命令功能，其中有基本的两种方式，总的说来都以循环为主，可方便地应用到不同情境下，并且可以相互替换。

1）调试性循环模式

主要使用 Loop Start 和 Loop End 命令。需要两个命令同时协同工作，才能完成循环操作。

模式使用情境：适宜于一般要求开、关的循环算法或调试循环算法过程中使用。

模式的构成：

（1）调入命令、连接。调入 Loop Start 和 Loop End 命令，连接两者">"和"<"端；

（2）设定 Loop Start 输入端。循环次数输入 N 端。加设 Button 开关（布尔开关也可），接入 T 端。首次循环开始条件信息接入 D0 端。

（3）设定循环内容。
①确定 Loop Start 输出端数据使用。输出 C 端可以提供计算到本循环进行的次数。输出 D0 端提供本循环开始条件信息。也即首次循环使用本命令 D0 输入端信息，首次循环产生结果后，该端使用循环后结果，即 Loop End 输入端 D0 信息，不再使用 Loop Start 命令 D0 端信息。②在 Loop Start 输出端后接循环内容。循环内容可以根据需要使用 C 端和 D0 端信息，经过处理形成下一次循环使用条件信息。

（4）设定 Loop End 输入端及 D0 端数据输出方式。
①其 E 端为输入循环是否退出的布尔值，当输入 True 时，循环退出。当循环耗时较长时，方有使用价值，一般情况，保持缺省状态。② D0 端是承接首次循环结果，获得的信息返回给 Loop Start 命令的输出 D0 端，代替首次循环时该命令输出 D0 端信息。③该命令输出端信息类型，可以通过该命令右键菜单选择输出为每个循环的记录结果或是只输出最后循环的结果。当双选时，输出每个循环结果。可以根据需要选择。

（5）调试。通过 Loop Start 开关，启动循环，查看 Loop End 输出结果。也可以查看 Loop Start 的 C 输出端，确定循环次数。

（6）注意事项。
①增加端口。Loop Start 和 Loop End 命令，都可以通过放大命令块显示，点击"+"，同时增加该电池块输入和输出端口，如增加 D1、D2 等。但是 Loop Start 和 Loop End 命令块，需要同时增加，必须要——对应，即使其中之一命令块不需要数据端口，否则会报错。这样就可以通过增加添加端口，适应信息的多品种化。②保持类型一致性。注意循环过程使用信息类型的前后一致性，就是指循环开始使用的信息类型，即 Loop Start 输出端 D0 要和 Loop End 输入端 D0 的信息类型相同，否则循环会无法运行。开始用的是边，那么循环操作的再循环结果也应是边。既要考虑首次循环的使用信息类型，也要考虑循环回来的信息数据类型。③明确循环执行的参数。明确哪些参数保持不变，不随循环而改变，明确哪些参数使用循环后会改变结果。④区分命令组合。也即明确哪些命令参与确定循环过程，哪些不参与循环过程，避免混淆。⑤注意循环次数与结果数量的关系。当选择记录时，结果数量比循环次数多 1 个单位。

模式的关联：这种最为经常使用的模式之所以被称为调试性循环模式，是因为其能够设置循环开始与否的开关，这样便于不断调试而不会产生不必要的循环导致的延迟，以至于宕机现象。即便是参数性循环模式也可以先采用调试性循环模式进行循环设定，然后再更换命令，调整为参数性循环模式。

模式的案例：环形鳞片柱帽。

2) 参数性循环模式

主要使用 Fast Loop Start 和 Fast Loop End 命令。也是需要两个命令同时协同工作，才能完成循环操作。

模式使用情境：适宜于在要求跟随参数立刻获得循环结果时使用。

模式的构成：

（1）调入命令、连接。调入 Fast Loop Start 和 Fast Loop End 命令，连接两者"＞"和"＜"端；

（2）设定 FastLoop Start 输入端。循环次数输入 I 端。首次循环开始条件信息接入 D0 端。

（3）设定循环内容。与调试性循环模式相同。

（4）设定 Fast Loop End 输入端及 D0 端数据输出方式。与调试性循环模式相同。

（5）调试。当整体连接完毕，循环就自动开始，并始终保持自动运行，没有开关设置位置。

（6）注意事项。
①优先使用调试性循环模式，运行顺畅后，再切换为参数性循环模式。②调试时，初始循环次数不要设定太多。

模式的关联：这种循环模式之所以被称为参数性循环模式，是因为其能够根据输入参数立刻进行循环，而不需要人工控制。常用在循环作为较大整体算法的一部分时使用，在循环调试成功的情况下，快速输出结果，供下一个过程使用，从而便捷地得到最终结果。

模式的案例：环形鳞片柱帽。

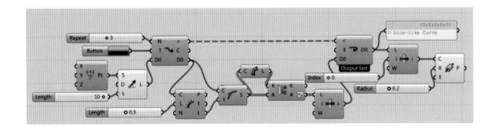

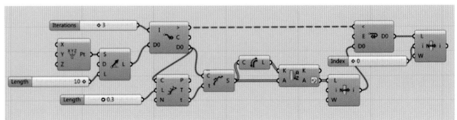

后 记

建筑参数化设计的本质和一般其他领域的参数化设计本质都是相同的，但是建筑参数化设计也有自己的特点。

（1）建筑参数化设计的片断性。建筑包含内容较为复杂，还要考虑制造成本等因素。虽然建筑师愿意追求设计的完整性，但也很难在每个地方都使用参数化设计来完成。有些地方不使用参数化，也许效率更高。通常这就决定了建筑参数化的局部性和片断性倾向。只有建筑师具备强有力的控制力，才能将这种片断性降到最低。但是对于大多数建筑师而言，可能片断性使用是一种常态。

（2）建筑参数化设计的算法可重复性。一栋建筑由不同的功能部位组成，彼此形态相关而又比较复杂，常常不能一次性由一个算法全部完成。为了保持完整性，有时要使用算法描述不同部位的形态，这势必要重复算法。同时为了增加算法的可读性、可更改性以及调整变量的便捷性等，也势必要求对局部算法进行重复、并列使用。

（3）建筑参数化设计的可建性。对于建造来说，参数化设计方法导致的结果常常是形状复杂的，材料难加工的、施工有难度的。为了便于建造，通常设计师也会简化材料规格，给出具体安装的定位。但是相对于传统做法，复杂、难加工或是难组装的情况是可以想象的。如果这种可建性得不到很好解决，其参数化设计应该达到的效果会大打折扣，甚至于不如不采用这种参数化形态。这意味着工程要有足够的时间周期、足够的预算、足够的耐心、足够的技术服务和具有足够工匠精神的队伍。

理想参数化设计的建筑是一个完整的整体。其艺术性要求越高，整体性就越高，呈现出一种风格化趋势。这也是近些年来那些大作所追求的，如扎哈 哈迪德（Zaha Hadid）的系列作品，设计师本身也是从强调分裂的解构主义[1]早期实践，逐步走到更强调整体完整性的"参数化主义"这条道路上的。

"参数化主义"[2]风格也许是参数化设计的一种归宿，广大建筑师要达到这种理想彼岸的道路是十分漫长的。但掌握参数化设计方法，改进设计手段，提高设计作品的形式、形体创新性依然是十分必要的。在实际工作中，即使从传统的建筑设计观念出发，也是有相对足够的展现其魅力的空间，即便只是局部性使用。虽然建筑师也许不能都达到与大师们同登高堂的水平，但是也需要不断完成一般建筑师所需承担的创新责任。

---

[1] 解构主义：解构主义建筑是 20 世纪最后的 20 几年中，通过分裂来表达自己、影响社会的建筑和打破了传统方式的区分上与下、左与右、里与外的建筑。——维基百科。

[2] 沈文."参数化主义"的崛起——新建筑时代的到来 [J]. 建筑环境设计，2010(8)：194-199.

附　录：常用命令说明表

类别	特征	功能	图标	备注
几何——坐标系框架	生成	缺省坐标系框架		未指定坐标系框架下的 X、Y、Z 向量，使用 Rhino 坐标系框架
		原点 +XY 向量		输入作为原点的点，X 方向向量和 Y 方向向量。其中一个向量可以通过旋转一个已知向量 90° 来设定
		原点 +Z 向量		输入作为原点的点，Z 轴向量
		三点		输入任意 3 个点
		点 + 直线		输入 1 个点和不通过该点的直线线段
	属性	分解		主要用于已知对象坐标系，从而获得原点及各自坐标系的 X、Y、Z 向量
		XY、YZ、XZ 面		输入对象坐标系，则显示对象坐标系的对应各面，否则为缺省坐标系框架下对应各面。这些面是无限大面
	编辑	旋转平面		输入需旋转平面和角度
		点到平面最近距离		有时是为了获得点对应 UV 值
		几何体向平面投影		输入几何体和平面

类别	特征	功能	图标	备注
几何——点	生成	面上 UV 定点		通常情况下，与 Evaluate Surface 命令结合使用。即作为 UV 点接入 Evaluate Surface 命令，形成某个参数化面内的点位。该点位可以快速提供位置变化
		Rhino 生成引入		输入单个或多个，可以存在 GH 中
		X、Y、Z 赋值		分别输入坐标值
		模式确定		按照给定坐标顺序，输入坐标值组
		二维随机点		提供在一个矩形范围内的随机点。一般情况下，不会出现重复点。其他形状内的随机点需要进行后续筛选
		三维随机点		直接提供了方形盒子内部三维随机点的分布。一般情况下，不会出现重复点。其他形状内的随机点需要进行后续筛选
	属性	分解为 X、Y、Z 值		将点分解为 X、Y、Z 各自数值
		分解为 X、Y、Z 值组		将点按照设定的坐标顺序，输出坐标值数组
	编辑	最近点		对于给定点，输出点群中距其最近点

类别	特征	功能	图标	备注
几何——点	编辑	一定数量较近点		对于给定点，在给定点群中选择出指定数量的近距离点
		两点间的距离		分别输入两个点，获得距离值
		删除重复点		Kangaroo 插件命令
				利用并集命令特点删除重复数据
几何——线	生成	Rhino 引入		输入单个或多个，可以存在 GH 中
		Polyline		各点作为在线的控制点以直线连接各点。需要注意其控制闭合的输入端使用
		Nurbs Curve		各点作为不在线上的控制点，形成曲线。需要注意其控制闭合的输入端使用
		Interpolate		各点作为在线的控制点以曲线连接各点。需要注意其控制闭合的输入端使用
	属性	线上点的切线方向		输入曲线和点在该线上参数 t，获得改点 T，即切线方向

类别	特征	功能	图标	备注
几何——线	属性	控制点		适用于每种线形
	编辑	再参数化	输出端右键菜单 Rameterize 选项	就是将起点参数化为 0，终点为 1。在此区间提供 t 值
		线的延长		两端输入延长长度，负值为缩短。并保持着已有线的基本趋势
		线上取点		在线上依据0~1间参数确定点的位置。一般是线上定点的基本方法
		线上坐标系框架	多种类命令	详见 2.2.8 内容
		点距线最近距离		即点位于线上，也可以通过此命令，获得输出端参数
		线距线最近距离		分别输入两条曲线。一般使用频率不高
		等分点		通过设点数将线段等分，其线上总点数为设点数 +1。通过点改变线形的常用命令
		指定长度划分		通过指定长度来从线起点等分线，不足段留在终点所在段
		以点切分线段		根据线上点所在位置参数 t，将一个线段切分为数量为 t-1 段

类别	特征	功能	图标	备注
几何——线	编辑	偏移线		可以使用自制引入的 Rhino 的命令，效果更好。详见 2.2.4 内容
		连接线		需要端部对齐
		改变线方向		线上点排序、由线成面时，常需要调整曲线方向
		删除重复直线		Kangaroo 插件命令
		线与线交点		线自身交点
				两条线交点
				多线间交点
		直线与曲面交点		输入曲面和直线
		曲线与曲面交点		输入曲面和曲线
		曲线与 Mesh 面交点		输入 Mesh 面和曲线

类别	特征	功能	图标	备注
几何——面	生成	Rhino 引入		曲面。输入单个或多个，可以存在 GH 中
				平面。输入单个或多个，可以存在 GH 中
		平面化曲面		在确定的坐标平面内，通过边长来确定矩形平面
		拉伸挤出		可以是曲线或是曲面。曲线形成面，曲面形成体
		断面线成面		O 端有相关属性的调整。断面线要在同一组内
		两条曲线间成面		曲线弯曲度较大时，成面效果较好。特别是断面线成面命令成面不成功时，可以尝试该命令
		四点成面		有时 3 个点建立平面，也使用该命令
		四边成面		有时 3 个边建立平面，也使用该命
		单轨成面		一个断面线沿一条轨道扫掠成面

类别	特征	功能	图标	备注
几何——面	生成	双轨成面		一个断面线沿两条轨道扫掠成面
		旋转成面		放样曲线沿着轴在规定角度内旋转扫掠成面
	属性	面上 UV 网格生成		按照 UV 数划分曲面，输入相同，输出各自不同
		按 UV 分割面		对曲面设定 UV（不显示）+ 按照 UV 分割为小面群（显示）
		对调 UV		Vipers 插件
		中心点和面积		用于 Brep、Mesh、平面、曲面的边为封闭曲线可以形成面积的情况
		点在面上法线方向		输入曲面、点，组合命令提供该点在曲面上的法线方向 N
		面的分解（炸碎）		
		面的边线		
	编辑	面上设点		详见上栏。需要注意对面再参数化的位置，否则点不处在面的全域

类别	特征	功能	图标	备注
几何——面	编辑	点距面最近距离的点		即使点在面上，也通过该命令获得输出参数
		偏移		距离值可以为正负值，表示不同偏移方向
		曲线向曲面投影		获得曲面上曲线位置，有时与分割曲面命令联合使用
		面上曲线分割曲面		用于切割的曲线需要处在曲面上
		画平行等距线		可以用于 Brep 编辑
几何——Brep	生成	Rhino 引入		其他软件生成模型，有时需要用该命令引入 GH，然后再行提取元素处理
		组合面		将多个曲面连接成为 Brep。曲面边要重合相接方可连接
	编辑	点到 Brep 最近距离的点		输入 Brep 和点
		画平行等距线		经常用于面编辑。用于外皮划分层高位置线

类别	特征	功能	图标	备注
几何——面	编辑	直线与 Brep 交点		输入 Brep、直线
		曲线与 Brep 交点		输入 Brep、曲线
		Brep（曲面）与 Brep 交线		输入两个 Brep。一般常用于曲面与 Brep 相交
		平面与 Brep 交线		输入 Brep、平面。平面为无边界面
几何——Mesh	生成	Rhino 引入		输入单个或多个，可以存在 GH 中
		Mesh 平面		通过宽和高，可以形成矩形 Mesh 面
		Brep 转化 Mesh 面		标准设置的转换
				带有自定义详细设置转换
		创建 UV Mesh 面		输入曲面、U 值、V 值，其他缺省
		点与 UV 生成 Mesh		输入点组、U 值、V 值，其他缺省
		三点成三角 Face		输入 3 个点，形成 Face 面

类别	特征	功能	图标	备注
几何——Mesh	生成	四点成四边形 Face		输入 4 个点，形成 Face 面
		顶点与 Face 成 Mesh 面		输入定点和 Face，形成 Mesh
		线组成 Mesh		Weaver Bird 插件命令
	属性	分解 Mesh		分解为定点、Face、色彩、法向量
		炸碎 Mesh		分解为 Face
		Mesh 所有边界		分解为所有的外边、内边
		Mesh 面法线		输出 Face 中心点和法向量
		分解 Face		Face 为组成 Mesh 的小面。输出顶点
		Face 边界		获得 Face 边线
		Mesh 属性设定		特殊要求情况下，设定 Mesh 属性参数
	编辑	Mesh 连接		连接多个 Mesh 面

类别	特征	功能	图标	备注
几何——Mesh	编辑	节点焊接		点焊接
		Mesh 面焊接		面焊接
		点到 Mesh 最近距离的点		输入点与 Mesh
		三角形细分		将 Mesh 细分为三角形 Face
		Mesh 网格着色		用于对 Mesh 网格着色，减少运算数据
		Mesh 外边		Weaver Bird 插件命令
		焊接 Mesh		Weaver Bird 插件命令
		Mesh 小面开洞		Weaver Bird 插件命令
		Mesh 小面开洞填充面		Weaver Bird 插件命令
		Mesh 面加厚度		Weaver Bird 插件命令
几何——向量	生成	点向量		原点到该点的长度和方向

类别	特征	功能	图标	备注
几何——向量	生成	两点向量		方向 A 到 B。长度为 AB 距离
		方向 + 长度		输入方向和长度值
		坐标轴单轴		指定坐标系框架的轴向，未指定情况下为缺省坐标系框架
	属性	单位向量		长度为 1 的向量
		分解		分解为轴向向量
	编辑	调转方向		改变向量方向为相反方向
		旋转		输入向量、旋转轴、角度
		向量夹角		输入两个向量及所共在平面
		点积		输入两个向量，其他缺省
数字	生成	数字滑块		单一整数、小数、奇数、偶数
		面板		单一或成组数值
		随机数		当使用随机数时，其结果可能会有重复数。可以使用 Set Union 消除重复数

类别	特征	功能	图标	备注
数字	生成	等差数列		输入开始值、等差值、数量
		区间等分数值组		将区间等分，形成等分数 +1 个数值
	运算	加减乘除		+、−、×、÷
		小于、大于、等于		输出为 True、False 判断
		平方根		算术平方根
		立方根		算术立方根
		余数		可以形成偶数、奇数生成的控制
		函数公式		双击弹出菜单中，设定函数公式
		三角函数 反三角函数		sin、cos、arcsin、arccos
		弧度、角度转换		一般使用弧度值，有些命令输入端口可以选择使用弧度或角度
		各类常数		还有很多常数，可在菜单中选用
		四舍五入		注意其输出端使用
				Vipers 插件命令。按指定位置四舍五入

类别	特征	功能	图标	备注
数字	运算	设置区间		输入区间上、下界值
		分解区间		分解区间为上、下界值
		最大、最小数字区间		获得数组最大值、最小值形成的区间
		数字映射		输入数值（数组）、当前区间、映射后区间。输出映射后数值（数组）
		图形映射		缺省输入区间 [0，1]。可以在右键菜单中，选择多种函数图形
序列—单一序列	生成	数字数列		
		图形数列		
	编辑	序号提取		按序号（Index）提取内容（Item）
		序号长度		内容的数量
		序号反转		内容同步反转
		内容排序		按照内容排序（小到大），形成新的序列输入 A 端为原有序列及内容，输入 K 端为与内容对应的一个同序列参数。输出端 K 为排序后参数（小到大）序列，输出端 A 为，原有序列内容对应排序参数的排序后的新对应序列。A 端可以不给数据，仅对 K 参数按大小排序

类别	特征	功能	图标	备注
序列—单一序列	编辑	序列分组		在序列内，按照相邻参数的数目进行分组，需要注意最后组（剩余组）可能达不到规定分组参数的数目
		序列进动		序列内容向前一个序号进动一个位置，第一序号内容转到最后序号内容，当 W 端布尔值为 False 时，则是删去第一序号内容，总体序号数量减掉一个
		序列插入		在现有序号位置插入新内容，原有的向下顺延，总序号增加一个
		内容替代		按照序号用新内容代替老内容。总序号数不变
		序号剔除		按照序号减掉内容。原有的向上顺延，总序号减少一个
		序列切断		按照序号的数量切断序列。如果输入端 i 是 2，则 A 端序列最大序号为 1，切出的序列及内容数量为 2 个（包括 0 序号位内容）。而不是在序号 2 处后端切，是在前端切割
		T、F 分流		根据序列内容 True 和 False 信息，分流为两组数据。缺省状态下，为内部设定为先 True 后 False 循环分流。该输入可以人为设定 True 和 False 排列，循环使用分流
		编织		在缺省状态下，是 T、F 分流的反动作。分流的 A 对应 0，B 对应 1 端，可以复原分流前序列内容排序。把序列内容 True 和 False 信息输入 P 端，通过使用该命令，恢复原有分流前序列内容的排序
		空项、无效项判断		判断内容空项、无效项，返回序号对应的布尔值内容

类别	特征	功能	图标	备注
序列——单一序列	编辑	空项、无效项替代		用 R 端内容，替代 I 序列空项、无效项内容
		抽取打乱		随机取消一定数量内容，并打乱内容顺序
		打乱排序		打乱内容顺序
序列——多组序列（树形数据）	编辑	拍平		将所有层次取消，只表现为单一序列和内容
		分组		将每个底层序列序号内容改为一个单独组内容。一般在拍平基础上分组
		简化路径		减少不必要的中间路径层次
		路径统计		可以查看多组序列（树形数据）的信息
		矩阵转换		当有两层次分组序列数据时，可以把底层序列号转换为组序号，原有组序号转换为底层序号，其序号内容同步转换，形成新的分组序列。类似于矩阵转换。可以理解为按排序号为组组织座位序号，即 1~10 排组，每排分布有 1~10 的座位。通过该命令可以转换为，按座位序号为组组织排序号，即有 1~10 座位组，每个座位分布在 1~10 排
		序列合并		将多组序列合并成新的多组序列。相同路径的放在一起，按照接入先后次序排列
		取消底部一层路径		使用时，应先简化路径，以便减少有效底层路径

类别	特征	功能	图标	备注
序列——多组序列（树形数据）	编辑	空内容、无效内容去除		平时使用
		编组		一般序列编辑命令都是针对底层序列的，如序列分组、序列进动等。但有时需要编辑上层的路径，这时需要在适当时机利用编组命令，将最高层次以下的内容打包，可以将树形结构数据变成单一序列，编辑完后再解组
		解组		
显示	编辑	单色	Swatch	与着色命令结合使用。点击选择颜色
		渐变色板		输入数据缺省为 [0，1] 区间。右键菜单可更换色域。可以添加、减少控制点
		着色		将颜色添加到几何体上
		点序号显示		输入点和字高，可以显示点的序号
		向量显示		输入向量基点和向量，显示向量方向、大小
		Mesh 边显示	Preview Fesh Edges	位于窗口显示菜单。是 Mesh 面上网格显示开关。在编辑 Mesh 面时，经常保持打开状态
		坐标系框架显示大小	Preview Plan Size	位于窗口显示菜单。控制 Rhino 中坐标系框架平面显示的大小。避免太大，相互交织，分不清楚彼此，或看不见，无法判断平面状态。可以修改数据改变大小，其数据改变程度，取决于模型空间尺度

类别	特征	功能	图标	备注
通用编辑	编辑	移动		输入移动几何体和向量
		相对移动		需要移动的几何体、不动几何体、移动距离。其方向基线为几何体中心连线，正值为离开，负值为靠近
		均匀缩放		所有方向上都进行同比例缩放
		不均匀缩放		在指定平面框架内，X、Y、Z 方向可以进行不相同的比例缩放
		常用旋转		按照指定平面框架的 Z 轴旋转。需要输入欲旋转的几何体、角度和指定平面框架
		沿轴旋转		按照指定轴进行旋转。需要欲旋转的几何体、角度和旋转轴
		空间旋转		按照指定轴、旋转中心进行旋转。需要输入不欲旋转的几何体、角度、旋转中心和旋转轴
		方向到方向旋转		从一个指定方向旋转到另一个指定方向。需要输入欲旋转的几何体、旋转中心、开始方向和旋转到位方向
		常用镜像		需要输入欲镜像几何体、镜像用平面
		沿曲线镜像		输入几何体、曲线
		沿曲面镜像		输入几何体、曲面

类别	特征	功能	图标	备注
通用编辑	编辑	坐标系框架转换		将几何体的坐标框架更换到新的坐标框架，几何体与原坐标框架关系保持不变。通常利用该命令，即通过坐标框架的分布状态来确定几何体的分布状态。例如将曲面细分面平铺到平面内，以便标注和切割加工
		变形流动		将一个几何体用边界盒子包裹可以将其复制到另一个盒子内，其变形程度取决于先后盒子之间的比例。如果一个表面可以由很多个盒子组成，那么就可以将一个单元几何体，通过参考用盒子覆盖整个表面，也即为流动。这是搬运允许变形单元化几何体的一种方式
		曲面盒子		将曲面划分为紧密相连的盒子。需要输入欲划分曲面、划分的 UV 规则和盒子高度。通常与变形流动结合使用
		面流动 Sporph		要输入被放置对象（G）、被放置对象依据的基础面（S0）、目标面（S1）以及 S0、S1 的 UV 参数、布尔值（放置对象到位后变形前后开关）。这个命令除可以将面转贴于表面，也可将几何体依附于曲面
		Taper		这是一个类柱体端部变形命令。需要基础类柱几何体、基轴、开始变化处变化程度（半径）、末端变化程度（半径）以及三个布尔值。基轴不必是几何体中轴，可以偏移或改变长度

案例图片资料来源

三角单元表皮立面：https://www.pinterest.com/

凸凹立面—数据映射：https://theridge1979.tumblr.com/post/99261306206/modelarchitecture-zwarts-jansma-parametric-3d

六边形干扰立面 :https://www.pinterest.com/

镂空板廊 :https://www.pinterest.com/

凸凹石条纹排列墙面 :https://foursquare.com/v/%E5%B9%BF%E5%B7%9E%E5%9B%BE%E4%B9%A6%E9%A6%86-guangzhou-library/

多凸球竖片立面 :https://www.pinterest.com/

类瓦图案单元铺砌立面 :https://www.architonic.com/en/story/dominic-lutyens-out-on-the-tiles-ceramic-architectural-facades/7000794

折板分色立面 :https://www.archdaily.com/804903/the-street-ratchada-architectkidd/589a321ae58ece4ea3000048-the-street-ratchada-architectkidd-photo

镂空建筑 :https://www.pinterest.com/

曲面教堂 :https://www.pinterest.com/

采光井内壁 :https://www.pinterest.com/

之字纹立面建筑 :https://www.pinterest.com/pin/493918284115865674/

凹槽旋转圆收边高层建筑 :https://www.pinterest.com/

翻转立面建筑 :https://decoratoo.com/modern-architecture-ideas-113/

1/4 圆遮阳廊 :https://just-a-selection.tumblr.com/post/80780794022/vegetal-architecture-selection-5-vegetal

船形建筑 :https://www.pinterest.com/

折面波浪竖条高层建筑 :https://www.buzzbuzzhome.com/ca/1-yorkville/photos/exterior/2013_10_29_07_51_47_1_yorkville_rendering.jpg#image-All-8

不规则开孔穿孔板 :https://livinator.com/trend-alert-perforated-design/

层叠梭形阳台立面 :https://archpaper.com/2015/12/casa-atlantica-zaha-hadids-first-project-south-america/

多层折板三角窗立面 :https://www.archdaily.com.br/br/01-46428/sede-da-vodafone-barbosa-e-guimaraes/46428_46503?next_project=yes

扭转壁柱 :https://www.pinterest.com/pin/659847782878788230/

倒锥形钢支架建筑 :https://www.pinterest.com/

弧线形窗间墙立面 :https://www.pinterest.com/pin/412149803390446301/

黄色锥体菱形格墙排列 :https://www.pinterest.com/

渐变组合商店立面 :https://www.pinterest.com/pin/504121752028821489/

开口建筑：https://www.designboom.com/architecture/bjarke-ingels-group-big-shenzhen-energy-mansion-skyscraper-china-08-07-2018/

墙与树影：https://www.pinterest.com/

下边弧形外摆立面：https://www.designboom.com/architecture/lacime-architects-cover-exhibition-hall-undulating-facade-suzhou-china-11-03-2018/

波纹竖片立面：https://www.pinterest.com/pin/806918458211572378/

间隔扭向斜面窗间墙立面 :https://www.german-architects.com/de/architecture-news/praxis/fassadenflimmern

凹退面内弧形凸阳台立面 :https://www.archdaily.com/801549/city-center-tower-caza/5851e805e58ece5511000093-city-center-tower-caza-photo

立面对角线扭曲建筑 :https://hepsihaber.net/trending/

三角形面板非均匀凸起排列 :https://www.pinterest.com/

水平上下波动条带立面 :https://www.pinterest.com/pin/471892867205429260/

水平翻转遮阳板立面：https://www.pinterest.com/

立面水平板缘起伏波动：https://www.pinterest.com/

水平阳台栏板起伏立面：https://www.pinterest.com/pin/252060910374628239/

碎裂屏：https://www.pinterest.com/

竖直交错间隔起伏幕墙：https://www.archilovers.com/projects/136718/jing-mian-xin-cheng.html

图书在版编目（CIP）数据

Grasshopper形式解析案例与模式 / 付汉东著. --
南京 ： 东南大学出版社，2020.12
　ISBN 978－7－5641－9189－4

Ⅰ.①G… Ⅱ.①付… Ⅲ.① 建筑设计－计算机辅助
设计－应用软件 Ⅳ.① TU201.4

　中国版本图书馆CIP数据核字（2020）第 214784 号

书　　　名：Grasshopper 形式解析案例与模式
　　　　　　 Grasshopper Xingshi Jiexi Anli Yu Moshi
著　　　者：付汉东
责任编辑：魏晓平
出版发行：东南大学出版社
地　　　址：南京市四牌楼 2 号　邮编：210096
出　版　人：江建中
网　　　址：http://www.seupress.com
电子邮箱：press@seupress.com
印　　　刷：南京凯德印刷有限公司
经　　　销：全国各地新华书店
开　　　本：889 mm × 1194 mm　1/16
印　　　张：18.25
字　　　数：665 千字
版　　　次：2020 年 12 月第 1 版
印　　　次：2020 年 12 月第 1 次印刷
书　　　号：ISBN 978－7－5641－9189－4
定　　　价：118.00 元

（若有印装质量问题，请与营销部联系。电话：025-83791830）